Technical And Vocational Education

高职高专计算机系列

网页设计与制作（项目式）

Web Design and Production

冯文惠 田源 ◎ 主编

人 民 邮 电 出 版 社

北 京

图书在版编目（CIP）数据

网页设计与制作 : 项目式 / 冯文惠, 田源主编. -- 北京 : 人民邮电出版社, 2013.12
工业和信息化人才培养规划教材. 高职高专计算机系列
ISBN 978-7-115-33261-5

Ⅰ. ①网… Ⅱ. ①冯… ②田… Ⅲ. ①网页制作工具－高等职业教育－教材 Ⅳ. ①TP393.092

中国版本图书馆CIP数据核字(2013)第243041号

内 容 提 要

本书以网站建设与网页设计制作的实际项目为线索，循序渐进地讲述了网页设计与网站建设过程的基础知识。内容主要包括：网页设计基础知识、使用标记语言制作网页、认识 Dreamweaver CS5、编辑网页元素、使用表格和框架布局网页、Div＋CSS、制作特效网页、使用模板和库提高制作效率、制作动态网页以及网站的发布与管理。

本书适合作为高职高专网页设计与制作课程的教材，也可以作为计算机培训班和网页设计人员的参考资料。

◆ 主　　编　冯文惠　田　源
　责任编辑　桑　珊
　责任印制　沈　蓉　焦志炜
◆ 人民邮电出版社出版发行　　北京市丰台区成寿寺路 11 号
　邮编　100164　　电子邮件　315@ptpress.com.cn
　网址　http://www.ptpress.com.cn
　北京鑫正大印刷有限公司印刷
◆ 开本：787×1092　1/16
　印张：13　　　　2013 年 12 月第 1 版
　字数：333 千字　　2013 年 12 月北京第 1 次印刷

定价：32.00 元

读者服务热线：(010)81055256　印装质量热线：(010)81055316
反盗版热线：(010) 81055315

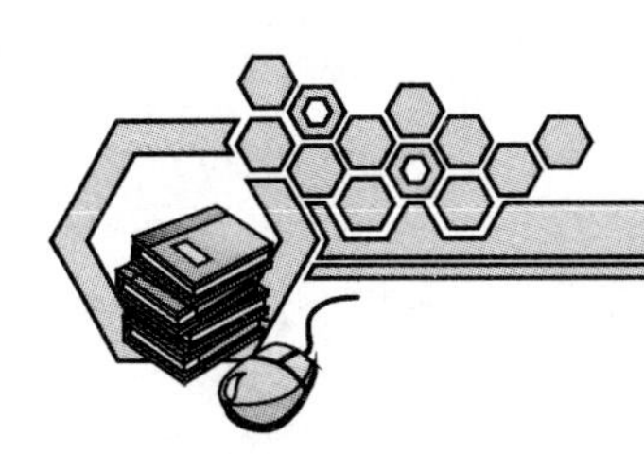

前　言

随着 Internet 技术及其应用的不断发展，人们的生活和工作已经越来越离不开网络。上网聊天、收发电子邮件、查阅资料、在线影视以及远程教学等，已成为当今司空见惯的事情。网页是宣传一个网站的重要窗口，与网站生存息息相关。只有内容丰富、制作精美的网页才会吸引访问者浏览。Adobe 公司推出的最新网页制作系列软件 Dreamweaver CS5 新增了各种令人惊喜的功能，是用户制作网页和建立网站的实用工具。

本书以网站建设与网页设计制作的实际项目为线索，循序渐进地讲述了网页设计与网站建设的过程基础知识。内容主要包括：网页设计基础知识、网页设计的整体工作流程、使用标记语言制作网页、Dreamweaver 的安装、建立站点、制作静态网页、CSS 样式、制作动态网页、最终发布和维护网站。

本书的编者都具有多年网站设计与教学经验。在内容的选取上，我们避免泛泛的介绍，避免在知识讲解中面面俱到。本书以“夯实基础，注重实用，适当拓展”为原则，详细介绍了网页设计的基础——使用标记语言制作网页（模块二）和网站开发的热点——制作动态网页（模块九），重点介绍了 Web 标准的构建——Div+CSS（模块六），弱化了传统的网页布局方法，并且适当拓展了对 JavaScript 脚本语言的介绍。

本书采用“任务导入”+“知识指导”+“任务实施”的结构，以使读者能够更好地理解和掌握每一个模块所讲述的内容。在讲解知识时，本书给出了大量的实例，使读者能够直观、清晰地掌握网页制作的方法和技巧。每个模块最后还配有习题，可以帮助读者巩固相关的知识点。

本书由冯文惠和田源任主编并负责全书的统稿，王俊珺编写了模块一和模块三，张红红编写了模块二和模块五，郭秀峰编写了模块四和模块十，冯文惠编写了模块六和模块八，田源编写了模块七和模块九。在此对大家的辛勤工作表示衷心的感谢！也对默默支持我们工作的家人、朋友、同事表示衷心的感谢！

本书倾注了我们非常多的心血，但是由于作者水平有限，书中难免会有疏漏和不足之处，敬请读者批评指正，我们的联系方式是 teacher077@tom.com。

编　者

2013 年 6 月

前 言

随着Internet技术及其应用的不断发展，人们的[illegible]已[illegible]离不开网络。[illegible]

[illegible]Adobe公司[illegible]Dreamweaver CS5[illegible]

[illegible]

[illegible]Dreamweaver的[illegible]CSS[illegible]

[illegible]DIV+CSS[illegible]JavaScript[illegible]

[illegible]

[illegible]

[illegible]

2013年6月

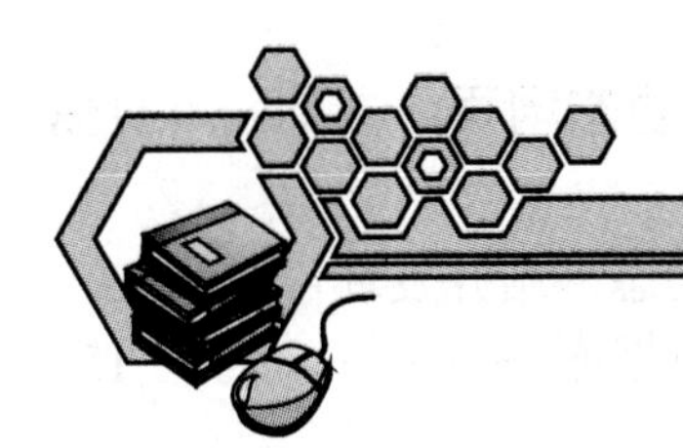

目 录

模块一 网页设计基础知识 ……1

任务一 优秀网站赏析 ……1

任务二 网站设计的工作流程 ……6

习题 ……12

模块二 使用标记语言制作网页 ……13

任务一 使用 HTML 创建简单的网页 ……13

任务二 使用超级链接和图像标记 ……17

任务三 使用表格标记布局网页 ……19

任务四 使用 XHTML 制作网页 ……22

习题 ……27

模块三 认识 Dreamweaver CS5 ……28

任务一 安装和运行 Dreamweaver CS5 ……28

任务二 Dreamweaver CS5 的工作界面 ……30

任务三 站点的建立与管理 ……35

任务四 制作第一个网页 ……38

习题 ……47

模块四 编辑网页元素 ……48

任务一 在网页中使用文本和列表 ……48

任务二 在网页中使用多媒体对象 ……54

任务三 在网页中使用超级链接 ……62

习题 ……69

模块五 使用表格、框架布局网页 ……71

任务一 使用表格布局复杂页面 ……71

任务二 使用框架布局制作页面 ……81

习题 ……89

模块六 Div+CSS ……90

任务一 CSS 样式入门 ……90

任务二 在 DW 中使用 CSS 样式 ……101

任务三 CSS 布局网页 ……113

习题 ……132

模块七 制作特效网页 ……133

任务一 使用 JavaScript 制作网页特效 ……133

任务二　使用 Dreamweaver 内置行为制作网页特效 ······137

任务三　使用 Spry 框架制作动态导航菜单 ······142

习题 ······148

模块八　使用模板和库提高制作效率 ······149

任务一　使用模板简化相似网页的制作 ······149

任务二　使用库简化相似网页的制作 ······153

习题 ······157

模块九　制作动态网页 ······158

任务一　动态网站开发环境和数据库 ······158

任务二　制作表单 ······166

任务三　在网页中使用数据库 ······175

习题 ······192

模块十　网站的发布与管理 ······193

任务一　站点的测试与发布 ······193

任务二　网站的维护与管理 ······200

习题 ······202

模块一 网页设计基础知识

【引言】

网页设计是一门综合艺术，对于网页设计者来说，在制作网页之前，应该了解网页设计的基础知识，包括网页的分类、网页的基本构成元素、网页设计的整体工作流程等。本着由面到点、由宏观到细节的原则，先确定网页版面布局，再动手制作网页组件。本模块内容是学习网页设计必须要掌握的基本知识。

任务一 优秀网站赏析

【任务导入】

当今世界是网络的时代，人们的生活已经和网络息息相关。人们通过浏览器浏览网页、查询信息，足不出户就可以了解世界。

本任务是浏览优秀网站。

【知识指导】

一、关于网页

网页（Web Page）也被称为HTML（Hypertext Markup Language，超文本标记语言）文件，它是通过WWW网传输，并被浏览器翻译成可以显示出来的集合文本、图像、声音和数字视频等信息形式的页面文件。

1. 文本

网页中的信息以文本为主，文本在网络上传输速度快，用户可以方便地浏览和下载。在使用文本时，可以设置文本的字体、大小、颜色等属性，以达到美化页面的效果。

2. 图像

一个丰富多彩的网页离不开图像，它不仅可以装饰网页，还可以直观地展示网页的信息。用于网页上的图像一般有 GIF、JPEG、PNG 三种格式，即以 gif、jpg（或 jpeg）和.png 为后缀的文件。

3. 超级链接

每个网站都由众多的网页组成，网页之间通常都是通过超级链接的方式相互关联。在 Dreamweaver 中，超级链接的范围很广泛，利用它不仅可以链接到其他网页上，还可以链接到其他图像文件、多媒体文件及下载文件等。

4. 表格

表格是传统的并且常用的网页布局工具，使用表格不但可以精确定位网页在浏览器中的显示位置，还可以控制页面元素在网页中的精确布局，并能简化页面布局的设计过程。

5. Div

使用表格布局页面时会产生冗余代码和兼容性差等问题。目前很多网站已经开始用 Div 和 CSS 样式来重构。在设计时，页面首先在整体上进行<div>标签的分块，然后对各个块进行 CSS 定位，最后再在各个块中添加相应的内容。这样制作出的网页体积小，更新便捷、兼容性好。

6. 表单

表单用来从访问者处收集信息，如可以收集访问者的用户资料、获取用户订单，也可以实现搜索接口。表单是服务器同访问者进行信息交流最主要的工具之一。

二、网页的类型

网页根据页面内容可以分为首页、主页、专栏网页、内容网页和功能网页等类型，在这些网页中最重要的是网站的主页。

1. 首页

首页是在访问一个网站时首先看到的网页，有些网站首页只具有欢迎访问者的作用，是网站的开场页，单击首页上的链接即可进入网站主页，首页也随之关闭。

2. 主页

主页是整个站点所有网页的链接中心，是网站主要内容的索引，与首页的区别在于主页设有网站的导航栏，多数网站的首页与主页通常合并为一个页面。这种设计形式使网站的主页在整个网站中扮演了极其重要的角色，它向来访者同时传递引导与欢迎的信息。

3. 专栏网页

专栏网页亦称主题网页，用于对网站内容的进一步归类和细化，是主页和内容网页的中转站。

4. 内容网页

内容网页是对网站所传达信息的具体体现，位于网站链接结构的终端。

5. 功能网页

功能网页是用于获取访问者的信息反馈、网站用户注册等，为网站访问者服务的网页。

三、网站的分类

网站就是上述这些网页通过超级链接形式组成的网页集合，图 1-1 是一个简单网站的结构草图，图中的连线只体现各网页的层次关系，实际上网站中各网页的链接关系比这要复杂得多。

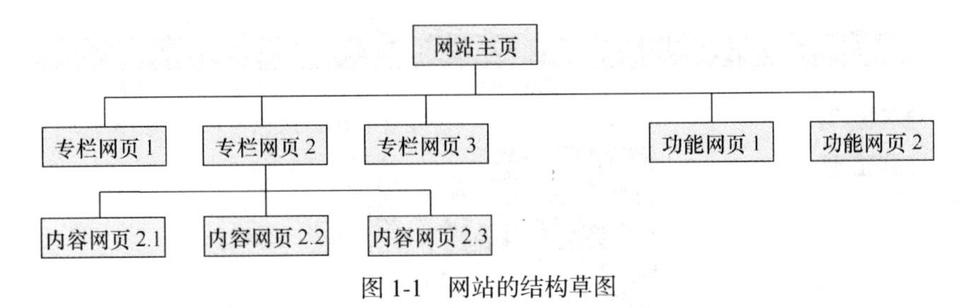

图 1-1 网站的结构草图

网站按照内容和形式的不同，可以分为门户网站、职能网站、电子商务网站、个人网站等四大类。

1. 门户网站

门户网站是一种综合性网站，其特点是信息量大、功能全面和受众群体多样化。门户网站通常注重与用户之间的互动与交流，如提供搜索引擎、信息发布平台等。

对于门户网站，因其分类繁多、信息量大，在设计上突出了清晰、便捷的导航功能，使得浏览者能迅速找到自己感兴趣的内容。除了导航条外，大量的文字、图片等链接也是必不可少，它能保证在第一时间将最新、最热的资讯呈现给用户，如新浪网、搜狐网、网易网、雅虎网等。如图 1-2 所示为新浪网首页。

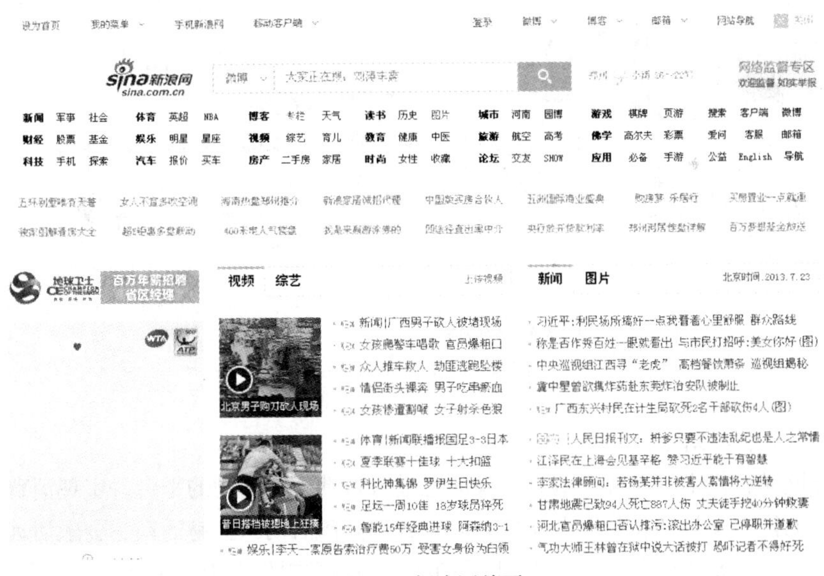

图 1-2 新浪网首页

2. 职能网站

职能网站包括政府网、企业网等。政府网站的特点主要体现在“资源整合、在线服务、信息公开、民主参与”，例如，中国上海、中国杭州等。如图 1-3 所示为上海政府网站首页。企业网站主要是展示其产品或对其提供的售后服务进行说明而建立的网站，如招商银行网站、海尔网站、中化集团网站等。如图 1-4 所示为海尔企业网站首页。

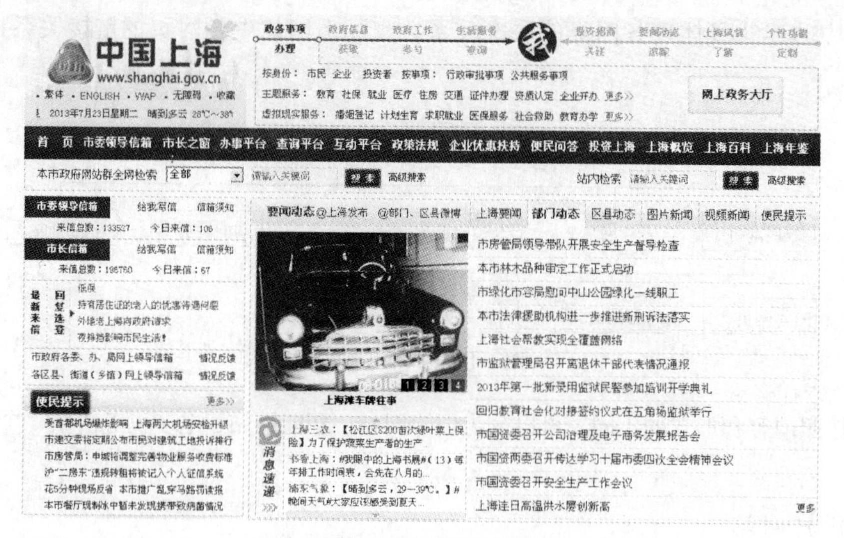

图 1-3 “中国上海”网站首页

图 1-4 海尔企业网站首页

3. 电子商务网站

电子商务网站提供了一个买卖双方不谋面地进行各种商贸活动的平台，实现消费者的网上购物、商户之间的网上交易和在线电子支付，以及各种商务活动、交易活动、金融活动和相关的综合服务活动的一种新型的商业运营模式。电子商务网站通常提供网上交易和管理等全过程的服务，因此它具有广告宣传、咨询洽谈、网上订购、网上支付、电子账户、服务传递、意见征询、交易管理等各项功能，如淘宝网、当当网、京东商城等。如图 1-5 所示为淘宝网站首页。

4. 个人网站

个人网站是指由个人开发建立的网站，通常用来宣传自己或者展示个人的兴趣爱好等，个人网站的形式不拘一格，有很强的个性化特征。如图 1-6 所示为台湾作家染香群（蝴蝶）的网站首页。

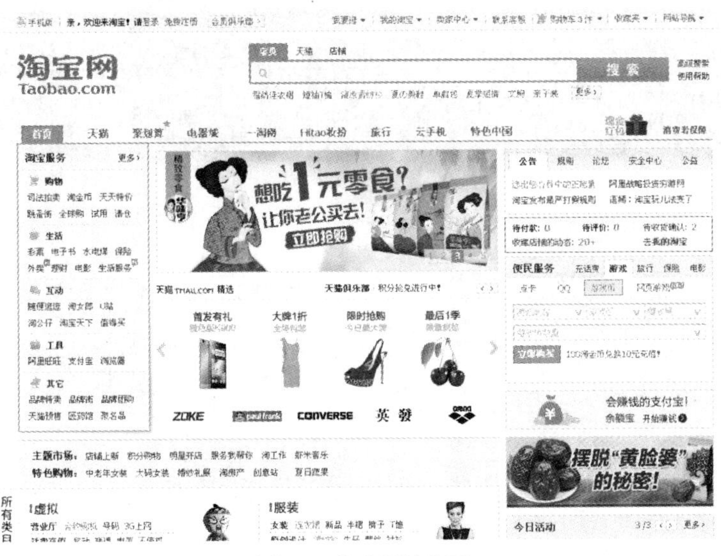

图 1-5　淘宝网站首页

图 1-6　“夜蝴蝶馆”首页

【任务实施】

Step1　在 IE 浏览器的地址栏中输入“中国教育部”网站的网址 http:// www.moe.gov.cn，即进入“中国教育部”网站的主页，如图 1-7 所示。

Step2　点击网页中的链接，观察各级网页的内容、导航方式、色彩搭配、版式等。

Step3　浏览不同的网站，通过不断的借鉴、对比、学习和实践；加深对网站、网页设计的认识，逐步提高自己的设计水平。

说明

互联网上有许多优秀的网站，不同类型的网站面对的是不同的用户，因此在网页的设计风格和网站的功能实现上也各有侧重，其赏析主要从网站定位、功能设计、页面布局、色彩搭配、信息内容、导航方式、文图动画效果、浏览人群等方面入手。

图 1-7 “中国教育部”网站的主页

任务二 网站设计的工作流程

【任务导入】

网站的类型、规模、主题和风格决定着网站的各个网页，尤其是网站主页的设计思路和实现手段。在进行网页设计之前，必须要掌握网站设计的工作流程，本任务是了解网站设计的工作流程。

【知识指导】

创建一个网站并不复杂，但要创建一个优秀的网站却并非易事。一个网站项目的确立通常建立在各种各样的需求上，其中客户的需求占绝大部分。如何更好地理解、分析、明确用户的需求，是一个网站成功与否的关键，也是每个网站开发人员都要面临的问题。

虽然网站在内容、规模、功能等方面都各有不同，但有一个最基本的设计流程：

1. 根据网站主题组织网站内容

在着手制作网站之前，首先清楚建立网站的目的是什么，也就是要明确网站的主题。如果是一个自娱自乐的个人网站，那么可以围绕“个性化”来进行设计；如果是一个公司的网站，则需要深入了解企业的产品、服务、受众及品牌文化特点，在充分理解客户需求的基础上，对网站的主题、风格、结构、布局、内容等进行合理的规划。内容对于网站来说是最重要的因素，空洞的网站对人没有任何的吸引力，而且内容切忌繁多杂乱，要精挑细选突出重点。表 1-1 列出来的是常见网站主题中的一部分，借此可以启发读者确立自己的网站主题。

确定网站主题后，即可以组织网站内容，搜集并整理网站需要的素材，尤其是文字素材和图片素材，准备地越充分越有利于网站栏目规划和网页素材整理工作。总之主题定位要小，素材准备要全。

表 1-1　　网站主题

佳句名言	古典诗词	红学研究	超频天堂
科幻小说	漫画天地	美容美发	破解资源
国画画廊	幽默笑话	教育培训	GIF 动画库
陶艺园地	象棋世家	中国足球	Java 小屋
中华佛学	金庸客栈	体育博览	免费软件
古典音乐	电子贺卡	旅游天地	Windows 技巧
电影世界	软件宝库	国旗大展	网页教学
影视偶像	天文星空	集邮天地	电脑杂志
MP3 金曲	少年园地	宠物猫狗	武器博物馆
游戏天堂	儿歌专集	热带鱼类	硬件大师
股市信息	健康资讯	女性主义	媒体大师
网上教室	在线花店	影像合成	在线图书馆
游戏排行榜	英语教学	摄影俱乐部	病毒情报站

2. 规划网站栏目和网站目录结构

明确了网站主题、准备好网站素材后，要规划好网站栏目并确定网站的目录结构。

网站栏目实质上是一个网站内容的大纲索引。其设置原则有二：一是突出网站内容重点，二是方便访问者浏览。在设置栏目时，要仔细考虑网站内容的轻重缓急，合理安排，突出重点。

网站目录结构的合理与否，不仅影响网站访问者的浏览，而且对站点的管理维护、发布后网站内容的扩充和删改有着重要影响。

规划网站栏目和网站目录结构时要注意以下几点。

（1）网站栏目划分要服从并体现网站主题

将准备好的网站“原材料”按一定的方法分类，为其设立专门的栏目。各栏目的主题要服从并体现出网站主题。栏目名称要有规律，概括性要强，最好字数相同。规划网站栏目的过程实际上是细化网站内容的过程，一个网站栏目有可能就是一个专栏网页。

网站栏目的层次划分一般不要太多，尽可能少于四级，否则会让人感觉到比较繁琐，也不方便管理。

（2）网站主要内容要打破栏目层次束缚

网页的阅读方式与图书不同，网页的内容一般分为几个层次，是一种线型结构分布，处于最末端的内容需要多次超级链接才能找到，如果该处内容与另一栏目上的末端内容没有链接的话，访问者只能沿原路返回，对于网页的浏览带来很大的不便。网站的主要内容，如果因栏目划分的层次问题不得不放在较深的位置上时，应在主页和其他网页放置该内容的超级链接，以方便访问者浏览。

（3）按栏目内容建立子目录

不要将所有的文件都存放在根目录下，否则会造成文件管理混乱。在进行网站文件维护时，会分不清哪些文件需要编辑和更新，哪些文件可以删除，哪些文件是相关联的，从而增加了维护工作的难度。除此之外，将所有文件都存放在根目录下还会减慢上传速度。服务器一般都会为根目录建立一个文件索引，如果将所有文件都放在根目录下，即使只上传、更新一个文件，服务器也要将所有文件再检索一遍后，才会建立新的索引文件。很明显，文件数量越多，等待的时间也就越长。

子目录的建立应按照网站栏目来建立，例如企业站点可以按公司简介、产品介绍、产品价格、在线订单、反馈联系等相应的栏目建立相应的目录；其他的次要栏目，如最近更新、友情链接等内容较多，需要经常更新的栏目也可以建立独立的子目录；一些相关性强，不需要经常更新的栏目，如关于本站、关于站长等可以合并放在一个统一的目录下；而所有程序脚本都应该单独存放在特定目录下，便于维护管理。

（4）每个主目录下都建立独立的 Images 目录

通常一个站点根目录下都默认有一个 Images 目录，如果把站点的所有图片都放在这个目录下，以后会带来许多麻烦。应为每个主栏目建立一个独立的 Images 目录，以方便管理，而根目录下的 Images 目录只用来存放主页上使用的图片。

（5）熟悉目录文件的命名规则

由于受 Web 服务器识别限制，目录文件在命名时要使用简短文件名，文件名应小于 8 个字符，以英文形式为主，一律以小写形式处理。另外，大量同一类型的文件应标以数字序号，如 img_01. jpg 和 img_02. jpg，方便查找更新。

3. 形象设计

网站的形象设计非常重要，它主要包括以下部分。

（1）网站的标志设计

网站的标志也就是 Logo，就如同商标一样，是一种独特的信息传送方式，Logo 是站点特色和内涵的集中体现，是网站文化的浓缩，成功的网站标志让大家一看就能想起该站点。一些网站的 Logo，如图 1-8 所示。

（2）网站的标准色彩设计

网站给人的第一印象来自视觉冲击，确定网站的标准色彩是相当重要的一步。不同的色彩产生不同的视觉效果，并可能影响到访问者的情绪。例如，红色象征火、血、太阳，能使人产生冲动、愤怒、热情和活力等，如图 1-9 所示；蓝色象征大海、天空和水面，能使人感觉凉爽、清新、理性和稳定，如图 1-10 所示。

图 1-8　网站的 Logo

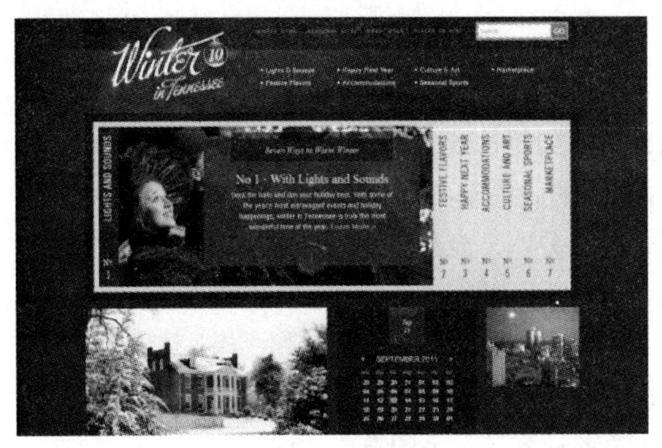

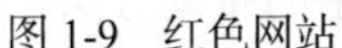
图 1-9　红色网站

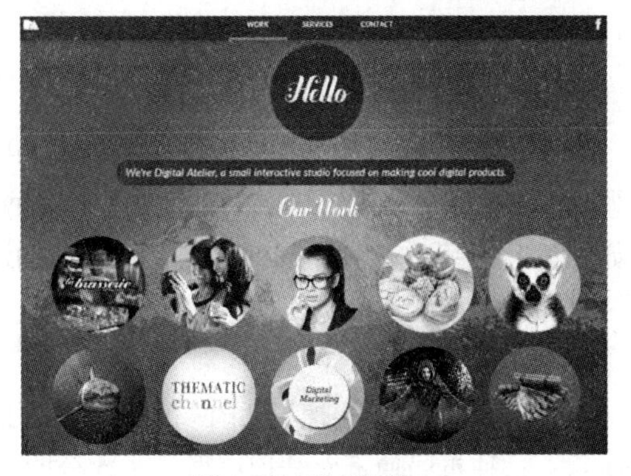

图 1-10　蓝色网站

在色彩的运用过程中，还应该注意的一个问题是：由于国家和种族的不同，宗教和信仰的不同，生活的地理位置、文化修养的差异，不同的人群对色彩的喜恶程度有着很大的差异。如：儿童喜欢对比强烈、个性鲜明的颜色；生活在草原上的人喜欢红色；生活在闹市中的人喜欢淡雅的颜色；生活在沙漠中的人喜欢绿色。在设计时要考虑主要读者的背景和构成。

只有根据和谐、均匀和重点突出的原则，才能将不同的色彩进行组合，使用的颜色最好不要超过 4 种。

（3）网站的标准字体设计

设计网站的字体也是网页内涵的一种表现，合适的字体会让人感觉到美观、亲切，会让人心里感觉舒适。目前中文网站普遍使用的是宋体 12px。要想体现出与众不同的特有风格，也可以适当地做一些特效字体。

使用特效字体时最好用图片的形式，因为有可能浏览者的计算机里没有安装该特效字体。

（4）网站的宣传标语设计

网站的宣传标语是网站的“心”，是网站的精神。必须用一句话甚至一个词来高度概括。好的网站的宣传标语会使网站名气更大，更容易从众多的网站中脱颖而出。在选择时可以采用夸张、求实、奇特、幽默等各种各样的方法去实现。

4. 确定网页版面布局

网页版面是指通过浏览器显示的完整的页面。网页版面布局主要针对主页的版面设计，其他网页的版面在与主页风格统一的前提下适当地做一些变化。

设计版面的最好方法是先用笔在白纸上将构思的草图勾勒下来，页面结构草图不需要很详细，不必考虑版面细节，只需要画出页面的大体结构即可。

然后进行版面布局细化和调整，即把一些主要的内容放到网页中。例如，网站的站标、广告栏、菜单、导航栏、计数器等，要遵循突出重点、平衡谐调的原则。一般把网站站标、广告栏、菜单放在最突出、最醒目的位置，然后再考虑其他元素的放置。在将各主要元素确定好之后，下面就可以考虑文字、图片、表格等页面元素的排版布局了。

网页版面布局千变万化，常见的布局大致可分为“国”字形、“匡”字形、标题正文型、海报型，现分别介绍如下。

（1）“国”字形

“国”字形布局的网页，通常顶部为网站的站标和广告栏；接下来左右两侧为对称设计，分别列出一些栏目和导航，中部为主要内容区；底部为网站的一些基本信息、联系方式、版权声明等。如图 1-11 所示。这种布局的优点是页面结构清晰，主次分明，充分利用版面，信息量大。是国内一些大型网站常用的页面布局。

（2）“匡”字形

“匡”字形布局去掉了“国”字形布局的最右边部分，给主内容区释放了更多空间。如图 1-12 所示。这种布局使页面结构清晰，主次分明。是初学者最容易上手的布局方法。

图 1-11 “国”字形页面布局

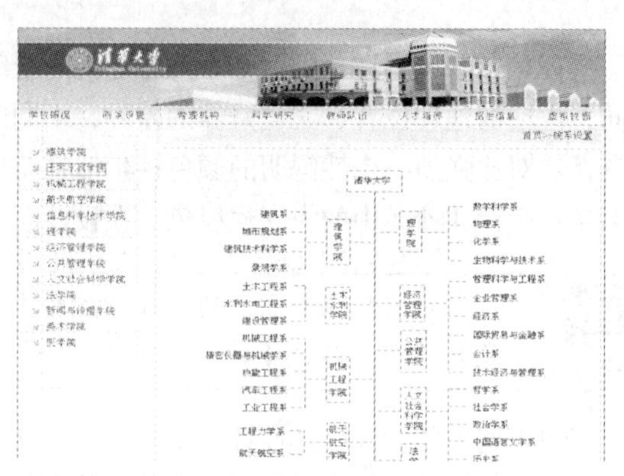

图 1-12 “匡”字形页面布局

（3）标题正文型

标题正文型的网页，通常顶部为标题，下方为正文，如图 1-13 所示。一些以文本为主体的内容页面或注册页面常用这种类型。

（4）海报型

这种类型基本上是出现在一些网站的首页，大部分为一些精美的平面设计结合一些小的动画，放上几个简单的链接或者仅是一个“进入”的链接，有些甚至直接在首页的图片上做链接而没有任何提示。这种类型大部分出现在企业网站和个人主页，如果处理得好，会给人带来赏心悦目的感觉，如图 1-14 所示。

实际网页版面布局是没有成规的，在进行设计时要根据需求灵活设计。

河南商业高等专科学校 新闻网

校园信息公告

关于生活园区网络开通的注意事项

栏目名称：综合信息　来源：现代教育与实验中心　发布时间：2009-10-21 23:08:28　访问量：3795

生活园区各用户：

我校生活园区网络开通已经进入正常化，以后每周二和四均可以前往现代教育与实验中心B608办公室办理。办理时需要携带户主身份证原件及复印件一份，且必须本人前来办理。

对于家中因装修不当或其他原因想使用无线路由进行多台上网的用户，我中心推荐用户使用无线路由器。由于无线网络的覆盖性广等原因，将引起其他用户盗用网络信号，以及对网络安全及个人用户安全造成潜在威胁。我中心将严格管理无线路由使用情况。对于已自行购买的用户，请加强无线路由器安全管理，请更改SSID号，禁用SSID广播，配置WEP安全密码。对于没有按照相关规定进行无线上网活动的用户，我们将根据情况终止其上网接入服务。具体无线使用情况及开通请咨询网络部 63515892。

为鼓励大学生创业，对于有无线使用需求的用户，请到学生宿舍8号楼和9号楼之间的“八号半复印店”登记团购，并免费由学生对无线设备进行调试，对确需上门服务用户可与学生协商进行有偿服务。

图 1-13 标题正文型

图 1-14 海报型

5. 整合网页素材

在页面中，站标、按钮、宣传语、导航栏、广告栏、文本、图片、动画以及背景声音等页面元素必须通过专业的网页制作软件进行整合后，才可以称为网页。首先将以前收集到的素材转换成网页所能识别的文件格式，例如，使用 Fireworks 将图片转换成适用于网页的大小和格式；使用 Flash 制作动画文件等。这一阶段实际上是通过各种工具软件对素材进行编辑和处理。接着就可以使用网页编辑软件，如 Dreamweaver 来设计页面框架、网页的背景色、网页文本的输入、图片的插入、按钮的导入、超级链接关系的确定，以及站标、导航栏、广告栏的定位。

6. 添加网页特效

网页特效是指对网页进行美化，强化网页的视觉（包括听觉）冲击力，使之更具有艺术效果。美化网页可以通过 HTML 语句、Flash 动画、编程等技术手段实现。例如文字跟随鼠标移动，浮动的图片等。

需要说明的是，添加网页特效要适度，要契合网站主题和内容，否则过多的动感和色彩效果会喧宾夺主，影响访问者浏览网页信息内容。

7. 测试和发布网站

在站点发布之前，首先应在本地计算机上对其进行测试，因为在网站中的网页可能会存在一些潜在的错误，如某个超级链接失效。这些问题如果不能及时得到解决，即使站点发布了，当浏览者访问站点时，可能是空白一片或仅显示出一部分内容。所以在站点发布之前对其进行测试是非常重要的。

站点测试主要以本地发布的形式来进行，即把计算机视为远程 Web 服务器，把站点发布到计算机文件系统的文件夹中，然后通过浏览器来检查网站浏览效果。网站浏览效果检查主要是检查以下两个方面。

（1）浏览器兼容性

网页在因特网上被浏览时，会出现网页中的某些元素无法正常显示的情况，这是因为访问者使用的浏览器不支持网页中的某些技术（如框架、动态 HTML、JavaScript 和 ActiveX 等），或者是由于各个网络用户所使用的 Web 浏览器和版本不同，如国内用户主要使用 Microsoft Internet Explorer（简称 IE），目前最新版本为 IE 8；国外则有不少的 Netscape 用户，目前最新版本为 Netscape 9。这些差异就会造成同一个网站在不同浏览器上的显示效果可能不一样。

（2）超级链接

网站的各个网页以及网页中的许多组件都是通过超级链接组织起来的，如果网站的超级链接出现错误，某些页面内容将因此而无法显示。检查超级链接可以通过 IE 等浏览器的页面显示效果来判断，也可以在一些网页设计软件中进行链接测试，更方便对出现的问题进行链接修复。

只有网站在本地进行发布测试无误后，才可以向 ISP（Internet Service Provider，因特网服务提供商）申请站点空间、域名，确认后把网站文件上传上去，一个网站的整个设计流程就告一段落了。但对于一个网站来说，日常的维护和阶段性的内容更新等重要的工作，则刚刚开始。

【任务实施】

Step1 上网浏览“中国电信网上营业厅”，在地址栏中输入：http://www.189.cn，选择省份后，将打开如图 1-15 所示的网页。

Step2　分析网站提供的功能、版式布局、色彩搭配等。

Step3　找出并观察网站的 Logo、网站使用的标准字体、特效等。

图 1-15　中国电信网上营业厅

习　　题

一、填空题

1. ____________________实质上是一个网站内容的大纲索引。

2. 每个网站都由众多的网页组成，网页之间通常都是通过________________的方式相互关联。

二、选择题

1. 下面关于建立网站目录结构的建议中，正确的有________。

   A. 将所有的文件都存放在根目录下

   B. 按栏目内容建立子目录

   C. 只在根目录下建立 Images 目录

   D. 将所有的网页文件都存放在根目录下

2. 由于受 Web 服务器识别限制，目录文件在命名时应注意的事项不正确的________。

   A. 文件名应小于 24 个字符

   B. 应以英文形式为主

   C. 一律以小写形式处理

   D. 以流水编号方案处理

模块二

使用标记语言制作网页

【引言】

在了解了网页设计的相关基础知识后，要想专业地进行网页的设计和编程，最好还要具备一定 HTML、XHTML 和 XML 的基本知识。虽然现在有很多可视化的网页设计制作软件，但网页的本质都是由 HTML、XHTML 或 XML 构成的，要想精通网页制作，就必须对 HTML、XHTML 和 XML 有相当的了解。

任务一　使用 HTML 创建简单的网页

【任务导入】

本任务是通过了解 HTML 文件的基本结构、常用标记的使用方法，使用 HTML 制作一个简单的网页，如图 2-1 所示。

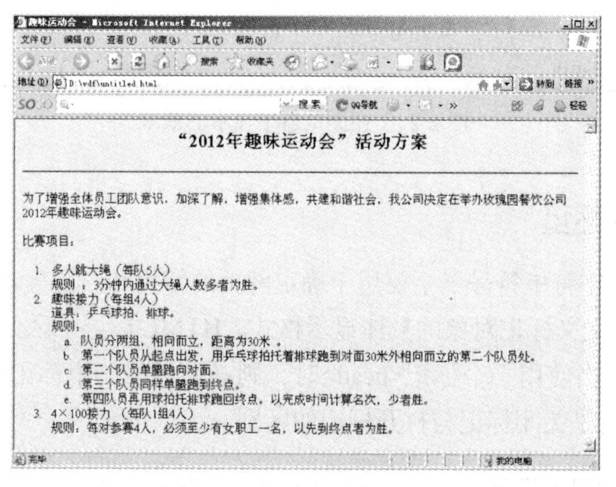

图 2-1　“趣味运动会”页面

【知识指导】

HTML（Hypertext Markup Language）是超文本标记语言的英文缩写，它是一种建立网页文件的语言，通过标记，将影像、声音、图片、文字等显示出来。这种标记性语言是因特网上网页的主要语言，用其语法规则建立的文档可以运行在不同操作系统的平台上。

HTML 语言不是一种程序设计语言，而是一种描述文档结构的标记语言。不需要翻译而直接由浏览器解释执行。它的作用是通过一些标记来告诉浏览器怎样显示标记中的内容。HTML 网页文件可以使用记事本、写字板或后面介绍的 Dreamweaver 等编辑工具来编写，以.htm 或.html 为文件后缀名保存。

一、HTML 文档的结构

HTML 的结构包括头部（head）、主体（body）两大部分，其中头部描述浏览器所需的信息，而主体则包含所要说明的具体内容。HTML 定义了三种标记来描述页面的整体结构，下面从一个简单的例子开始介绍 HTML 语言。这段程序在浏览器中的显示结果如图 2-2 所示。

例：L2-1.html

```
<html>
  <head>
    <title>我的第一个网页</title>
  </head>
  <body>
    我的第一个网页
  </body>
</html>
```

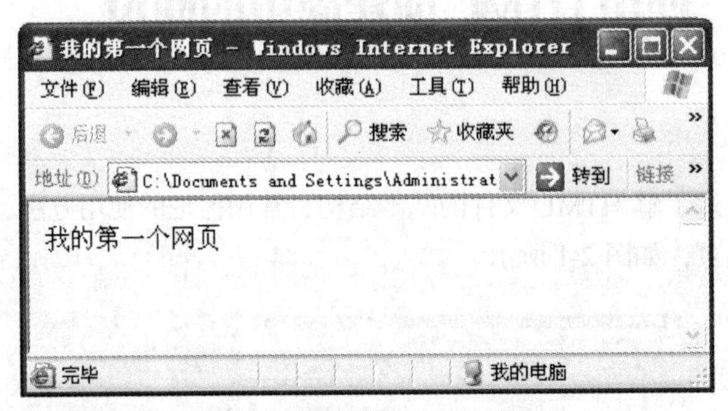

图 2-2　在浏览器中显示的效果

二、HTML 的结构标记

HTML 标记是一组字符串符号，主要用于确定网页的结构和内容。每一种标记都具有属性，通过属性的使用，用来定义标记对象的具体显示格式。HTML 标记不区分大小写，HTML 的标记大多数是成对出现的。当使用一个标记<head>时，则必须以另一个标记</head>将它关闭。注意“head”前的斜杠，那就是关闭标记与打开标记的区别。

1. <html>和</html>标记

一个 HTML 文档必须用<html>标记开始，并用</html>标记结尾。< html>表明本文件中的内容是用 HTML 语言编写的。在<html>…</html>内，又分为<head>…</head>和<body>…</body>两部分。

2. <head>和</head>标记

<head>…</head>标记之间的内容是 HTML 文档的头部，用来放置有关网页的信息，如标题等。通常在<head>和</head>标记之间内容很少，而真正的页面内容应放置在<body>和</body>标记之间。每一个文档只能有一个<head>，位置在<html>标记之后及<body>标记之前。

3. <body>和</body>标记

在<body>…</body>标记之间是网页的主体内容，包括文本、链接、图像及其他媒体内容。每个文档只能有一个<body>，位置在</head>之后。<body>标记主要属性如表 2-1 所示。

表 2-1　<body>标记主要属性

属　　性	作　　用	范　　例
bgcolor	设置背景颜色	<body bgcolor="#ff0000 ">红色背景
text	设置文本颜色	<body text="#0000ff">蓝色文本
link	设置链接颜色	<body link="blue">链接为蓝色
vlink	设置访问过的链接的颜色	<body vlink="red ">访问过的链接为红色

4. <title>和</title>标记

在<title>…</title>标记之间定义文件的标题，浏览器会以特殊的方式来显示标题，并且通常把它放置在浏览器窗口的标题栏或状态栏上。

三、常用的格式标记

1. <p>和</p>标记

<p>…</p>标记用来创建段落，在此标记之间加入的文本将按照段落的格式显示在浏览器中。

<p>标记的可选属性 align，用来说明段落的对齐方式，其值有 3 个，分别是：left（左对齐）、center（居中）和 right（右对齐）。

2.
标记

是一个很简单的标记，它没有结束标记，用它来创建一个回车换行。

3. <h#>和</h#>标记

HTML 语言提供了一系列对文本中的标题进行操作的标记对，其中#代表数字 1～6 的任意一个。<h1>…</h1>是最大的标题，而<h6>…</h6>则是最小的标题。如果在 HTML 文档中需要输出标题文本，可以使用这 6 对标题标记对中的任何一对。

例：L2-2.html

```
<html>
  <head>
      <title>标题标记</title>
  </head>
  <body>
    <h1 align="center">这是一级标题</h1>
    <h2>这是二级标题</h2>
```

```
        <h3 align="right">这是三级标题</h3>
        <h4>这是四级标题</h4>
        <h5>这是五级标题</h5>
        <h6>这是六级标题</h6>
    </body>
</html>
```

L2-2.html 对应的网页效果如图 2-3 所示。

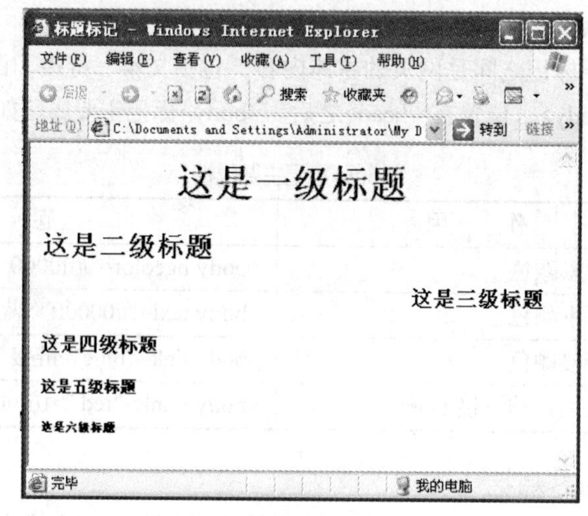

图 2-3　标题标记效果

4. <ul>、</ul>，<ol>、</ol>和<li>、</li>标记

<ul>…</ul>标记用来标记无序列表的开始和结束，无序列表中各个列表项都没有顺序可言。<ol>…</ol>标记用来标记有序列表的开始和结束，其中的列表项不用设置就可以自动按顺序排列。<li>…</li>标记是用来标记列表中的一个列表项。列表的语法如下：

```
<ul>或<ol>
<li>列表项一</li>
<li>列表项二</li>
<li>列表项三</li>
</ul>或</ol>
```

<ul>标记的主要属性为 type，它有 3 个值，分别代表不同的形状：disc 代表实心圆点（默认值），circle 代表空心圆，square 代表实心小方块。

<ol>标记的 type 属性的值主要有："1"、"i"、"Ⅰ"、"a"、"A"，分别代表了排序时项目符号使用的类型。

【任务实施】

Step1　打开记事本，输入 HTML 代码。为了使代码结构清晰，便于以后检查错误，建议使用缩进的形式。

Step2　将文件保存为"sports.html"。

Step3　按"F12"键预览网页，效果如图 2-1 所示。

参考代码如下：

```
<html>                                  /*文档的开始*/
  <head>                                /*头部开始*/
    <title>趣味运动会</title>           /*标题标记*/
  </head>                               /*头部结束*/
  <body bgcolor="ffccff">               /*主体开始*/
    <h2 align="center">“2012 年趣味运动会”活动方案</h2>  /*2 级标题*/
    <hr color="#FF0000">                /*水平线*/
    <p>为了增强全体员工团队意识，加深了解，增强集体感，共建和谐社会，我公司决定举办玫瑰园餐饮公司 2012
年趣味运动会。</p>                      /*段落*/
    <p>比赛项目：</p>
    <ol>                                /*有序列表*/
      <li>多人跳大绳（每队 5 人）<br />           /*列表元素*/
      规则：3 分钟内通过大绳人数多者为胜。</li>
      <li>趣味接力（每组 4 人）<br />
      道具：乒乓球拍、排球。<br />
       规则：
       <ol type="a">
         <li>队员分 2 组，相向而立，距离为 30 米。</li>
         <li>第一个队员从起点出发，用乒乓球拍托着排球跑到对面 30 米外相向而立的第二个队员处。</li>
         <li>第二个队员单腿跑向对面。</li>
         <li>第三个队员同样单腿跑到终点。</li>
         <li>第四队员再用球拍托排球跑回终点。以完成时间计算名次，少者胜。</li>
      </ol>
      </li>
      <li>4×100 接力（每队 1 组 4 人）<br />
      规则：每队参赛 4 人，必须至少有女职工一名，以先到终点者为胜。</li>
     </ol>
   </body>                    /*主体结束*/
</html>                       /*文档结束*/
```

任务二 使用超级链接和图像标记

【任务导入】

本任务是使用 HTML 语言在网页中插入超级链接和图像，并通过设置属性实现图文混排，如图 2-4 所示。

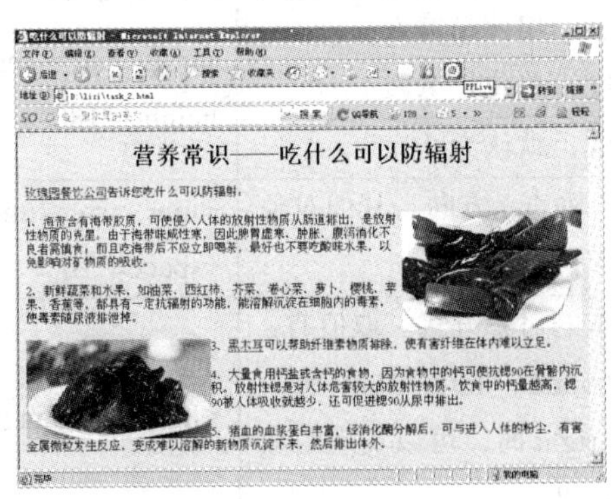

图 2-4 “营养常识”页面

【知识指导】

一、超级链接标记<a>

超级链接是整个 WWW 应用的核心和基础。如果没有超级链接的概念，那么，我们现在所有的 WWW 应用将不复存在。

基本格式：<a>…</a>

作用：用来创建超级链接，以达到网页间相互跳转的效果。

<a>标签有几个重要属性，介绍如下。

href：用于指定目标文件的 URL 地址。

target：用于设置打开目标文件所在的窗口形式。取值如表 2-2 所示。

表 2-2　　target 取值

值	作　用
_blank	在新窗口中打开
_parent	在上一级窗口中打开
_self	在当前窗口中打开，此项为默认值
_top	在浏览器的整个窗口中打开，忽略任何框架

二、图像标记<img>

图像在网页设计中占有重要的地位，在网页中添加精致、美观的图像，图文并茂，会使网页变得丰富多彩。

基本格式：<img src="图像名称或路径">

作用：在网页上插入图像，并实现图文混排。

常用图像标记属性如表 2-3 所示。

表 2-3　　常用图像标记属性

属　性	作　用	范　例
src	设置插入图像的名称或路径	<img src="images/wave.jpg">
alt	替换文本	<img src="images/wave.jpg"alt="波纹">
width	设置图像的宽度，单位是像素	<img src="mages/wave.jpg" width="240" height="180">
height	设置图像的高度，单位是像素	
border	设置图像的边框，默认为 0	
hspace（vspace）	设置图像水平（垂直）方向与其他对象之间的距离，单位为像素	<img src="images/wave.jpg" hspace="15" vspace="10">
align	设置图像与文本的对齐方式。取值有：top、middle、bottom、left、right 等。当取值为 left、right 时，可以实现图像与文字混排的效果	<img src="images/wave.jpg" align="right">

【任务实施】

Step1　打开记事本，输入如下代码。此代码是在网页中插入文本，并设置文本的格式为标题或段落格式。

```
<html>
 <body bgcolor="#FFCCFF">
    <h1 align="center">营养常识&#8212;&#8212;吃什么可以防辐射</h1>
    <p>玫瑰园餐饮公司告诉您吃什么可以防辐射： </p>
    <p>1、海带含有海带胶质，可使侵入人体的放射性物质从……</p>
    <p>2、新鲜蔬菜和水果，如油菜、西红柿、芥菜、卷心菜……</p>
    <p>3、黑木耳可以帮助纤维素物质排除，使有害纤维在体内难以立足。</p>
    <p> 4、大量食用钙盐或含钙的食物，因为食物中的钙可……</p>
    <p> 5、猪血的血浆蛋白丰富，经消化酶分解后，可与……</p>
  </body>
</html>
```

Step2　将页面第一段落中的“玫瑰园餐饮公司”文本设置为超级链接。在该文本前后分别输入“<a href="http://irose.svfree.net">”和“</a>”。使用同样的方法为“海带”和“黑木耳”设置为超级链接，部分代码改变如下：

```
<p><a href="http://irose.svfree.net">玫瑰园餐饮公司</a>告诉您吃什么可以防辐射： </p>
<p>1、<a href="sea-tent.html">海带</a>含有海带胶质，可使侵入人体的放射性物质从……</p>
<p>2、新鲜蔬菜和水果，如油菜、西红柿、芥菜、卷心菜……</p>
<p>3、<a href="fungus.html">黑木耳</a>可以帮助纤维素物质排除，使有害纤维在体内难以立足。</p>
```

Step3　插入图像。在页面第一段落的<p>标记后输入代码：<img src="images/sea-tent.jpg" alt="海带" border="0" align="right" />

Step4　为图像设置超级链接。在图像标记前后输入“<a href="images/haidai.jpg">”和“</a>”。

Step5　将文件保存为“general.html”，按 F12 键预览网页，效果如图 2-4 所示。

任务三　使用表格标记布局网页

【任务导入】

本任务通过表格及其相关标记布局一个网页，并通过常用的属性设置来控制网页的外观，效果如图 2-5 所示。

【知识指导】

一、表格标记<table>

<table>标记定义一个表格。每一个表格只有一对<table>和</table>，一个页面中可以有多个表格。<table>标记主要属性如表 2-4 所示。

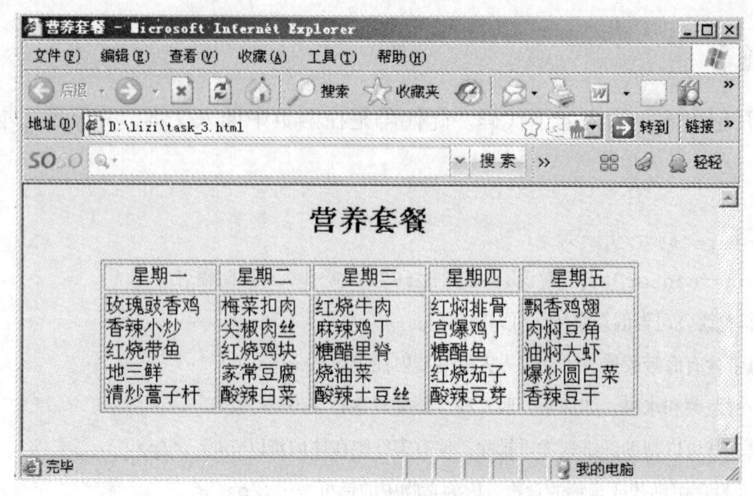

图 2-5 “营养套餐”页面

表 2-4 <table>标记主要属性

属　性	作　用	范　例
bgcolor	设置背景颜色	<table bgcolor="#ff0000 ">
background	设置表格的背景图像	<table background="images/wave.jpg">
width	设置表格的宽度，单位为像素	<table width="360">
height	设置表格的高度，一般采用默认值	
border	设置表格边框的宽度，默认值为 0	<table border="1">
align	设置表格在页面中的对齐方式	<table align="center">

二、行标记<tr>

<tr>标记定义表格的行，一个表格可以有多行，所以<tr>对于一个表格来说不是唯一的。

三、单元格标记<td>

<td>标记定义表格的一个单元格。每行可以有不同数量的单元格，在<td>和</td>之间是单元格的具体内容。

需要注意的是：上述的 3 个元素必须，而且只能够配对使用。缺少任何一个元素，都无法定义出一个表格。

四、表头标记<th>

<th>标记定义表头单元格，单元格中的文字将以粗体显示，此标记必须放在一对<tr>标记内，在单元格中也可以不用此标记。

五、表格的基本结构

表格的基本结构：

```
<table>                          —— 定义表格
  <tr>                           —— 定义表行
    <th>…</th>                   —— 定义表头
  </tr>
  <tr>
    <td>…</td>                   —— 定义单元格
  </tr>
</table>
```

【任务实施】

Step1　打开记事本，输入代码。

Step2　将文件保存为“set.html”，按“F12”键预览网页。

参考代码如下：

```
<html>                                    /*文档开始*/
 <body bgcolor="#FFCCFF">                 /*主体开始*/
  <h2 align="center">营养套餐</h2>
  <table  border="1" align="center" bordercolor="#FF6600" width="450">
                                          /*表格开始*/
   <tr class="tr_zc">                     /*行开始*/
    <td align="center">星期一</td>   /*单元格*/
    <td align="center">星期二</td>
    <td align="center">星期三</td>
    <td align="center">星期四</td>
    <td align="center">星期五</td>
    </tr>                                 /*行结束*/
   <tr >
    <td onmouseout="this.bgColor=''" onmouseover="this.bgColor='#F6F69A'">
         玫瑰豉香鸡<br />
         香辣小炒<br />
         红烧带鱼<br />
         地三鲜<br />
         清炒蒿子杆
    </td>
    <td onmouseout="this.bgColor=''" onmouseover="this.bgColor='#F6F69A'">
         梅菜扣肉<br />
         尖椒肉丝<br />
         红烧鸡块<br />
         家常豆腐<br />
         酸辣白菜
    </td>
    <td onmouseout="this.bgColor=''" onmouseover="this.bgColor='#F6F69A'">
         红烧牛肉<br />
         麻辣鸡丁<br />
         糖醋里脊<br />
         烧油菜<br />
```

```
            酸辣土豆丝
        </td>
        <td onmouseout="this.bgColor=''" onmouseover="this.bgColor='#F6F69A'">
            红焖排骨<br />
            宫爆鸡丁<br />
            糖醋鱼<br />
            红烧茄子<br />
            酸辣豆芽
        </td>
        <td onmouseout="this.bgColor=''" onmouseover="this.bgColor='#F6F69A'">
            飘香鸡翅<br />
            肉焖豆角<br />
            油焖大虾<br />
            爆炒圆白菜<br />
            香辣豆干
        </td>
       </tr>
     </table>               /*表格结束*/
    </body>                 /*主体结束*/
  </html>                   /*文档结束*/
```

任务四　使用 XHTML 制作网页

【任务导入】

本任务是制作一个滚动字幕，设置字幕中 4 个段落，使其滚动方向向上，方式为单向滚动，并设置适当的滚动速度，如图 2-6 所示。

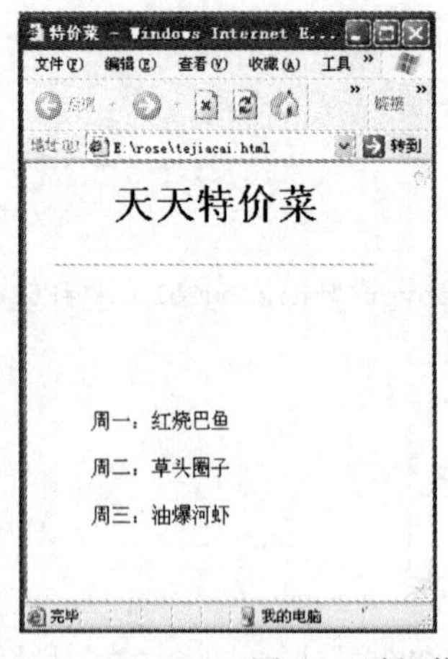

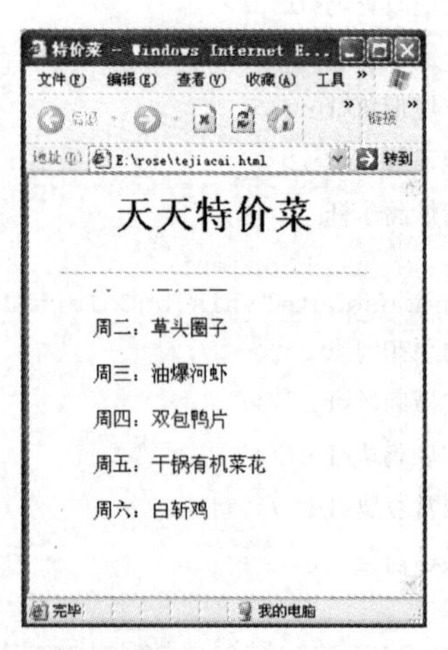

图 2-6　随机截取两次滚动字幕的效果图

【知识指导】

HTML 在初期，为了它更广泛地被接受，大幅度放宽了标准的严格性，例如标记可以不封闭；

属性可以加引号，也可以不加引号；网页的结构和表现混杂在一起，使得产生大量的冗余代码。这显然不符合标准化的发展趋势，影响了互联网的进一步发展。于是 W3C（World Wide Web Consortium 万维网联盟）制定了 Web 标准，1998 年 2 月 10 日发布了 XML1.0。Web 标准是将页面划分成 3 个组成部分，即结构（Structure）、表现（Presentation）和行为（Behavior）。

XML（Extensible Markup Language）为可扩展标记语言。XML 类似于 HTML 也是标记语言，它们的不同之处在于 HTML 有固定的标记，而 XML 允许编写者定义自己的标记。XML 最初设计的目的是弥补 HTML 的不足，以强大的扩展性满足网络信息发布的需要，后来逐渐用于网络数据的转换和描述。目前页面展现还是采用 HTML 和 XHTML 编写的居多。

一、XHTML 的优势

XHTML 是面向结构的语言，其设计目的不像 HTML 那样仅仅是为了网页的设计和表现，它主要用于对网页内容进行结构设计。XHTML 严谨的语法结构也有利于浏览器进行解析处理。

另一方面 XHTML 是 XML 的过渡语言。XML 是完全面向结构的设计语言，XHTML 能够帮助浏览器快速适应结构化的设计，以便于平滑过渡到 XML，并能与 XML 和其他程序语言直接进行良好的交互，帮助扩展其功能。

使用 XHTML 的另一个优势是它非常严密。当前网络上的 HTML 的使用极其混乱，不完整的代码、私有标记的定义、反复复杂的表格嵌套等，使得页面的体积越来越庞大，而浏览器为了兼容这些内容，HTML 也跟着变得非常庞大。

XHTML 可以与其他基于 XML 的标记语言、应用程序及协议进行良好地交互。XHTML 是 Web 标准家族的一部分，能很好地用在无线设备等其他用户代理上。

在网站设计方面，XHTML 可以帮助制作者改掉表现层代码的恶习，并帮助制作者养成标记校验测试页面工作的习惯。

二、XHTML 的页面结构

首先看一个最简单的 XHTML 页面代码实例，其代码如下：

```
<!DOCTYPE html PUBLIC "-//W3C//DTD XHTML 1.0 Transitional//EN""http://www.w3.org/TR/xhtml1/DTD/xhtml1-transitional.dtd">
<html xmlns="http://www.w3.org/1999/xhtml">
<head>
<meta http-equiv="Content-Type" content="text/html; charset=utf-8" />
<title>无标题文档</title>
</head>
<body>
文档内容部分
</body>
</html>
```

在这段代码中，包含了一个 XHTML 页面必须具有的页面结构，其具体结构如下。

1. 文档类型声明部分

文档类型声明部分由<! DOCTYPE>元素定义，其对应的代码如下：

```
<!DOCTYPE html PUBLIC "-//W3C//DTD XHTML 1.0 Transitional//EN""http://www.w3.org/TR/xhtml1/DTD/xhtml1-transitional.dtd">
```

DOCTYPE 文档类型是 Document Type 的简写，在页面中用来说明页面使用的 XTHML 是什么版本。制作 XTHML 页面，一个必不可少的关键组成部分就是 DOCTYPE 声明，只要确定了一个正确的 DOCTYPE，XHTML 里的标记和级联样式才能正常生效。

在 XTHML1.0 中有 3 种 DTD（文档类型定义）声明可以选择，分别是过渡的（Transitional）、严格的（Strict）和框架的（Frameset），下面分别介绍。

- 过渡的 DTD。

这是一种要求不很严格的 DTD，它允许用户使用一部分旧的 HTML 标记来编写 XHTML 文档，帮助用户慢慢适应 XHTML 的编写。

- 严格的 DTD。

这是一种要求严格的 DTD，它不允许使用任何表现层的标识和属性，如
等。

- 框架的 DTD。

这是一种专门针对框架页面所使用的 DTD，当页面中包含有框架元素时，就要采用这种 DTD。

使用严格的 DTD 来制作页面是比较理想的方式，但对于没有深入了解 Web 标准的网页设计者就比较合适使用过渡的 DTD，因为这种 DTD 还允许使用表现层的标识、元素和属性。Dreamweaver 默认使用的是 Transitional.dtd。如果要改变 DTD，可以将文档类型声明部分中两处的 Transitional 改为 Strict 或 Frameset。

DOCTYPE 的声明一定要放置在 XHTML 文档的头部。

2. <html>元素和名字空间

<html>元素是 XHTML 文档中必须使用的元素，所有的文档内容（包括文档头部内容和文档主体内容）都要包含在<html>元素中，<html>元素的语法结构如下：

```
<html>文档内容部分<html>
```

名字空间是<html>元素的一个属性，用 xmlns 来表示，写在<html>元素的起始标记中，用来定义识别页面标记的网址，如：

```
<html xmlns="http://www.w3.org/1999/xhtml">
```

3. 其他部分

一个完整的 XHTML 页面，除了以上两个部分外还包含：网页头部元素，由<head>标记标识；页面主体元素，由<body>标记标识。在头部元素中还包含了页面标题元素，由<title>标记标识，这些同 HTML 一样。

三、XHTML 和 HTML 的区别

XHTML 更为严格的语法及其良好的结构，避免了由于 HTML 的混乱使用而造成的不完整的代码、标记的定义、反复杂乱的标记嵌套、页面体积越来越大等问题。尽管目前浏览器都兼容 HTML，但是为了使网页能够符合标准，设计师应该尽量使用 XHTML 规范来编写代码。XHTML 和 HTML 的区别主要体现在以下几方面。

1. XHTML 中标记名称和属性名称必须小写

在 XHTML 中标记名称必须小写，而在 HTML 中，标记名称可以大写或者小写，例如下面的

代码在 HTML 中是正确的。

```
<BODY>
    <P ALIGN="center"> XHTML 和 HTML 的区别</P>
</BODY>
```

但是在 XHTML 中，则必须都为小写，写为：

```
<body>
    <p align="center"> XHTML 和 HTML 的区别</p>
</body>
```

2. XHTML 的标记必须严格嵌套

在 XHTML 中标记必须严格嵌套，而 HTML 中对标记的嵌套没有严格的规定。例如下面的代码在 HTML 中是正确的。

```
<b><i>这行文字以粗体倾斜显示</b></i>
```

在 XHTML 中必须改为：

```
<b><i>这行文字以粗体倾斜显示</i></b>
```

3. XHTML 的标记必须封闭

在 XHTML 中标记必须封闭，在 HTML 规范中下列代码是正确的。

```
<p> XHTML
<p> XHTML 和 HTML 的区别
```

上述代码中，第二个<p>标记就意味着前一个<p>标记的结束。但是在 XHTML 中这是不允许的，必须严格地使标记封闭。正确写法如下：

```
<p> XHTML </p>
<p> XHTML 和 HTML 的区别</p>
```

4. XHTML 的空元素标记也必须封闭

在 XHTML 中即使是空元素的标记，就是指那些<img>、
等不成对的标记，它们也必须封闭。例如下面的写法是错误的。

```
换行<br>
水平线<hr>
图像<img src="happy.gif" alt="欢迎笑脸">
```

正确的写法应该是：

```
换行<br />
水平线<hr />
图像<img src="happy.gif" alt="欢迎笑脸" />
```

5. XHTML 中属性值用双引号括起来

在 XHTML 中属性值用双引号括起来，在 HTML 中属性可以不必使用双引号，例如 <p class=subTitle>。而在 XHTML 中，必须严格写作<p class="subTitle">

6. XHTML 区分“内容标记”与“结构标记”

在 XHTML 中应该区分“内容标记”与“结构标记”，例如，<p>标记是一个内容标记，而<table>标记是结构标记，因此不允许将<table>标记置于<p>内部。而如果将<p>标记置于<td></td>之间则是完全正确的。

四、滚动字幕及其设置

滚动字幕在网页制作中非常有用，主要用于一些消息的发布，它可以让网页更加生动活泼，而且可以体现一种即时性。

基本格式：<marquee>滚动文字或图片</marquee>

<marquee>标记中可以设置的属性包括 direction（方向）、behavior（方式）和 loop（次数）等，如表 2-5 所示。

表 2-5　<marquee>标记主要属性

属　性	作　用	取值范围及说明
direction	设置字幕的滚动方向	Left/right/up/down
behavior	设置字幕的滚动方式	scroll：字幕单向滚动 slide：字幕到达边界停止 alternate：字幕到达边界后反向滚动
loop	设置字幕的循环次数	正整数；-1 或 infinite 为无限循环
scrollamount	设置字幕一次滚动的距离	正整数，取值越大，速度越快
scrolldelay	设置字幕滚动两次之间的延迟时间	IE 默认为 60（单位：毫秒），取值越大，移动越慢
hspace/vspace	设置字幕左边/上方的空白空间	取值为像素数
align	设置字幕文本的对齐方式	left/center/right/top/bottom
bgcolor	设置字幕的背景色	取值为颜色名或十六进制的颜色值
width/height	设置字幕的宽/高	取值为像素数

<marquee>标记的默认情况是向左滚动无限次，滚动方向是水平向左。

【任务实施】

Step1　打开记事本，输入代码。

Step2　将文件保存为“tejia.html”，按 F12 键预览网页。

参考代码如下：

```
<!DOCTYPE html PUBLIC "-//W3C//DTD XHTML 1.0 Transitional//EN"
"http://www.w3.org/TR/xhtml1/DTD/xhtml1-transitional.dtd">  /*文档类型声明*/
<html xmlns="http://www.w3.org/1999/xhtml">      /*定义 html 的名字空间*/
<head>
<meta http-equiv="Content-Type" content="text/html; charset=utf-8" />
<title>特价菜</title>
</head>
<body>
<h1 align="center">天天特价菜</h1>
<hr width="90%" />
<div style="width:200px;margin:5px auto">
<marquee behavior="scroll" direction="up" height="200px" scrollamount="2">
                              /*设置滚动字幕*/
```

```
<p>周一：红烧巴鱼 </p>
<p>周二：草头圈子</p>
<p>周三：油爆河虾</p>
<p>周四：双包鸭片</p>
<p>周五：干锅有机菜花</p>
<p>周六：白斩鸡</p>
<p>周日：口蘑锅巴汤</p>
</marquee>
</div>
</body>
</html>
```

习　　题

一、填空题

1. HTML 语言__________________大小写。
2. <html>的结束标记写法是_______________。
3. 设置滚动字幕的标记是_______________。

二、选择题

1. 静态页面是使用_______语言编写的。

   A. ASP　　B. PHP　　C. HTML　　D. ASP.NET

2. HTML 语言最外层的标记是_______。

   A. <BODY>标记　　B. <HEAD>标记　　C. <TITLE>标记　　D. <HTML>标记

3. HTML 语言中的换行标记是_______。

   A. <html>　　B.
　　C. <title>　　D. <p>

4. HTML 语言中，设置链接颜色的代码是_______。

   A. <BODY　BGCOLOR=?>　　B. <BODY　TEXT=?>

   C. <BODY　LINK=?>　　D. <BODY　VLINK=?>

5. 下列 XHTML 中的属性和值，正确的是_______。

   A. Width=80　　B. WIDTH="80"

   C. WIDTH=80　　D. width="0"

模 块 三

认识 Dreamweaver CS5

【引言】

本模块通过介绍 Dreamweaver CS5 的安装、运行过程、工作界面的结构、各个部分所能完成的基本功能、指定格式工作界面的设置、站点的建立、创建页面的过程等知识点，让读者对 Dreamweaver CS5 有一个基本的了解。

任务 1 安装和运行 Dreamweaver CS5

【任务导入】

本任务要求安装和运行 Dreamweaver CS5 软件。

【知识指导】

Dreamweaver 采用“所见即所得”的编辑方式。它不仅具有网页设计和管理 Web 站点等功能，还具有强大的编程功能，是一个备受专业 Web 开发人士推崇的软件，是众多的专业网站和个人网站的首选工具。它能够快速高效的创建画面优美、动感十足的网页，使网页创作过程变得非常简单。

Dreamweaver CS5 是由美国著名的多媒体软件开发商 Adobe 公司在并购 Macromedia 之后推出的 Dreamweaver CS4 的升级版本，它集成了最新技术，使开发环境精简高效更具人性化，系统更稳定，这些新功能整合了当今最新技术，为业界标准提供了支持，提高了软件的易用性。

【任务实施】

Step1 双击 Dreamweaver CS5 安装盘中的 Setup.exe 文件，进入安装状态，接受许可协议，如图 3-1 所示；然后进入输入序列号界面，如果读者购买了 Dreamweaver CS5 正式版，可在这里输入软件随带的序列号，如图 3-2 所示。进入安装选项界面，可以根据计算机的设置进行修改，如图 3-3 所示。

Step2 安装成功后，依次选择“开始”→“程序”→“Dreamweaver CS5”，运行 Dreamweaver CS5 软件，进入“默认编辑器”对话框，如图 3-4 所示。

说明　此处是 Dreamweaver CS5 可选择作为编辑器可编辑的文件类型。例如动态网页文件，根据选择技术的不同，扩展名有.asp、.jsp、.aspx 和.php，此外还包括 JavaScript 脚本的扩展名为.js 的文件和 CSS 样式表的扩展名为.css 的文件等。

Step3 此处使用默认的选项，然后进入 Dreamweaver CS5 的初始界面，如图 3-5 所示。

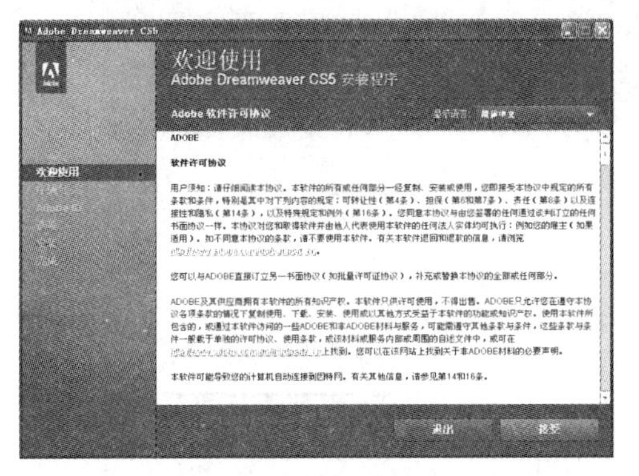

图 3-1　接受许可协议

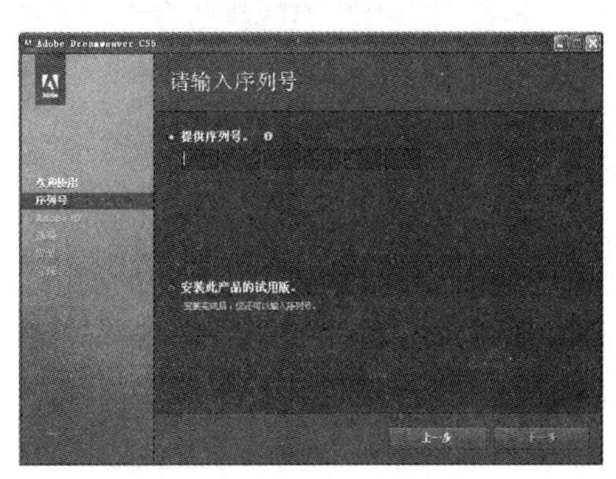

图 3-2　输入序列号界面

图 3-3　安装选项

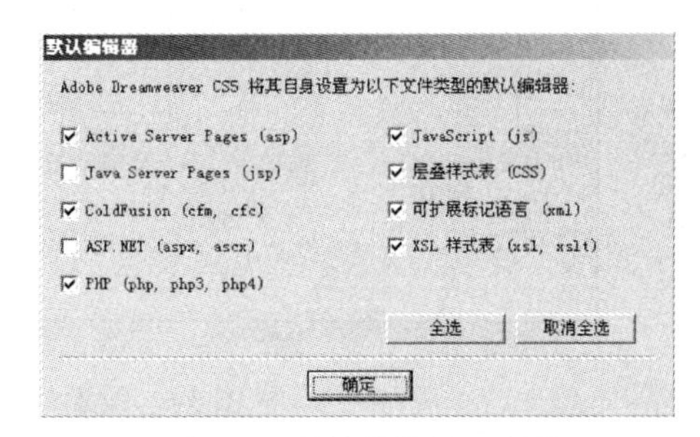

图 3-4　“默认编辑器”对话框

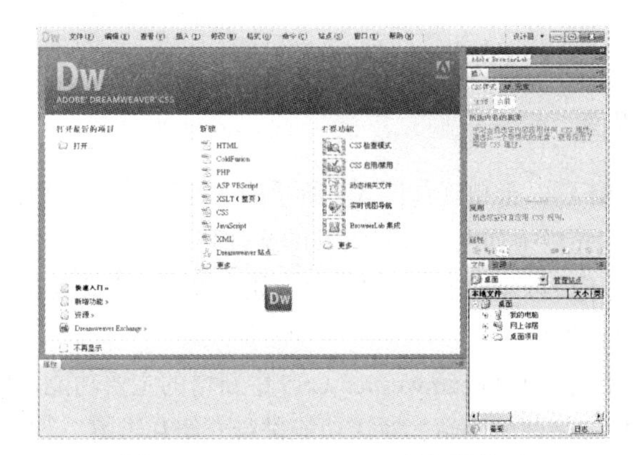

图 3-5　Dreamweaver CS5 的初始界面

Step4 选择“新建”栏中的“HTML”，即可进入 Dreamweaver CS5 的工作界面。

任务 2 Dreamweaver CS5 的工作界面

【任务导入】

本任务要求设置 Dreamweaver CS5 的工作界面为经典，并使文档区显示红色网格，右侧浮动面板区显示框架面板、CSS 面板、文件面板，效果如图 3-6 所示。

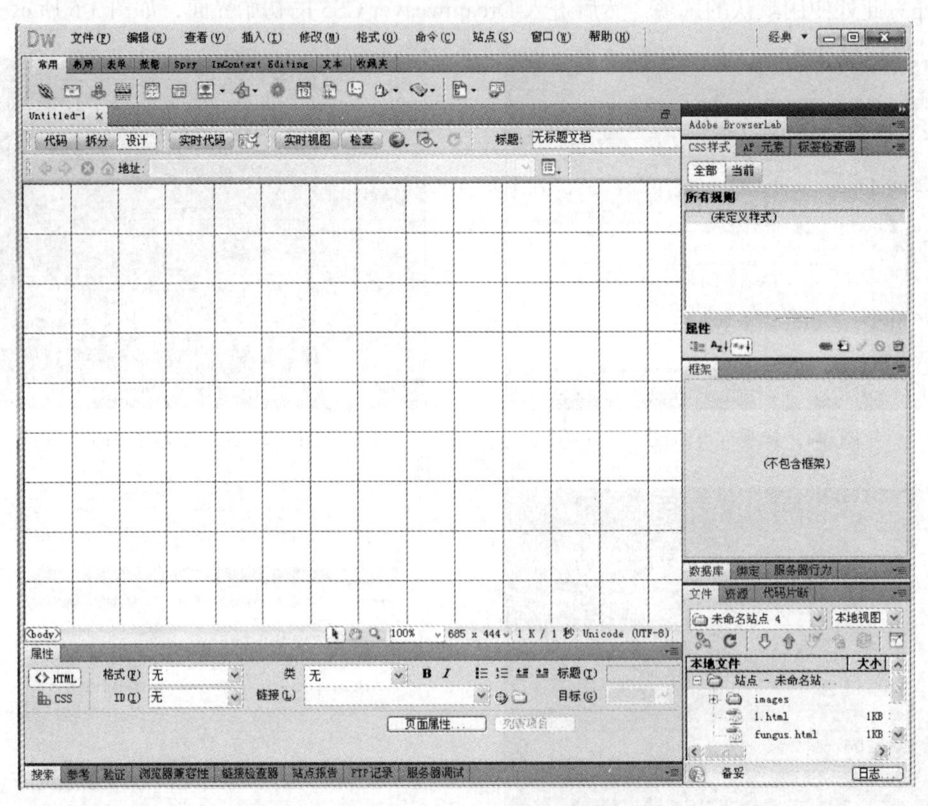

图 3-6 设置 Dreamweaver CS5 的工作界面

【知识指导】

一、欢迎和工作界面

启动 Dreamweaver CS5 后，会出现如图 3-7 所示的欢迎屏幕，在欢迎屏幕中有 3 项列表：

- 打开最近的项目：此栏中列出了最近打开的文件列表，用户可以双击文件快速将其打开。
- 新建：此栏中列出了可以创建的新文件类型，如果没有需要创建的文件类型，可以单击“更多”调出更多可创建的文件类型。
- 主要功能：此栏中列出了 Dreamweaver CS5 中新增的主要功能，包括“CSS 启用/禁用”等，单击后会链接到 Adobe 公司的网站，对该功能进行介绍和讲解。

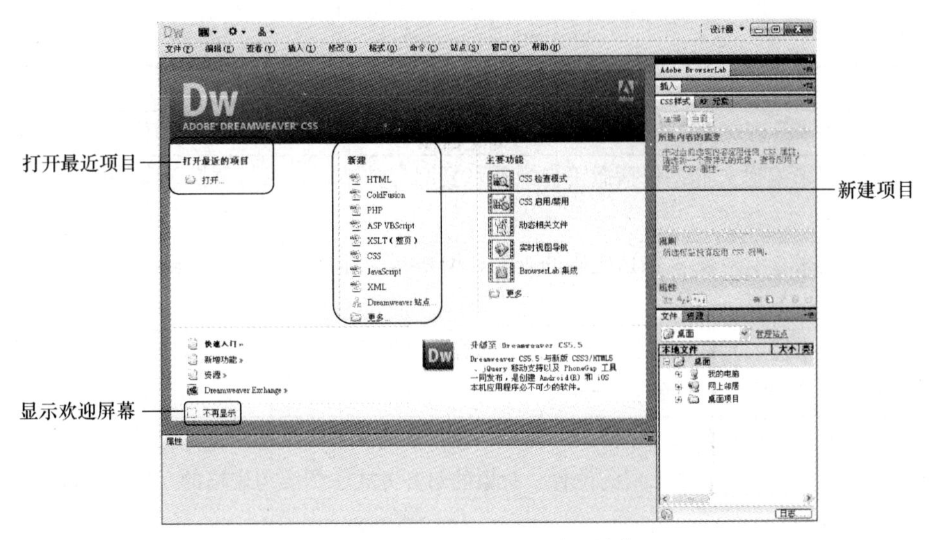

图 3-7　Dreamweaver CS5 欢迎屏幕

如果选中欢迎屏幕中“不再显示”复选框，则下次启动 Dreamweaver 时将不再显示欢迎屏幕。如果希望再次显示此屏幕，可以执行“编辑”→“首选参数”进行设置。

在欢迎屏幕中，单击“新建”中的“HTML”命令，则新建一个 HTML 文档，进入到 Dreamweaver CS5 的工作界面，如图 3-8 所示。

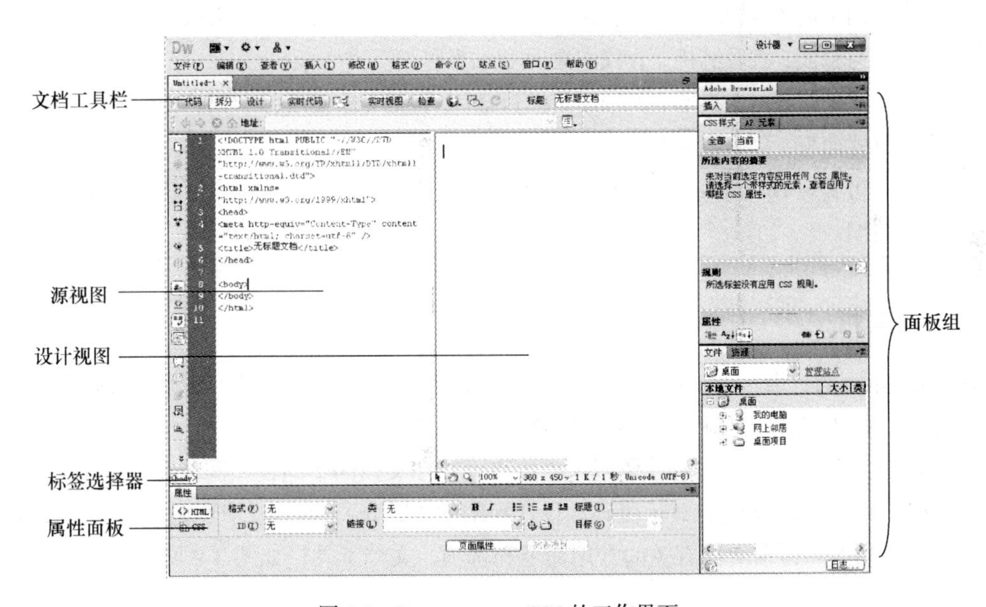

图 3-8　Dreamweaver CS5 的工作界面

该界面将所有和 Dreamweaver CS5 关联的窗口都整合到一起，其界面设计可以让操作者灵活搭配、自由组合。

二、菜单栏

菜单栏中包含 10 项菜单，主要用于文件管理、站点管理、对象管理、窗口设置等一系列操作，基本上能够实现 Dreamweaver 的所有功能。表 3-1 给出了各项菜单的简单介绍。

表 3-1　菜单栏中各菜单的功能介绍

菜单命令	功能简介
文件	用来管理文件，包括新建和保存文件、导入与导出、预览及打印代码、检查验证等
编辑	用来编辑文本，包括撤销与恢复、复制与粘贴、查找与替换、参数设置、快捷键设置等
查看	用来查看对象，包括代码的查看、网格线与标尺的显示、面板的隐藏及工具栏的显示等
插入记录	用来插入元素，包括插入图像、多媒体、图层、框架、表格、表单、E-mail 链接、日期、特殊字符、标签及 Spry 等
修改	用来实现对页面元素修改的功能，包括页面元素、浮动面板、快速编辑器、链接、表格、框架、导航条、层的位置、对象的对齐方式、图层与表格的互换、模板、库及时间轴等
文本	用来对文本进行操作，包括字体、字形、字号、字体颜色、HTML、CSS 样式、段落格式化、扩展、缩进、列表、文本的对齐方式、检查拼写等
命令	收集了所有的附加命令项，包括应用记录、编辑命令清单、获得更多命令、插件管理器、应用源代码格式、清除 HTML/WordHTML、色彩设置向导、格式化表格、表格排序、应用 Fireworks 优化图像、创建网站相册等
站点	用来创建与管理站点，包括站点显示方式、新建打开及自定义站点、上传与下载、登记与验证、查看链接、查找本地/远程站点等
窗口	用来打开与切换所有的控制面板和窗口，包括对象面板、属性检查器、站点窗口、CSS 样式面板、代码编辑器等
帮助	可实现 Dreamweaver 联机帮助功能、注册服务以获取技术支持和 Dreamweaver 的版本说明

三、工具栏

在 Dreamweaver 中，工具栏包括“文档”、“标准”和“样式呈现”，可以通过执行“查看”→“工具栏”，然后选择工具栏，来显示和隐藏。

“文档”工具栏包含一些按钮，使用这些按钮可以在文档的不同视图间快速切换，这些按钮包括：“代码”、“设计”以及同时显示代码和设计视图的“拆分”。工具栏中还包含一些与查看文档、在本地和远程站点间传输文档有关的常用命令和选项。文档工具栏如图 3-9 所示。

代码 拆分 设计 实时视图 实时代码 标题: 无标题文档 检查页面

图 3-9　文档工具栏

文档工具栏中各图标按钮功能如下。

- 显示代码视图按钮 代码：一个用于编写和编辑 HTML、JavaScript、服务器语言代码（如 PHP 或 ColdFusion 标记语言）以及任何其他类型代码的手工编码环境。
- 显示代码视图和设计视图按钮 拆分：可以在一个窗口中同时看到同一文档的“代码”视图和“设计”视图。

- 显示设计视图按钮：一个用于可视化页面布局、可视化编辑和快速应用程序开发的设计环境。在该视图中，Dreamweaver 显示文档完全可编辑的可视化表示形式，类似于在浏览器中查看页面时看到的内容。可以配置“设计”视图以在处理文档时显示动态内容。
- 标题文本框：用来设置或修改文档的标题。
- 文件管理按钮：单击该按钮弹出快捷菜单，通过该菜单可以实现消除只读属性、获取、取出、上传、存回、撤销取出、设计备注以及在站点定位等功能。
- 在浏览器中预览／调试按钮：单击该按钮在定义好的浏览器中预览或调试。
- 刷新设计视图：在“代码”视图中对文档进行更改后刷新文档的“设计”视图。在执行某些操作（如保存文件或单击该按钮）之后，在“代码”视图中所做的更改才会自动显示在“设计”视图中。
- 视图选项按钮：为代码视图和设计视图设置选项，其中包括指定这两个视图中的哪一个居上显示。还可以显示标尺、网格、辅助线。
- 可视化助理：可以使用各种可视化助理来设计页面。
- 验证标记：用于验证当前文档或选定的标签。
- 检查浏览器兼容性：单击选项菜单按钮可以打开快捷菜单，包含检查浏览器支持，查看所有错误，设置等命令。

“标准”工具栏包含一些按钮，可执行“文件”和“编辑”菜单中的常见操作，如“新建”、“打开”、“剪切”、“复制”等。可像使用等效的菜单命令一样使用这些按钮。

“样式呈现”工具栏包含一些按钮，如果使用依赖于媒体的样式表，这些按钮能够查看设计在不同媒体类型中的呈现方式。它还包含一个允许启用或禁用 CSS 样式的按钮。

四、文档窗口

文档窗口如图 3-10 所示，显示当前创建和编辑的文档。在该窗口中可以输入文本、插入图片、绘制表格等，也可以对整个页面进行处理。如果对文档做了更改但尚未保存，则 Dreamweaver 会在文件名后显示一个星号。

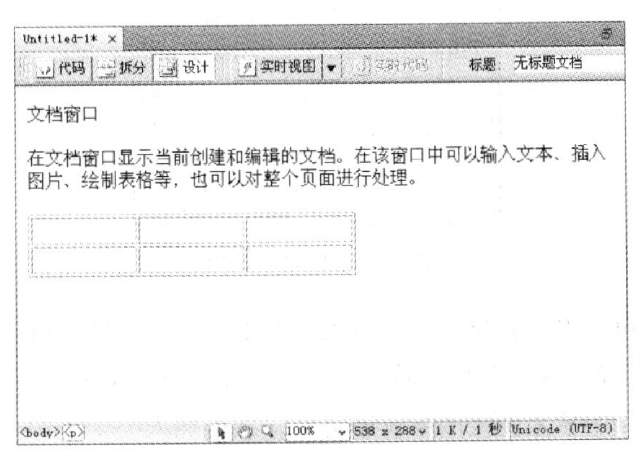

图 3-10　文档窗口

五、“属性”面板

“属性”面板也叫“属性”检查器，可以检查和编辑当前选定页面元素（如文本和插入的对象）

的常用属性。“属性”面板中的内容根据选定的元素会有所不同。例如，如果选择页面上的一个图像，则“属性”面板将改为显示该图像的属性（如图像的文件路径、图像的宽度和高度、图像周围的边框等）。默认情况下，“属性”面板位于工作区的底部边缘，也可以将它停靠在工作区的顶部边缘，或者使其成为工作区中的浮动面板。如图 3-11 所示的是系统默认的文本“属性”面板。

双击“属性”面板空白处，将出现更多的扩展属性。再双击，可以关闭扩展属性，返回原始状态。

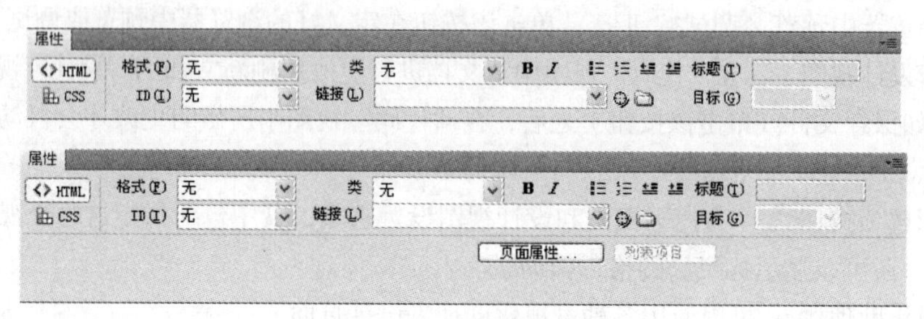

图 3-11　文本属性面板

六、常用面板

在工作区的右边有一组层叠的面板，包含 Dreamweaver 常用的一些面板，例如“插入”面板、“CSS 样式”面板、“文件”面板等，如图 3-12 所示。

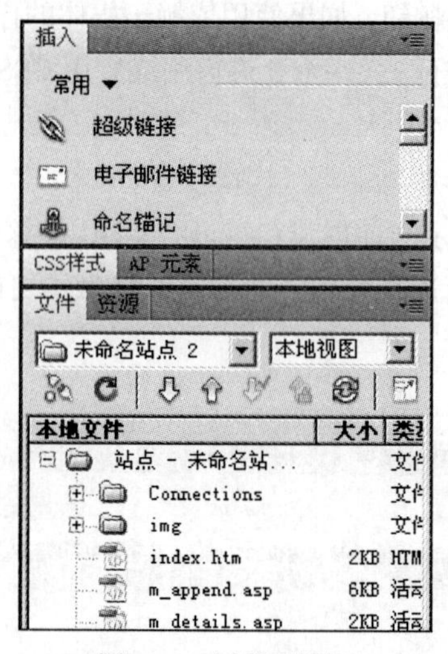

图 3-12　层叠面板组

- “插入”面板：包含用于创建和插入对象（例如表格、图像和链接）的按钮。这些按钮按几个类别进行组织，可以通过从“类别”弹出菜单中选择所需类别来进行切换。例如，可以在“插入”面板中“常用”类别中单击图像图标，即可在文档中插入一个图像。

说明

也可以不使用插入面板而使用插入菜单插入对象。

- “文件”面板：查看和管理 Dreamweaver 站点中的文件。

- “CSS 样式”面板：可以跟踪影响当前所选页面元素的 CSS 规则和属性（“正在”模式），或影响整个文档的规则和属性（“全部”模式）。
- “行为”面板：在该面板通过简单的单击，并设定相应的参数来添加常见的交互行为。

【任务实施】

Step1 打开 Dreamweaver CS5。

Step2 单击窗口右上角的“设计器”下拉列表，选择“经典”。

Step3 选择“窗口”菜单中的“属性”、“插入”、“文件”、“CSS”和“框架”选项。

Step4 在浮动面板组区将“框架”面板拖曳到“CSS”面板的下方。

Step5 执行“查看”→“网格设置”→“显示网格”命令。

Step6 执行“查看”→“网格设置”→“网格设置”命令，打开“网格设置”对话框，设置参数如图 3-13 所示。

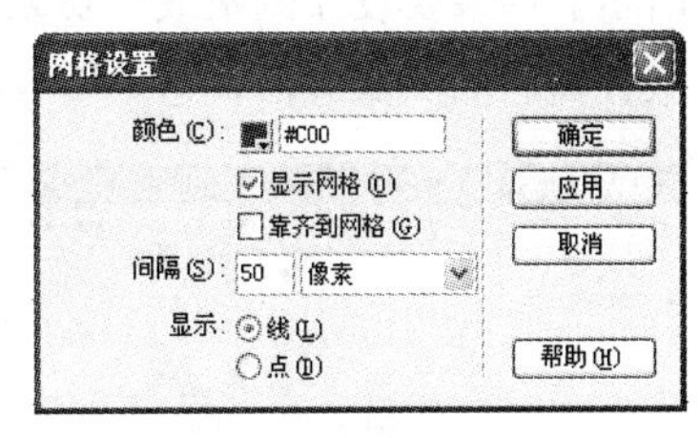

图 3-13 “网格设置”对话框

任务 3 站点的建立与管理

【任务导入】

创建“玫瑰园餐饮公司”网站的本地站点。具体要求是：在本地计算机的 F 盘上新建一个文件夹“rose”，作为整个网站的文件夹，也是网站的根目录。网站的所有图像素材都存放于根目录下的文件夹“images”中。网站名为“玫瑰园”，分“环境展示”、“特色菜肴”、“营养常识”等栏目，这些栏目所有网页和素材都存放在站点根目录下的“environ”、“food”、“nutrient”等文件夹中，如图 3-14 所示。

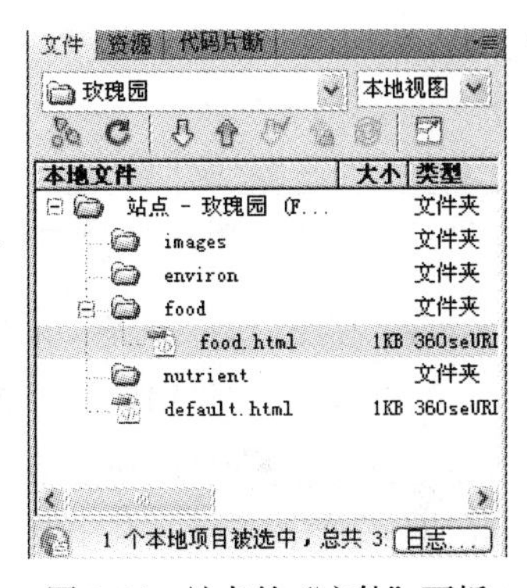

图 3-14 站点的“文件”面板

【知识指导】

所谓站点，就是一系列通过超级链接关联起来的网页文档（包含网页文件、图片文件、媒体文件和其他文件等）。站点分为本地站点和远程站点两类。所谓本地站点，通俗地讲就是在本地硬盘上开辟一个空间容纳网页文档，可以是一个子目录，可以是一个分区，而这个子目录或者分区中的所有文件就构成了本地站点。远程站点就是将本地站点上传到远程网页服务器的一个子目录上，访问者可通过相关网址来访问网页。创建本地站点的目的是为了便于维护和修改远程站点。

Dreamweaver 既是一个网页创建和编辑的工具，又是一个站点创建和管理的工具。它的站点管理功能不仅可以使站点文件以树状结构显示、进行链接检查和站点 FTP 直接上传等，而且允许用户在站点中直接对网页的部分标记进行修改以及检查单个网页对各种浏览器的支持情况等。

一、建立站点

在 Dreamweaver 中创建和维护一个站点的方法十分简单，具体操作步骤如下。

Step1 利用 Windows 资源管理器创建一个用作本地站点的文件夹。

Step2 执行“站点”中“管理站点”命令，打开管理站点对话框，如图 3-15 所示。在该对话框中可以对站点进行新建、编辑、删除等操作。

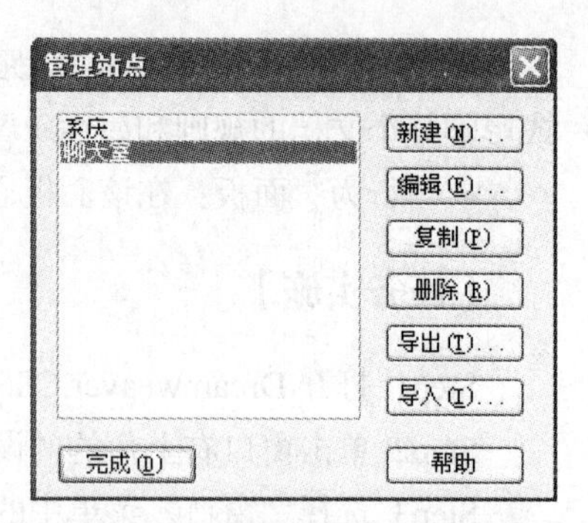

图 3-15 “管理站点”对话框

Step3 选择“新建”按钮中的“站点”，打开“站点设置对象”对话框，需要设置以下选项。

- 站点：定义站点基本信息，如图 3-16 所示。
  - ◆ 站点名称：在文本框中输入站点的名称。
  - ◆ 本地站点文件夹：输入完整的路径名称，或者单击文件夹图标，在打开的对话框中选择具体位置。
- 服务器：进行远程和测试服务器的相关设置，如图 3-17 所示。如果要发布网站或者要创建动态网站，则需要指定远程服务器和测试服务器，这一部分内容将在后面的模块介绍。

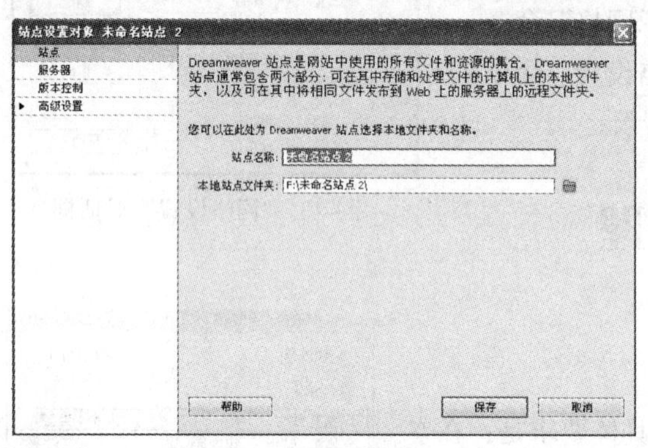

图 3-16 站点设置

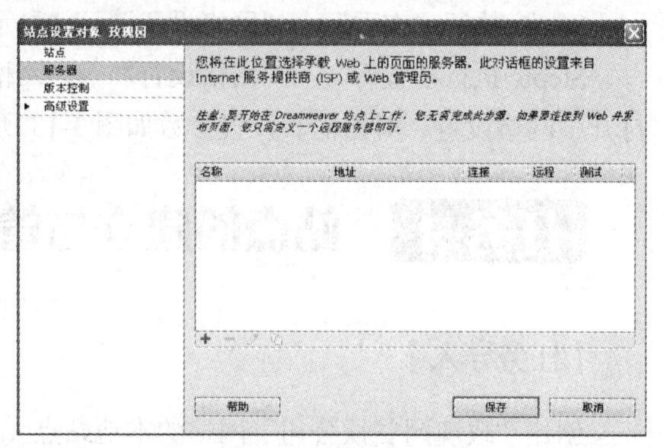

图 3-17 服务器设置

- 高级设置：设置如遮盖、设计备注、文件视图列等多项内容。

在网站的建设初期，只需要建立本地站点，定义“站点”选项卡中的“站点名称”和“本地站点文件夹”即可创建本地站点。如果需要对站点进行更详尽的设置，可以单击左侧的“高级设置”分类项，然后在其子菜单中选择“本地信息”，如图 3-18 所示。

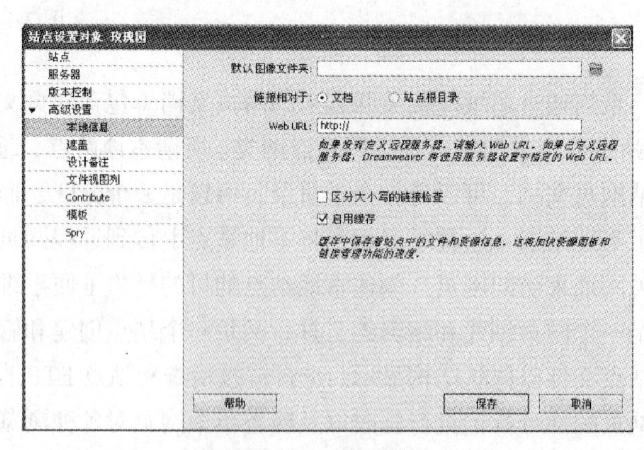

图 3-18 高级设置

- ◆ 默认图像文件夹：设置本地站点图像文件的默认保存位置。
- ◆ 链接相对于：设置为链接创建的文档路径的类型，文档相对路径或根目录相对路径。
- ◆ Web URL：设置站点的地址，以便对文档中的绝对地址进行校验。

- 区分大小写的链接检查：选择此项后，对站点中的文件进行链接检查时，将检查链接的大小写与文件名的大小写是否匹配。此选项用于文件名区分大小写的 UNIX 系统。
- 启用缓存：选中此项后，以加快站点中链接更新的速度。

二、编辑站点

对一个已经创建好的站点，还可以重新规划，对站点的属性进行编辑，也可以将站点从列表中删除，若需要创建多个结构相同或类似的站点，还可以利用站点的复制功能。完成这些操作的方法很简单，执行“站点”→“管理站点”命令，打开如图 3-15 所示的“管理站点”对话框，从列表中选择要操作的站点，然后单击要执行的操作对应的按钮即可。

三、站点的管理

在建立站点之后，“文件”面板中会显示本地站点的文件和文件夹，即可以在“文件”面板中进行网站文件的管理。

1. 新建文件 / 文件夹

在“文件”面板中单击鼠标右键，弹出如图 3-19 所示的快捷菜单。在快捷菜单中选择“新建文件”或“新建文件夹”命令即可。

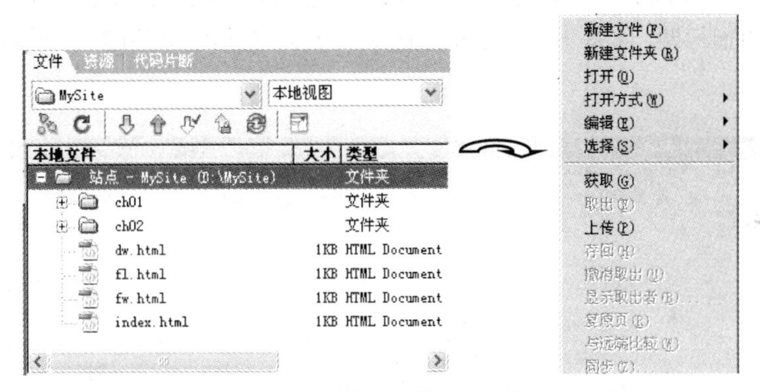

图 3-19　“文件”面板及快捷菜单

新建的文件被默认命名为“untitled. html”，新建的文件夹被默认命名为“untitled”。另外要注意的是，单击鼠标右键时，鼠标的位置决定了新建文件或文件夹的位置。如果在站点的根目录上单击右键，建立的新文件 / 文件夹将保存在根目录中。如果在子目录中单击右键，则建立的新文件 / 文件夹将保存在该子目录中。

2. 编辑网页文件

在“文件”面板中，选择要编辑的网页，双击即可打开该网页的编辑窗口。如果网页是只读属性，将提示用户是否去除网页的只读属性。

3. 删除文件

在“文件”面板中，选择要删除的网页，单击鼠标右键。从图 3-19 所示的快捷菜单中选择“编辑”→“删除”命令，即可对文件删除。在删除过程中，Dreamweaver 会自动检查链接的完整性。如果站点中有其他文件链接到要删除的文件，则进行删除时系统会给出提示。

【任务实施】

Step1　启动 Dreamweaver CS5，执行“站点”→“新建站点”命令，打开“站点设置对象”对话框，在“站点”选项卡中，设置“站点名称”为“玫瑰园”，“本地站点文件夹”为“F:\rose\”，即创建了“玫瑰园餐饮公司”网站的本地站点。

Step2　在“文件”面板中显示出本地站点的文件夹“站点－玫瑰园（F:\rose\），在文件夹上右击，在弹出的快捷菜单中选择“新建文件夹”命令，将文件夹命名为“environ”，依此方法再创建其他的文件夹。

Step3　新建网站的主页。在站点根目录文件夹上右击，在弹出的快捷菜单中选择“新建文件”命令，并将文件命名为“default.html”。

Step4　新建“特色菜肴”栏目的专栏网页 food.html，在 food 子文件夹上右击，在弹出的快捷菜单中选择“新建文件”命令，并将文件命名为“food.html”。

任务4　制作第一个网页

【任务导入】

在站点中新建一个网页，设置页面的整体属性，包括背景颜色、背景图像、文字颜色、链接颜色、页边距、页面标题、字符集等。设置页面头部内容，包括定义关键字、说明，效果如图 3-20 所示。

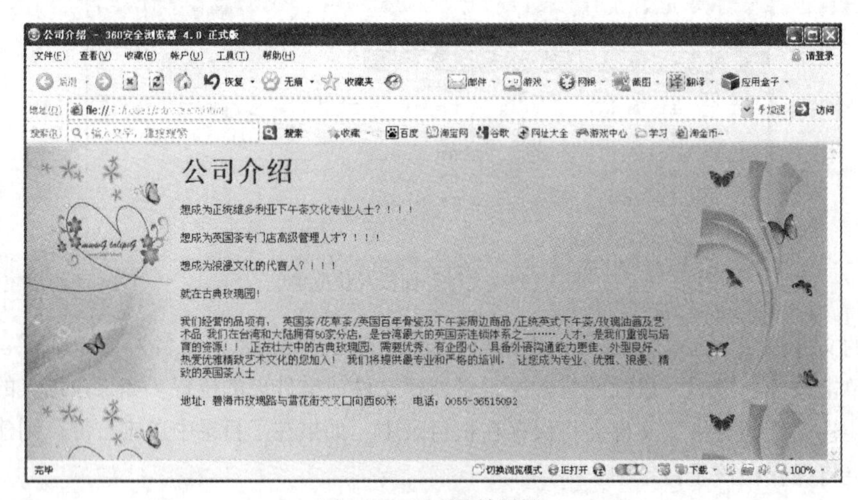

图 3-20　页面的效果图

【知识指导】

一、新建网页

本地站点建好后，接下来就可以制作网页了。首先创建网页文件，通常有两种方法。第一种方法的具体步骤如下。

Step1 执行“文件”→“新建”命令，弹出“新建文档”对话框，如图 3-21 所示，用户可以在该对话框中建立各种类型的文件。如果要新建普通的 HTML 文档，则保持默认设置，直接单击“创建”按钮即可。

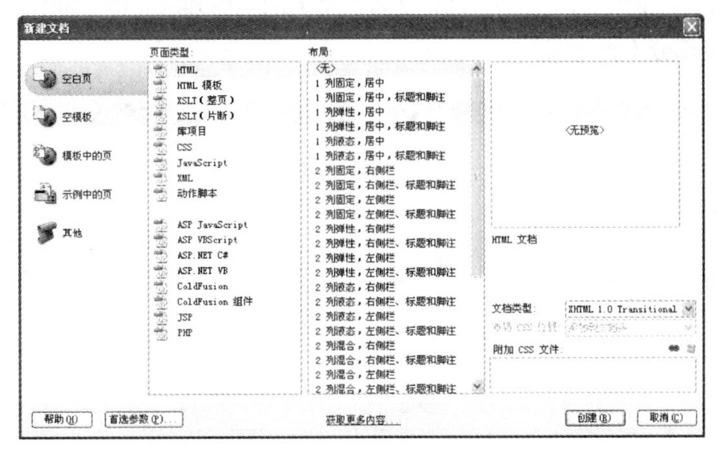

图 3-21 “新建文档”对话框

Step2 此时 Dreamweaver 会为新文档打开一个文档编辑窗口，在其中即可对文档进行编辑和修改。

Step3 执行“文件”→“保存”命令，将该文件命名后，保存在合适的目录中。

另一种方法是：右击“文件”面板，在弹出的快捷菜单中，执行“新建文件”命令，输入文件名后，新建的文件即会出现在该面板中，双击该文件即可打开编辑窗口。

二、设置页面属性

制作网页时，首先需要设置页面属性，包括字体、背景、链接、标题、跟踪图像等，可以有效控制页面风格，加快开发速度。

设置页面属性具体操作步骤如下。

Step1 新建或打开一个网页文档。

Step2 执行“修改”→“页面属性”命令，即可打开 “页面属性”对话框，在其中可以设置各种页面属性。Dreamweaver CS5 将页面属性设置为多种类别，下面一一介绍。

- 外观（CSS）。

“外观（CSS）”是以 CSS 层叠样式表的形式设置页面的一些基本属性，如图 3-22 所示，具体参数介绍如下。

- ◆ 页面字体：用于设置网页文字的字体，通常采用其默认字体，即宋体。
- ◆ 大小：用于设置网页文字的大小，通常设置为 12px。
- ◆ 文本颜色：用于默认状态下的文本颜色。
- ◆ 背景颜色：用于选择页面的背景颜色。
- ◆ 背景图像：用于输入背景图像的路径和文件名，也可以单击“浏览”按钮选择背景图像文件。需要注意的是，由于背景图像充满了整个页面，所以指定背景图像将忽略对网页背景颜色的选择，即背景图像将背景颜色覆盖。

◆ 重复：设置背景图是否重复或如何重复。

◆ 左边距、右边距、上边距、下边距：分别用于设置网页内容与页面边缘的间距。

• 外观（HTML）。

“外观（HTML）”是以 HTML 语言的形式设置页面的一些基本属性，如图 3-23 所示，具体参数介绍如下（重复部分不再介绍）。

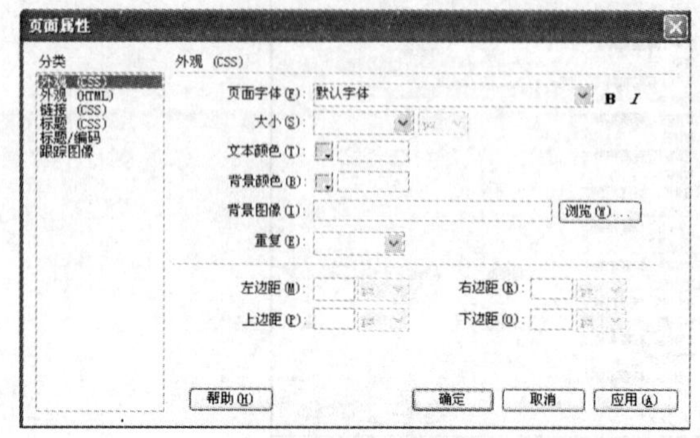

图 3-22 “外观（CSS）”属性

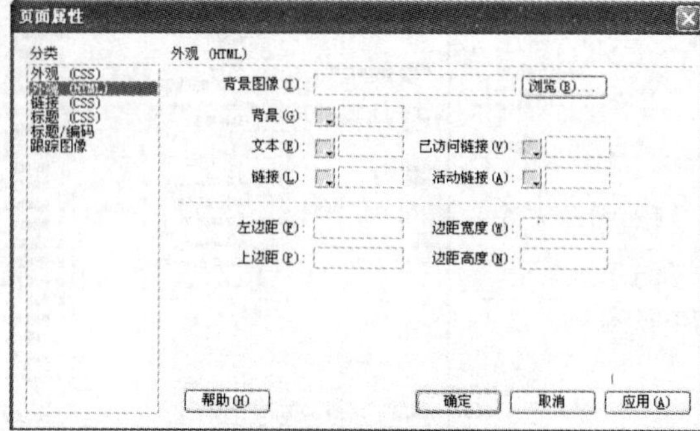

图 3-23 “外观（HTML）”属性

◆ 链接：设置超级链接文本默认状态下的字体颜色。

◆ 已访问过链接：设置访问过链接的颜色。

◆ 活动链接：设置活动链接的颜色。

• 链接（CSS）。

“链接（CSS）”是使用 CSS 方式进行的与页面链接效果有关的设置，如图 3-24 所示，具体参数介绍如下。

◆ 链接字体：定义页面超级链接文本在默认状态下的字体。

◆ 大小：定义超级链接文本在默认状态下的字体大小。

◆ 变换图像链接：定义鼠标移到超级链接文本状态下的颜色，设置此选项可以增加链接动态的效果。

◆ 下划线样式：定义链接的下划线样式。

• 标题（CSS）。

“标题（CSS）”是以 CSS 方式设置标题文字的一些属性，如图 3-25 所示，具体参数介绍如下。

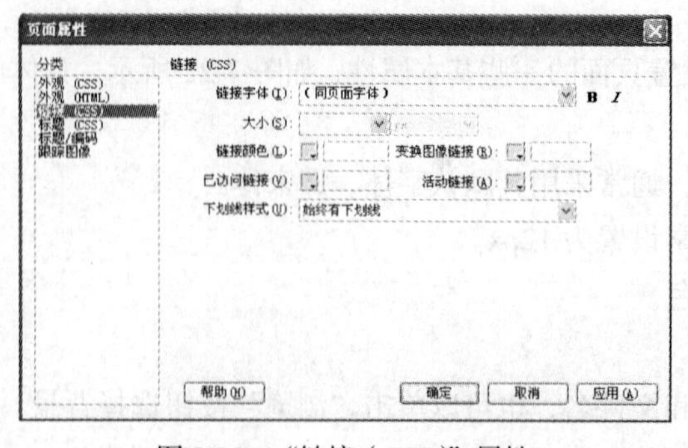

图 3-24 “链接（CSS）”属性

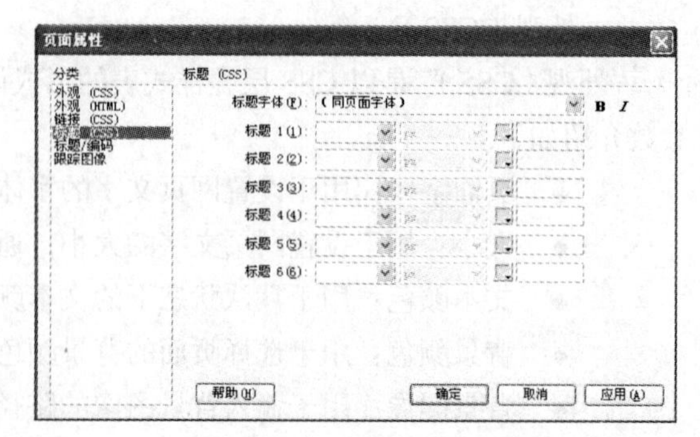

图 3-25 “标题（CSS）”属性

◆ 标题字体：定义标题文字的字体类型及样式。

- ◆ 标题 1～标题 6：分别定义一级标题到六级标题文字的字号和颜色。

- 标题/编码。

用于设置网页标题与文字编码，如图 3-26 所示，具体参数介绍如下。

- ◆ 标题：定义页面的标题。
- ◆ 文档类型：定义页面的 DTD 文档类型。
- ◆ 编码：定义页面使用的字符集编码。
- ◆ Unicode 标准化表单：设置表单的标准化类型，若希望表单标准化类型中包括 Unicode 签名，则勾选“包括 Unicode 签名”复选框。

- 跟踪图像。

跟踪图像是一种网页设计的规划图，一般是由专业美工设计。使用跟踪图像可以依照已经设计好的布局快速建立网页，这样可以避免网页制作中不懂版面设计的问题。如图 3-27 所示，具体参数介绍如下。

- ◆ 跟踪图像：设置当前制作网页的跟踪图像。
- ◆ 透明度：调节跟踪图像的透明度，可以通过拖动滑块来实现。

Step3　所有属性设置完后，单击“确定”按钮，设置的内容会反映到页面上。

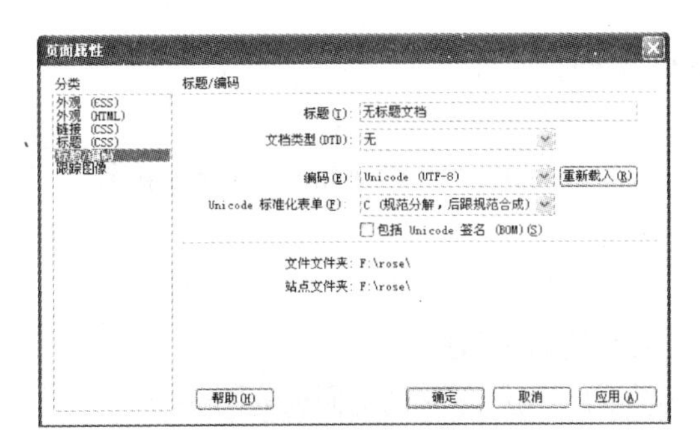

图 3-26　“标题/编码”属性

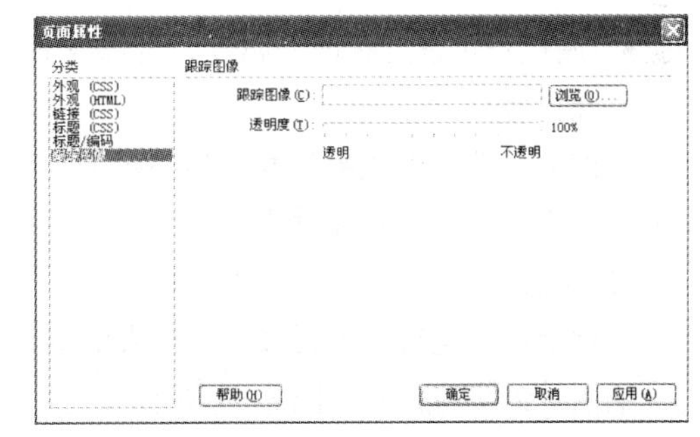

图 3-27　“跟踪图像”属性

三、设置页面头部内容

一个网页文件，通常由头部内容（对应的标记为<head>）和页面主体（对应的标记为<body>）两个部分组成。文档的标题（对应的标记为<title>）信息就存储在网页的头部，在浏览页面时会显示在浏览器的标题栏上。除了标题外，头部还可以包括很多非常重要的信息，例如针对搜索引擎的关键字和内容提示符等。

1. 插入页面头部元素

常用方法有两种：使用“插入”面板“常用”分类中的“文件头”下拉按钮，从下拉列表中选择需要的元素；或者执行“插入”→“HTML”→“文件头标签”列表中对应的命令。

2. 显示头部内容设置区域

添加网页的头部信息后，如果页面中没有显示头部内容设置区域，执行“查看”→“文件头内容”命令即可。

3. 编辑页面头部元素

在头部内容设置区域，单击需要编辑的头部元素图标，在“属性”面板中进行编辑。

4. 文件头元素分类

网页的文件头元素有很多，一一介绍如下。

（1）META

META 标签，是 HTML 语言 head 区的一个辅助性标签，是对网站发展非常重要的标签，它可以用于鉴别作者，设定页面格式，标注内容提要和关键字，以及刷新页面等。META 标签分两大部分：HTTP-EQUIV 和 NAME 变量。HTTP-EQUIV 类似于 HTTP 的头部协议，它回应给浏览器一些有用的信息，以帮助正确和精确地显示网页内容。例如：<meta http-equiv="Content-Type" content="text/html; charset=GB2312">，是用来设定页面使用的字符集。

插入 META 将打开如图 3-28 所示的对话框。META 的“属性”面板如图 3-29 所示。

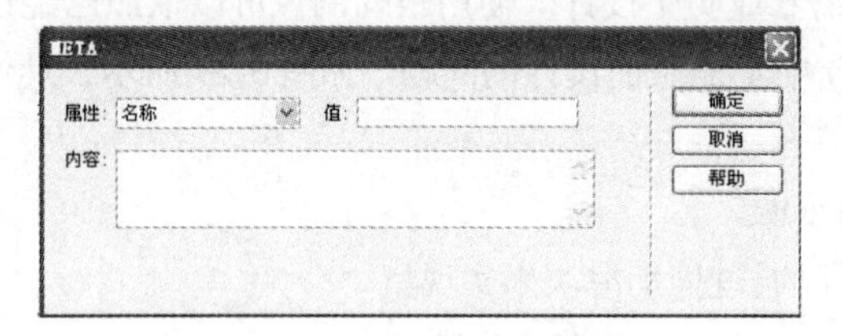

图 3-28 “META”对话框

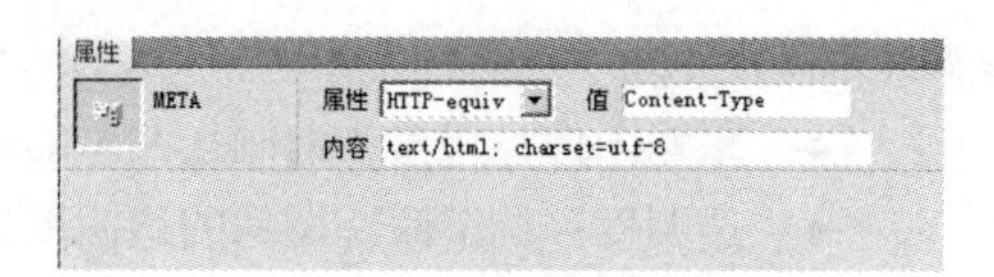

图 3-29 “META”属性面板

- 属性：可以选择两种属性，名称或 HTTP-equivalent。
- 值：输入属性值。

关键字、说明和刷新也属于 META 的范畴，由于经常被使用，所以 Dreamweaver 就额外定义了相应的插入命令和属性设置。

（2）关键字

关键字信息是帮助主页被各大搜索引擎登录，提高网站的访问量。

插入关键字将打开如图 3-30 所示的对话框。关键字的“属性”对话框面板如图 3-31 所示。

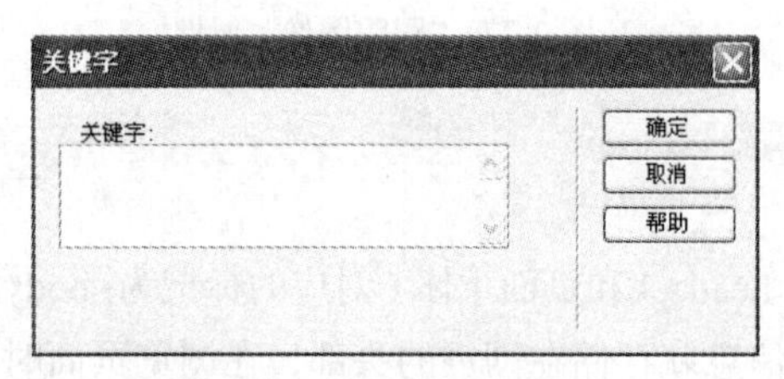

图 3-30 “关键字”对话框

图 3-31 “关键字”属性面板

（3）说明

说明是用来告诉搜索引擎网站的主要内容。很多搜索引擎限制说明文字在 150 以内，所以内容应尽量简明扼要。

插入说明将打开如图 3-32 所示的对话框。说明的“属性”面板如图 3-33 所示。

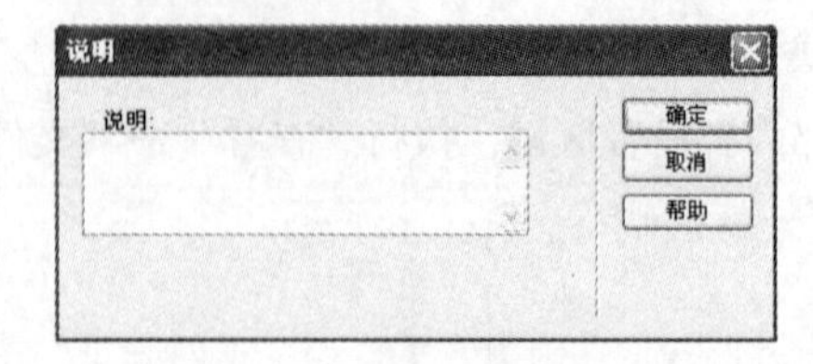

图 3-32 “说明”对话框

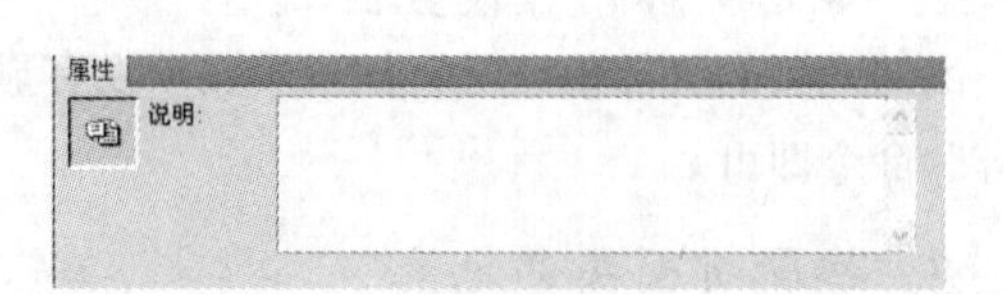

图 3-33 “说明”属性面板

（4）刷新

自动刷新并指向新页面。该项设置可以使网页在被浏览器显示时，相隔一定的时间就跳转到某个页面或是刷新自身。

插入刷新将打开如图 3-34 所示的对话框。刷新的“属性”面板如图 3-35 所示。

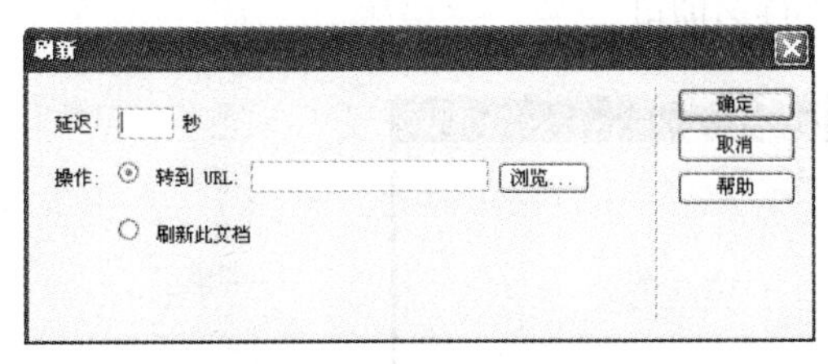

图 3-34　“刷新”对话框

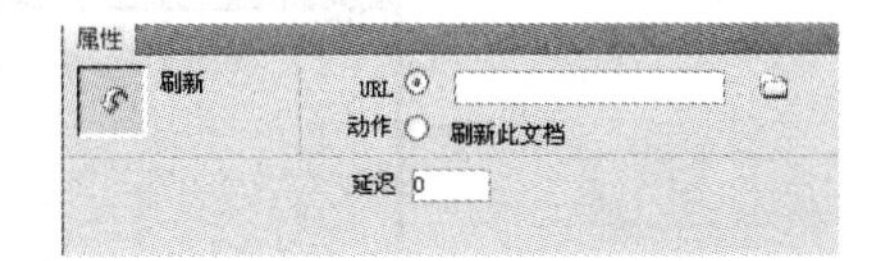

图 3-35　“刷新”属性面板

- 延迟：定义网页刷新的时间间隔。
- 操作：设置刷新的动作，可以选择自动刷新到 URL 网址，也可以刷新原页面。

（5）基础

在 HTML 中<base>标记定义。该项可以为文档中的 URL 设置基础 URL 地址。

插入基础将打开如图 3-36 所示的对话框。基础的“属性”面板如图 3-37 所示。

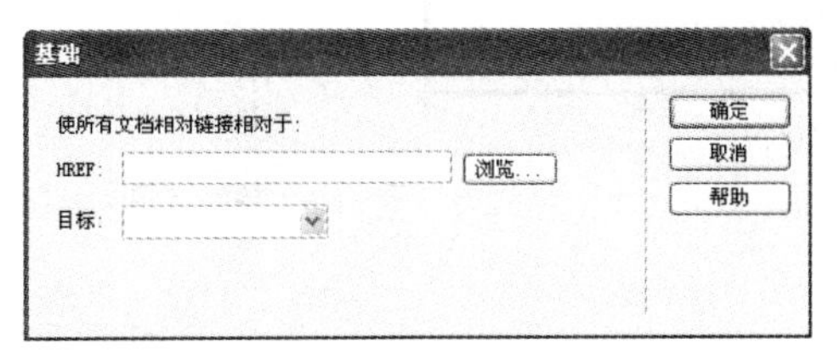

图 3-36　“基础”对话框

图 3-37　“基础”属性面板

- HREF：定义基础 URL 地址。
- 目标：设置链接文档打开的位置。

（6）链接

在 HTML 中<link>标记定义。该项可以设置文档和引用资源之间的链接关系。

插入链接将打开如图 3-38 所示的对话框。链接的“属性”面板如图 3-39 所示。

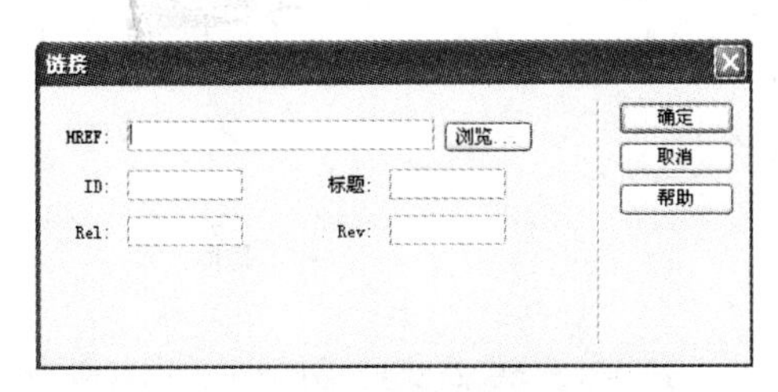

图 3-38　“链接”对话框

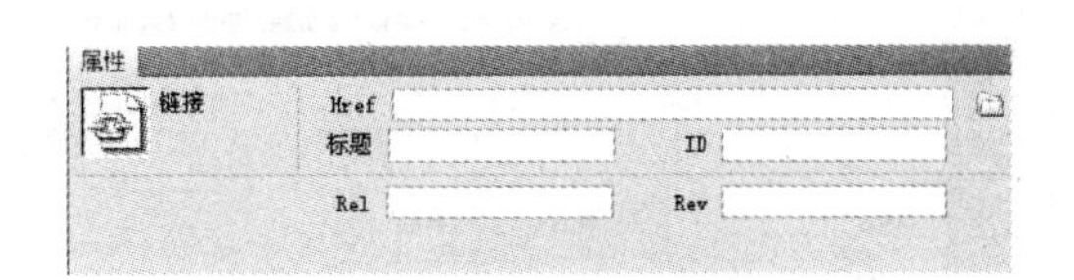

图 3-39　“链接”属性面板

- Href：定义链接资源所在的 URL 地址。
- ID：定义 ID 值。
- 标题：定义对该链接的描述。
- Rel、Rev：定义文档同链接资源的链接关系。

四、保存网页

制作的网页必须保存在站点目录中，如果没有保存，系统将给出提示。若要保存网页，可执行“文件”→“保存”命令，弹出如图 3-40 所示“另存为”对话框，为页面在站点中选择一个合适位置，并在“文件名”文本框中输入要保存的文件名即可。

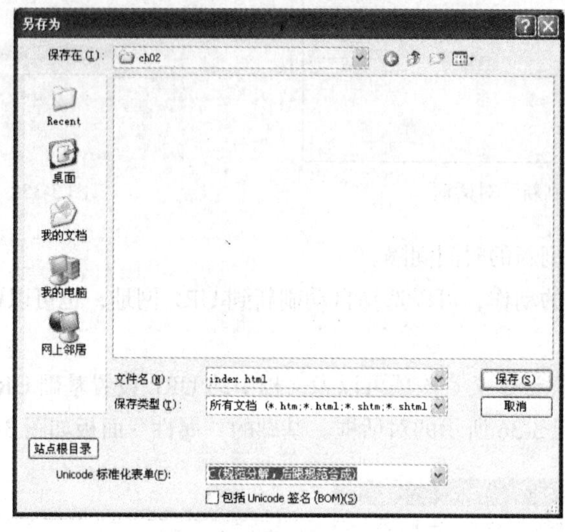

图 3-40　保存网页

五、网页的预览

网页文件创建好后，在发布之前可以预览其效果。预览网页有两种方法，执行“文件”→“在浏览器中预览”→“iexplore”命令，或使用快捷键“F12”，都可以在浏览器中进行预览。

为了保证制作的网页能够在不同的浏览器版本中进行预览，可以执行“文件”→“在浏览器中预览”→“编辑浏览器列表”命令，在弹出如图 3-41 所示的“首选参数”对话框中，单击“+”按钮，即可弹出如图 3-42 所示的“添加浏览器”对话框，在该对话框中输入要添加的浏览器名称和安装位置，比如这里添加 Google 浏览器 Chrome。最后单击“确定”按钮。

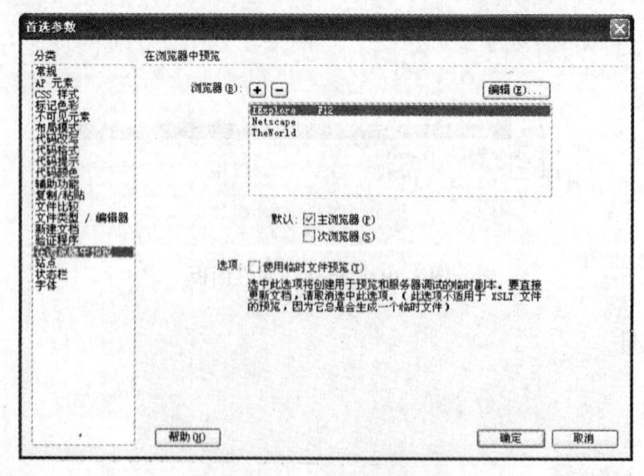

图 3-41　设置浏览器

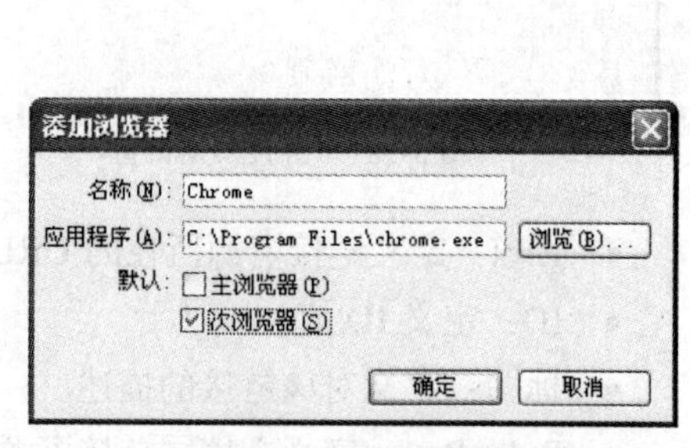

图 3-42　添加浏览器

【任务实施】

Step1　在“文件”面板中单击鼠标右键，在弹出的快捷菜单中选择“新建文件”命令，输入文件名。

Step2　双击文件名，打开文件的编辑窗口，输入文本。

Step3　选择第一行，在“属性”面板中设置为标题 1 格式。

Step4　单击“属性”面板中的“页面属性”按钮，在打开的对话框中设置页面属性，在“外观（CSS）”分类中设置了文字的大小和颜色，背景色和背景图，以及页面边距，具体参数设置如图 3-43 所示。在“链接（CSS）”分类中设置了链接的颜色和样式，如图 3-44 所示。在“标题（CSS）”分类中设置了标题 1 的字体大小，如图 3-45 所示。在“标题/编码”分类中定义网页的标题为“公司介绍”，编码设置为“简体中文（GB2312）”，如图 3-46 所示。

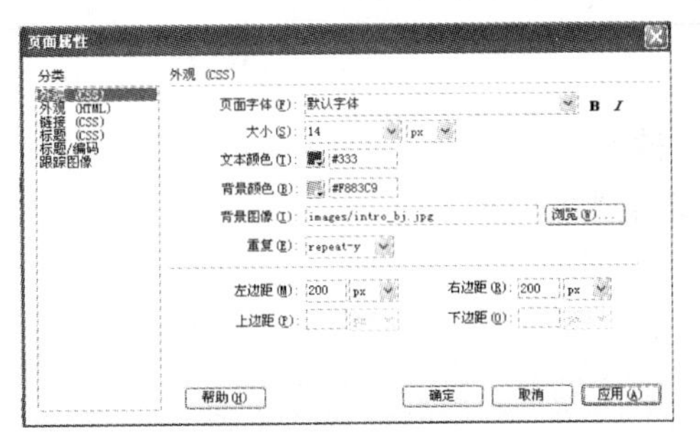

图 3-43　设置页面属性——外观（CSS）

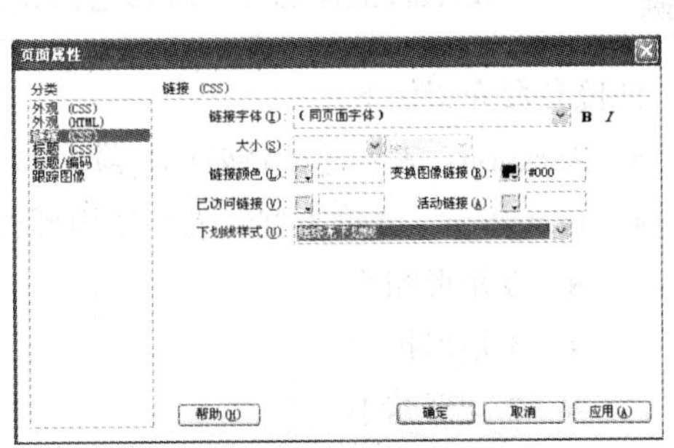

图 3-44　设置页面属性——链接（CSS）

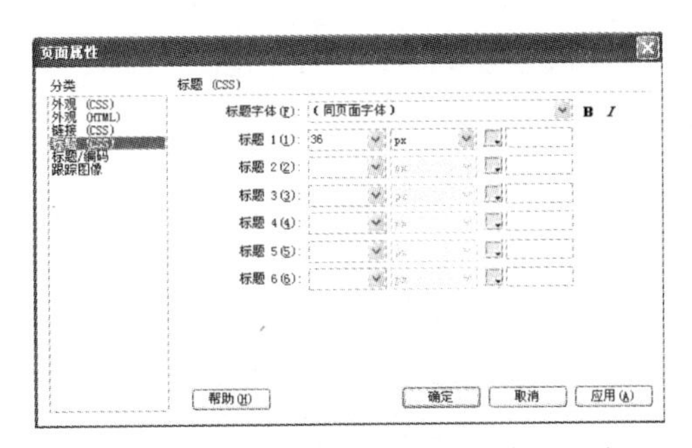

图 3-45　设置页面属性——标题（CSS）

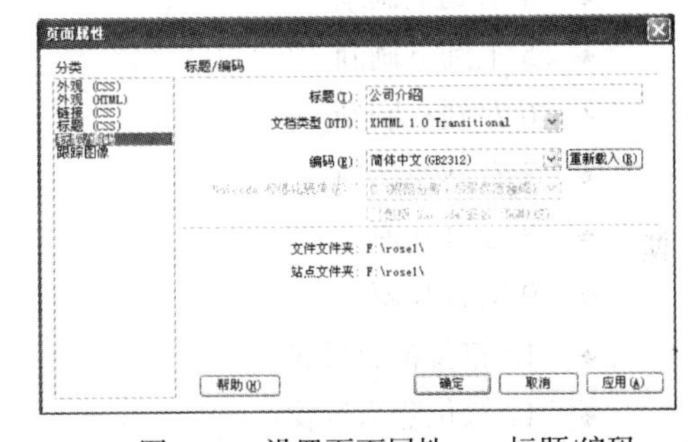

图 3-46　设置页面属性——标题/编码

Step5　在“插入”面板“常用”分类的“文件头”下拉列表中选择“关键字”选项，打开“关键字”对话框，输入关键字，不同的关键字用逗号分隔，如图 3-47 所示。依照此法，为页面添加说明，如图 3-48 所示。

浏览网页时如果希望达到比较满意的效果，选择背景图的图案和尺寸非常重要。

图 3-47　设置关键字

图 3-48　设置说明

Step6　保存网页，按“F12”键在浏览器中浏览网页。

【知识拓展】

META 标签除了具有上面介绍的功能外，还具有页面被载入和调出时产生一些特效的功能，此功能在制作企业网站、个人网站时使用较多。

用法举例：

```
<Meta http-equiv="Page-Enter" Content="blendTrans(Duration=0.5)">
<Meta http-equiv="Page-Exit" Content="blendTrans(Duration=0.5)">
<Meta http-equiv="Page-Enter" Content="revealTrans(duration=x, transition=y)">
<Meta http-equiv="Page-Exit" Content="revealTrans(duration=x, transition=y)">
```

blendTrans 是动态滤镜的一种，产生渐隐效果。
revealTrans 也是一种动态滤镜，它能产生更加多变的效果。

滤镜参数介绍如下。

- Duration：表示滤镜特效的持续时间（单位：秒）。
- Transition：滤镜类型。表示使用哪种特效，取值为 0 ~ 23。
  - 0 矩形缩小
  - 1 矩形扩大
  - 2 圆形缩小
  - 3 圆形扩大
  - 4 下到上刷新
  - 5 上到下刷新
  - 6 左到右刷新
  - 7 右到左刷新
  - 8 竖百叶窗
  - 9 横百叶窗
  - 10 错位横百叶窗
  - 11 错位竖百叶窗
  - 12 点扩散
  - 13 左右到中间刷新
  - 14 中间到左右刷新
  - 15 中间到上下
  - 16 上下到中间
  - 17 右下到左上
  - 18 右上到左下
  - 19 左上到右下
  - 20 左下到右上
  - 21 横条
  - 22 竖条
  - 23 以上 22 种随机选择一种

习　题

一、填空题

1. 如果软件中没有显示头部内容，在文档中执行______________________命令，即可显示。

2. 预览网页的快捷键是_________________。

3. 在文档窗口的设计视图中按____________键，可以插入段落<p>标记；按____________键，插入换行
标记。

二、选择题

1. 按显示模式划分，Dreamweaver CS5 没有提供的视图模式是_______。

A. 代码视图　　B. 设计视图

C. 代码和设计视图　　D. 排版视图

2. _______包含了将各种类型的对象插入到文档中的按钮。

A. “属性”检查器　　B. “插入”面板

C. “对象”面板　　D. “文件”面板

3. 在 Dreamweaver 中，使用_______组合键可以弹出“页面属性设置”对话框。

A. Ctrl+J　　B. Ctrl+I

C. Alt+J　　D. Alt+I

模块四 编辑网页元素

【引言】

网页是由各式各样、丰富多彩的元素组成的，本模块主要介绍常见网页元素的插入方法及其他基本操作。通过本模块的学习，应掌握网页中文本、图像、多媒体、超级链接等使用方法，可以开始制作简单的网页。

任务 1 在网页中使用文本和列表

【任务导入】

本任务要求制作一个网页介绍新产品，对新产品做一个排序，并对产品的特点、烹饪方法等做介绍，整个页面排列整齐，层次分明，效果如图 4-1 所示。

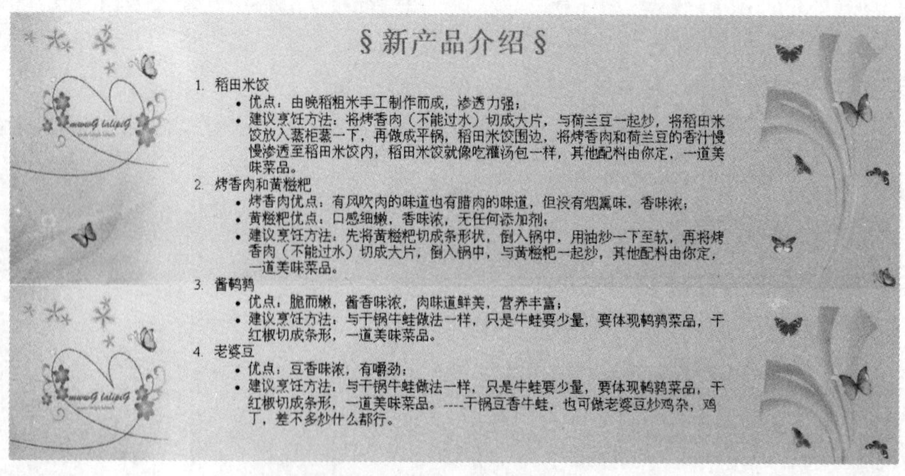

图 4-1 “产品介绍”页面的效果

【知识指导】

文本在网站上的运用无疑是最广泛的，一个内容翔实的网站必然会使用大量的文本。Dreamweaver 提供了强大的文本格式化功能，用户可以随心所欲地对文本进行各种格式化操作。

一、插入文本

Dreamweaver 允许通过以下方式向 Web 页添加文本：直接将文本输入页面、从其他文档复制和粘贴文本或从其他应用程序拖放文本。还可以从其他文档类型导入文本或超级链接，这些文档类型包括 ASCII 文本文件、RTF 文件和 Microsoft Office 文档。在 Dreamweaver 窗口中，执行“文件”→“导入”→“Word 文档”命令，即可导入 Word 文档。

二、文本的属性

在网页制作过程中，合理运用文字的格式才可以有效地突出重点，方便浏览者阅读。Dreamweaver 提供了多种不同的字体、颜色和样式来格式化文本。使用文本属性面板可以改变大部分格式，使用起来非常方便。

1. 基本样式设置

在文本属性面板中可以设置文本的大部分属性，具体包括：格式、字体、大小、颜色、加黑和倾斜等。下面以一个简单的例子加以说明。

Step1　新建一个 HTML 文档，输入以下文本，如图 4-2 所示。

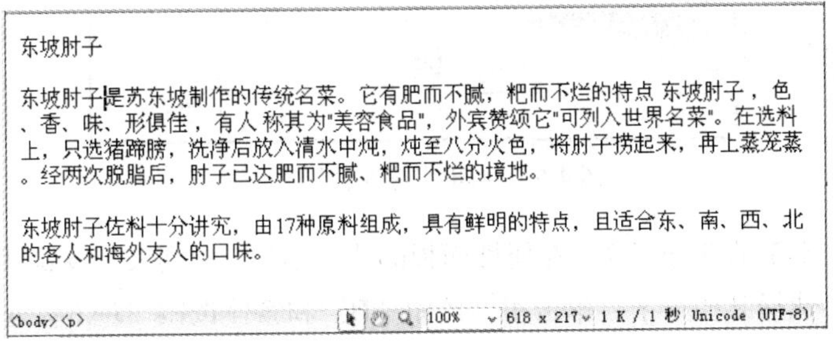

图 4-2　没有进行设置的文本效果

Step2　将光标定位在第 1 行中，或选择第 1 行文本，在属性面板的“HTML”分类中设置其格式为“标题 1”，如图 4-3 所示。

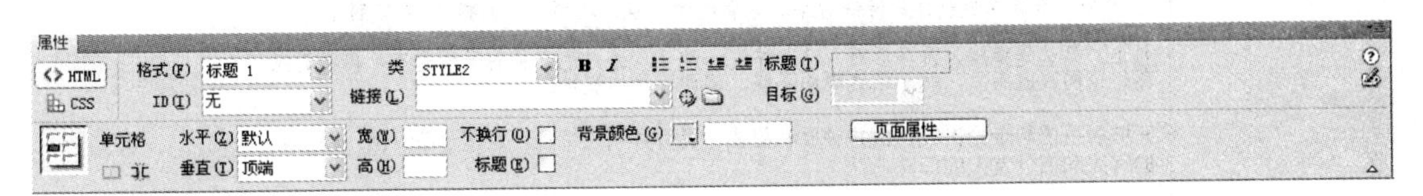

图 4-3　设置文本属性

在“格式”下拉列表中，共有 9 种格式选择。

- 无：没有指定格式。
- 段落：用于设置某段文本为一个段落。
- 标题 1～标题 6：Dreamweaver 预定义的标题格式，用于将某段文本设置为标题，其中“标题 1”的字体最大，“标题 6”的字体最小。

- 预先格式化的：预格式化的文本，其 HTML 标签是<pre>。在<pre>标签之间的文本将不按照 HTML 的规则，而是按照文本原有的规则显示，包括可以直接输入连续的空格和制表符，文本的换行按照内容部分的回车符决定。此格式在向网页中粘贴一段带有回车符的文字时很有用，它会让浏览器显示时按照回车符换行，而不需要手工加入
标签或者<p>标签。

Step3　选择第 2 段文本，单击属性面板中的“CSS”按钮，在“字体”下拉列表中设置字体，如图 4-4 所示。

属性
HTML
CSS
目标规则
<新 CSS 规则>
编辑规则
CSS 面板(P)
字体(O)
默认字体
大小(S)

图 4-4　设置文本 CSS 样式

如果在下拉列表中找不到需要的字体，可选择最后一个命令“编辑字体列表”，进入“编辑字体列表”对话框，如图 4-5 所示。从可用字体列表中选择需要的字体（如楷体_GB2312），单击加入或移出按钮，可以将该字体加入或移出字体列表。

编辑字体列表
字体列表:
Georgia, Times New Roman, Times, serif
Verdana, Arial, Helvetica, sans-serif
Geneva, Arial, Helvetica, sans-serif
楷体_GB2312
新宋体, 宋体, 仿宋_GB2312
(在以下列表中添加字体)
选择的字体:
新宋体
宋体
仿宋_GB2312
可用字体:
Fixedsys
System
Terminal
黑体
宋体
宋体
确定
取消
帮助(H)

图 4-5　“编辑字体列表”对话框

Step4　选择文本中的部分正文，在属性面板的“大小”下拉列表中设置其字体大小。如将文字大小改为 16pt。选择某些文字，单击粗体按钮“**B**”和斜体按钮“***I***”，再选择合适的颜色，效果如图 4-6 所示。

东坡肘子
东坡肘子是苏东坡制作的传统名菜。它有肥而不腻，粑而不烂的特点 东坡肘子 ，色、香、味、形俱佳 ，有人 称其为"美容食品"，外宾赞颂它"可列入世界名菜"。在选料上，只选猪蹄膀，洗净后放入清水中炖，炖至八分火色，将肘子捞起来，再上蒸笼蒸。经两次脱脂后，肘子已达肥而不腻、粑而不烂的境地。
东坡肘子佐料十分讲究，由17种原料组成，具有鲜明的特点，且适合东、南、西、北的客人和海外友人的口味。
<body> <p.fangsong> <span.pt16>
100%
618 x 234
1 K / 1 秒
Unicode (UTF-8)

图 4-6　设置文字的字体、大小、颜色属性

Dreamweaver 对文本设置更为严格，设置字体必须新建 CSS 规则，当前可以按照提示输入自定义选择器名称，具体 CSS 样式设置详见模块六。

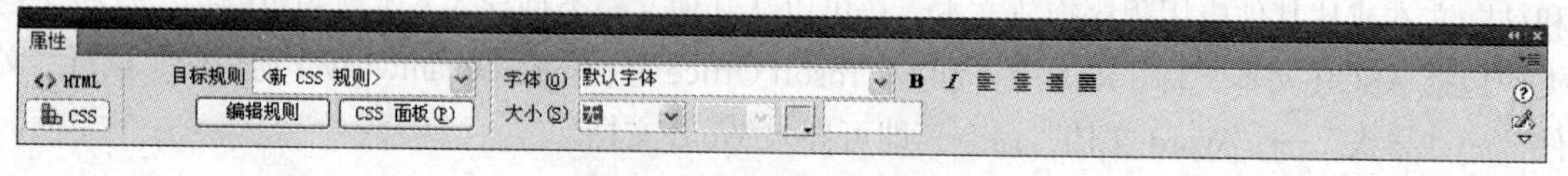

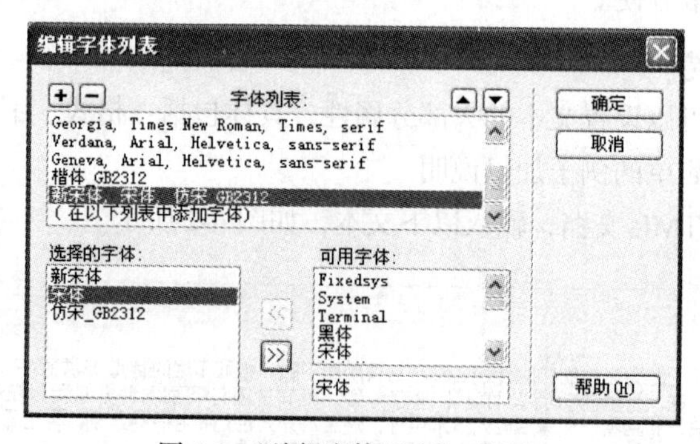

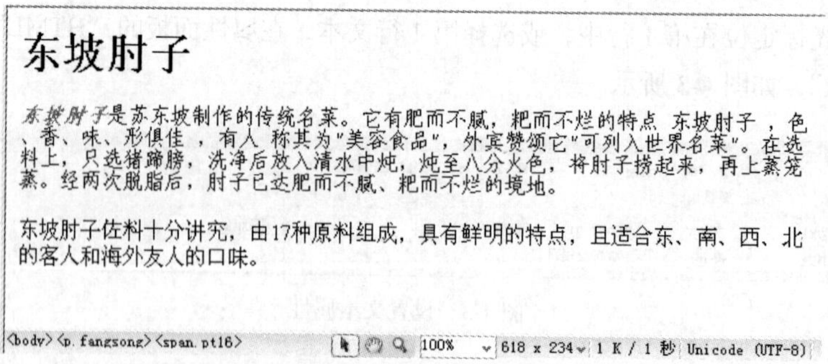

2. 段落属性设置

在如图 4-3 所示属性面板的“HTML”分类中，除了对文本格式的设置外，还可以对段落属性进行设置。主要包括对齐方式、缩进与凸出等。

- 设置对齐方式。在默认情况下，段落文本是左对齐的。如果要修改对齐方式，可以利用属性面板的“HTML”分类中的对齐方式按钮，选择不同的对齐方式。
- 缩进与凸出。和其他文字处理软件一样，Dreamweaver 也提供了段落缩进和凸出的功能。如果要进行缩进或凸出，单击属性面板的“HTML”分类中文本缩进按钮或文本凸出按钮。

三、列表的使用

列表是指将具有先后顺序或相似特性的几行文字进行对齐排列。通过列表组织方式，可以将信息的层次关系很明确地表现出来，突出重点。在 Dreamweaver 中，列表分为编号列表和项目列表两种。

1. 列表的实现

创建一个简单的编号列表的操作步骤如下。

Step1　打开或者新建一个 HTML 文档。

Step2　将光标定位在需要插入列表的地方。如果要插入有序列表，执行“格式”→“列表”→“编号列表”命令或单击属性面板的“HTML”分类上的“编号列表”按钮，此时在编辑区就会出现数字序号。

Step3　在数字序号后输入第一项的文字。

Step4　按“Enter”键，Dreamweaver 自动在下一行加上相应的序号。

Step5　重复 Step3、Step4 两步，直到列表全部输入完成，如图 4-7 所示。

Step6　要结束项目符号的输入，只要连续按两次“Enter”键或者再次单击编号列表按钮即可。

创建嵌套的列表操作步骤如下。

Step1　将光标移动到要缩进的某项，或选择要缩进的某些项。

Step2　然后单击属性面板的“HTML”分类中的文本缩进按钮即可。结果如图 4-8 所示。

2. 更改列表的属性

在列表输入完成之后，可以对其项目符号以及起始编号等内容进行修改。例如，将图 4-8 所示的内容修改为如图 4-9 所示的效果，具体操作步骤如下。

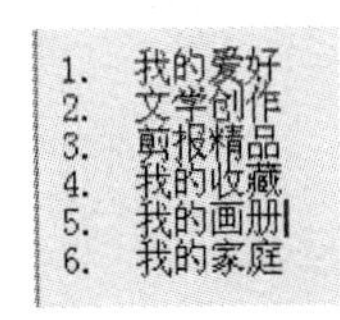

图 4-7　有序列表

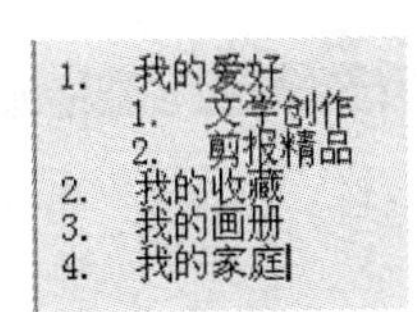

图 4-8　嵌套列表

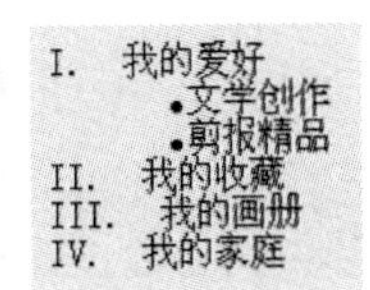

图 4-9　修改过的嵌套列表

Step1　在外层列表任意一处单击鼠标左键，如在“我的爱好”这一行任意位置单击，使得光标定位于外层列表中。

Step2　单击属性面板的“HTML”分类中的列表项目按钮，弹出“列表属性”对话框，如图 4-10 所示。

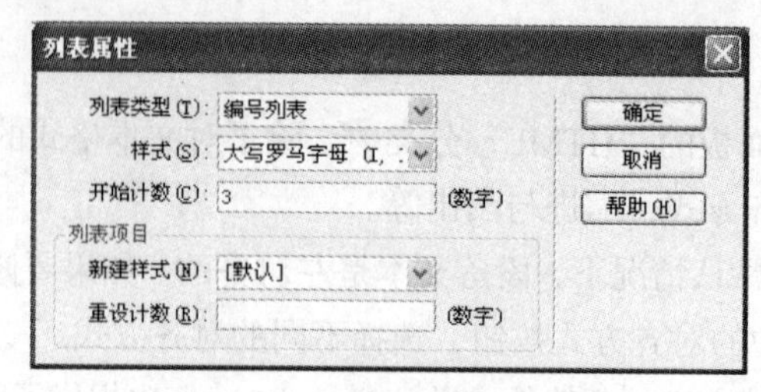

图 4-10 “列表属性”对话框

Step3　在“列表属性”对话框中设置列表属性。这里是对编号列表进行设置，因此列表类型应选择“编号列表”，在“样式”下拉列表中可以选择自己喜欢的方式，在“开始计数”文本框中可以输入列表开始的序号。

Step4　在内层列表任意一处单击，如在“文学创作”这一行下单击，使得光标位于内层列表中。

Step5　单击属性面板的“HTML”分类中的列表项目按钮，弹出“列表属性”对话框。

Step6　在“列表属性”对话框中设置列表属性。这里的列表要求设置为项目列表方式，因此列表类型应选择“项目列表”。在“样式”下拉列表中可以选择要求的项目符号图标。

四、特殊字符

特殊字符一般不能从键盘直接输入。在 Dreamweaver 中输入特殊字符的操作是通过在“插入”面板的“文本”选项卡中，单击“字符”按钮或者执行“插入”→“HTML”→“特殊字符”命令实现的。

若要在文档中输入多个连续的空格效果，可以单击“不换行空格”按钮，也可以切换到中文的全角输入法，或者通过组合键“Ctrl”＋“Shift”＋“Space”连续键入“空格”键。

如果“文本”选项卡中没有想要的字符，可以单击“其他字符”图标。此时弹出“插入其他字符”对话框，如图 4-11 所示，其中列出了所有特殊字符。

插入特殊字符更实用的方法是：切换到“代码”视图，在需要插入特殊字符的代码中输入“&”，系统自动展开智能联想，可以从下拉列表中选择需要的字符。

在编辑网页时，如果要在段落的某个位置强制换行，而又不希望间距过大，可以使用换行符来完成。在“插入”面板中，单击“换行符”按钮，或者使用“Shift”＋“Enter”快捷键。

图 4-11 “插入其他字符”对话框

【任务实施】

Step1　新建一个网页，设置页面属性，参考模块三中的任务 3，设置背景图和左右边界距。

Step2　在页面上输入文本，按回车键，使其成为段落，如图 4-12 所示。

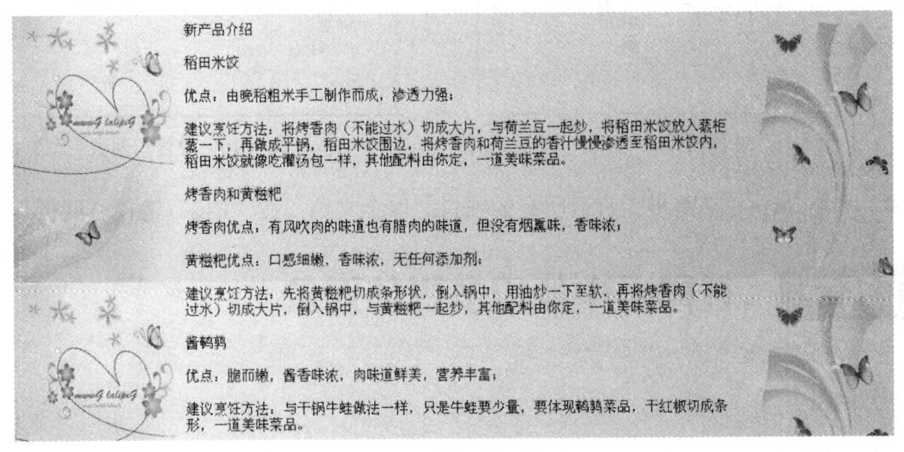

图 4-12　插入段落后的页面

Step3　选择第一段文本，在属性面板的“HTML”分类中的选项中设置“格式”为标题 2，切换到“CSS”分类，设置颜色为红色，此时将弹出“新建 CSS 规则”对话框，在“选择器名称”对话框中输入类的名称，如图 4-13 所示。然后单击“属性”面板中的居中按钮，使其居中显示。

Step4　在标题前后插入 2 个特殊字符。首先定位，然后执行“插入”→“HTML”→“特殊字符”→“其他字符”命令，从中找到需要的字符，单击“确定”按钮即可插入。

Step5　选择除标题外的所有段落，单击属性面板的“HTML”分类中的“项目列表”按钮，使其成为有序列表，如图 4-14 所示。

Step6　选择希望成为子列表的若干项目，单击属性面板的“HTML”分类中的“缩进”按钮，如图 4-15 所示。选择的若干项即成为前一项的子项目。

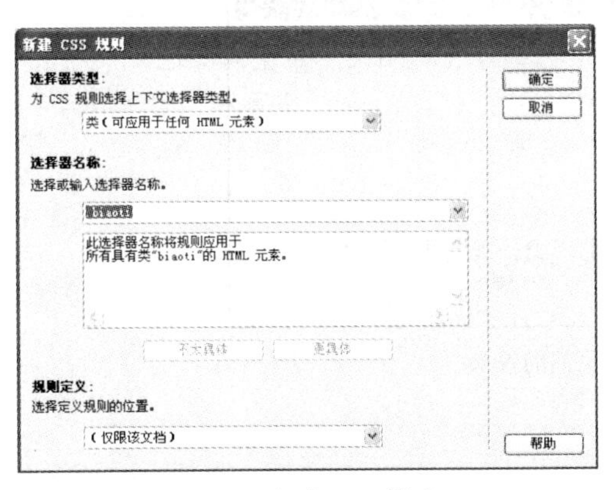

图 4-13　新建 CSS 样式

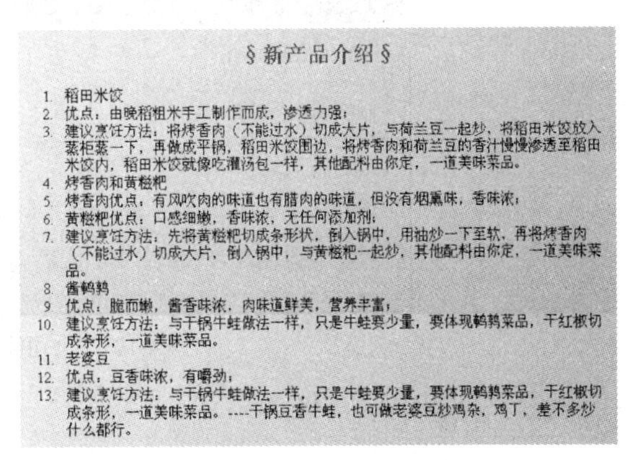

图 4-14　生成有序列表

Step7　光标定位在子列表中，单击属性面板中的“列表属性”按钮，打开“列表属性”对话框，在“列表类型”下拉列表中选择“项目列表”，“样式”下拉列表中选择“项目符号”，如图 4-16 所示，即可更改列表的样式类型。

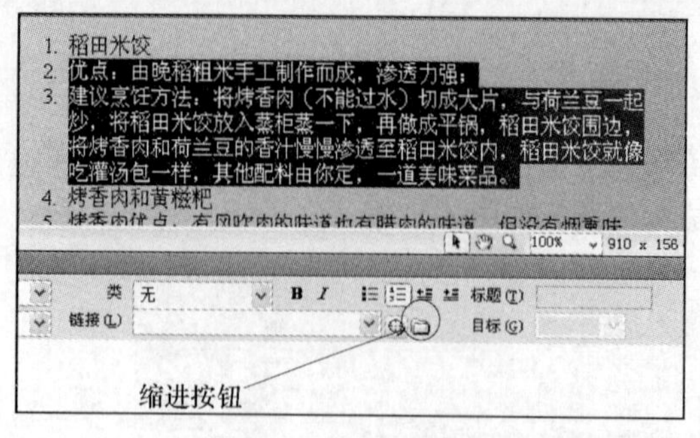

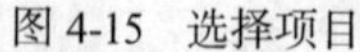

图 4-15　选择项目

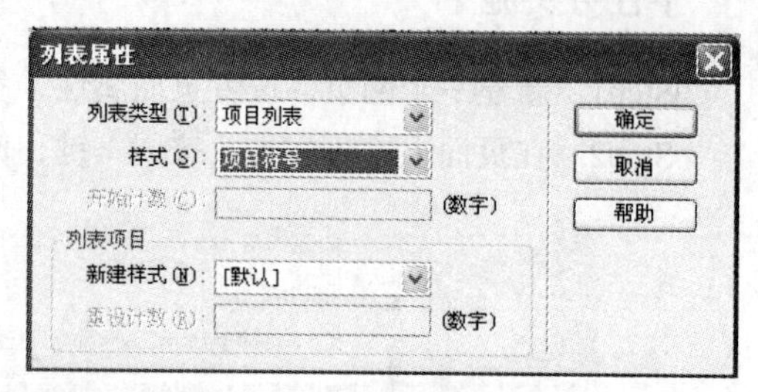

图 4-16　设置“列表类型”

Step8　重复 Step6、7 两步，直至所有的项目。保存文档，按“F12”键预览网页。

任务 2　在网页中使用多媒体对象

【任务导入】

本任务要求制作一个公司简介页面，在页面中插入文字、图像、SWF 动画等，效果如图 4-17 所示，体会各种多媒体对象在页面中的作用和表现。

【知识指导】

图像在网页设计中占有重要的地位，在网页中添加精致、美观的图像，图文并茂，会使网页变得丰富多彩。在插入图像时，不仅要考虑图像在页面中的整体效果，还应该综合考虑图像的文件类型、品质和下载速度等各种因素。

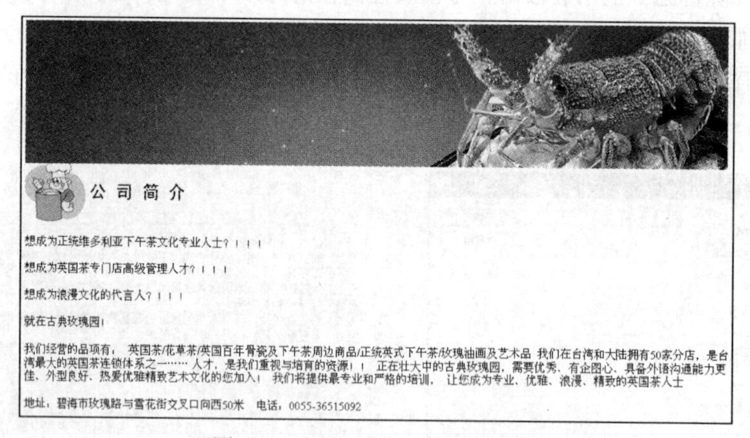

图 4-17　“公司简介”页面的效果

一、图像

1. 图像文件类型

要在网页中使用图像，必须先掌握图像文件格式。在网页中，一般支持 GIF、JPEG、PNG 这 3 种文件格式，Dreamweaver 可以直接把 Photoshop 的 PSD 文件插入到网页中，并可以根据原始 PSD 文件的变化方便地更新图像。插入文件时会弹出对话窗口可以对图像的尺寸、格式进行设置，把

PSD 文件生成为 JPEG 或 GIF 等文件格式。

- GIF 图像

图形交换格式（Graphics Interchange Format，GIF）是 Internet 上最流行的图像格式。因为其采用无损压缩方法，体积小，下载速度快，又不失原貌，所以恰恰适应了 Internet 的需要。但是，该格式最多可以使用 256 种颜色，对于之外的颜色则使用组合方式构成新颜色。因此，使用这种格式不能制作高清晰度的图像。GIF 分为静态 GIF 和动画 GIF 两种，支持透明背景图像，所以比较适合制作徽标、图标、按钮和其他颜色和风格比较单一的图像。

- JPEG 图像

联合图像专家组（Joint Photographic Experts Group，JPEG）采用有损压缩方法，文件后缀名为“.jpg”或“.jpeg”，最适合用来制作照片，因为它可以保存上百万种颜色。JPEG 不能使用隔行显示和透明，但可以选择不同的压缩比例，让浏览者在图像质量和文件大小之间取得平衡。

- PNG 图像

流式网络图形格式（Portable Network Graphic Format，PNG）是一种为互联网创建的新图像格式，有两种类型：PNG-8 和 PNG-24。这两种格式都使用同一种压缩方法，支持 Alpha 通道，即图像的透明度可以自由更改，这样图像可以呈现半透明效果。PNG-8 只有 256 种颜色，PNG-24 可以有 1600 万种颜色，只有在较高版本的浏览器中才支持它，但它必将成为 Web 图像文件的标准。

- PSD 图像

PSD 格式是 Adobe Photoshop 软件自身的格式，这种格式可以存储 Photoshop 中所有的图层、通道、参考线、注解和颜色模式等信息。在保存图像时，若图像中包含有层，则一般都用 Photoshop（PSD）格式保存。

PSD 格式在保存时会将文件压缩，以减少占用磁盘空间，但 PSD 格式所包含图像数据信息较多（如图层、通道、剪辑路径、参考线等），因此比其他格式的图像文件还是要大得多。由于 PSD 文件保留所有原图像数据信息，因而修改起来较为方便，大多数排版软件不支持 PSD 格式的文件，必须将图像处理完以后，再转换为其他占用空间小而且存储质量好的文件格式。

2. 插入图像对象

在网页中插入图像的具体操作步骤如下。

Step1　新建一个 HTML 文档，移动光标到需要插入图像的地方。

Step2　在“插入”面板的“常用”选项卡中单击图像按钮，或者执行“插入”→“图像”命令，或者直接将“插入”面板中的图像按钮拖入到页面中，此时都将打开“选择图像源文件”对话框，如图 4-18 所示。

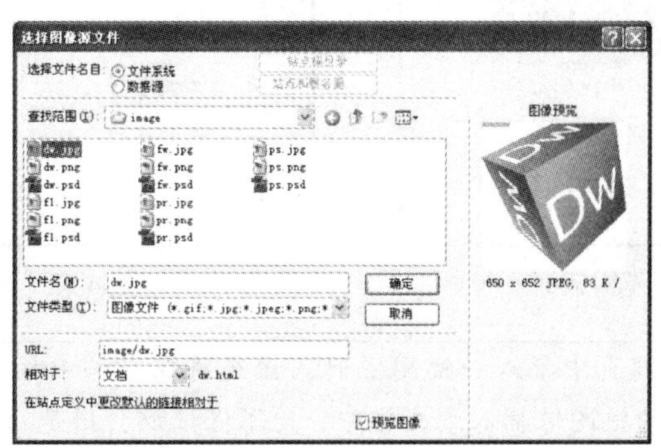

图 4-18 “选择图像源文件”对话框

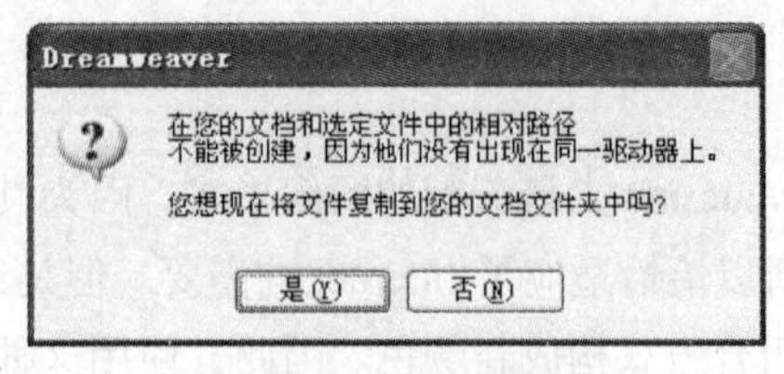

图 4-19　提示对话框

Step3　在此对话框中，选择需要的图像，单击“确定”按钮。如果所选图像文件位于当前站点的根文件夹内，则系统直接将图像插入；如果不在当前站点文件夹内，系统将显示如图 4-19 所示的提示对话框，询问用户是否希望将选定的图像文件复制到当前站点文件夹中。

Step4　单击“是”按钮后（通常情况下应单击“是”按钮，以便于将来进行站点发布与更新），系统将显示“复制文件为”对话框，用户可通过该对话框命名所复制的图像文件，并在站点根文件夹中选择存放该文件的文件夹，然后单击“保存”按钮，将图像插入到文档中。

Step5　设置替换文本，也就是在用户浏览网页时，当出现图像还未完全载入，或者无法显示的情况时，会在图像的位置显示文字。当光标指向图像时，系统也将在图像上显示出替换文本。在“图像标签辅助功能属性”对话框中，可以设置图像的替换文本，如图 4-20 所示。

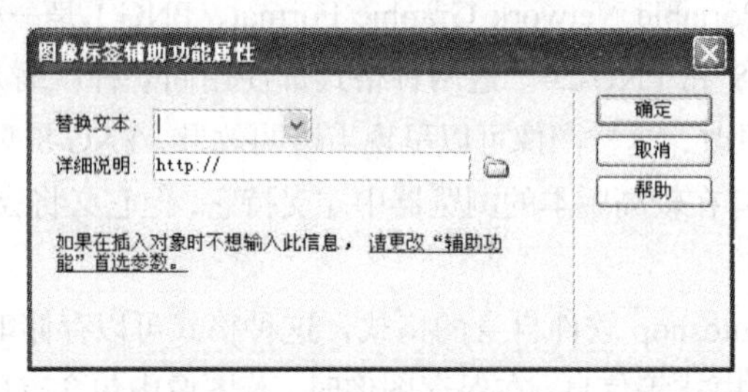

图 4-20　图像标签辅助功能属性

Step6　如果插入的图像为 PSD 格式的文件，在选择插入后，出现图像预览对话框，如图 4-21 所示，显示对插入的 PSD 图像进行处理的各种选项，有“选项”和“文件”两个选项卡可供选择，设置完成后，弹出保存图像对话框，如图 4-21 所示，将 PSD 文件转成 JPEG 文件格式放置到指定文件夹，并重新命名，操作完毕单击“确定”按钮即可。由 PSD 生成的新文件已经插入到网页中了，图像左侧出现了一个小图标，将鼠标指针移上去，会出现“图像已同步”的提示。

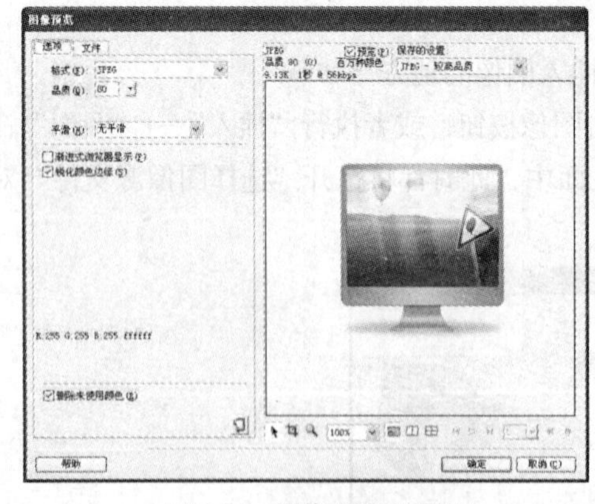

图 4-21　图像预览对话框

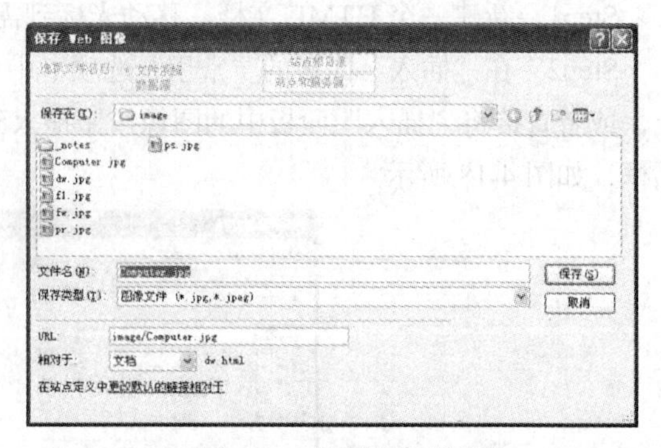

图 4-22　保存图像对话框

提示

当用户在网页中插入一幅图像时，系统将在文档中插入一个到图像文件的引用，而不是真的把图像插入到文档中。为了保证该引用是正确的，图像文件必须位于当前的站点中，否则，系统将提示用户是否将该文件复制到当前的站点中。

3. 设置图像属性

插入图像后，用户还可单击选择图像，利用“属性”面板来设置图像的属性，如图 4-23 所示，直接插入 JPEG 格式文件和插入 PSD 格式文件的属性面板略有不同。

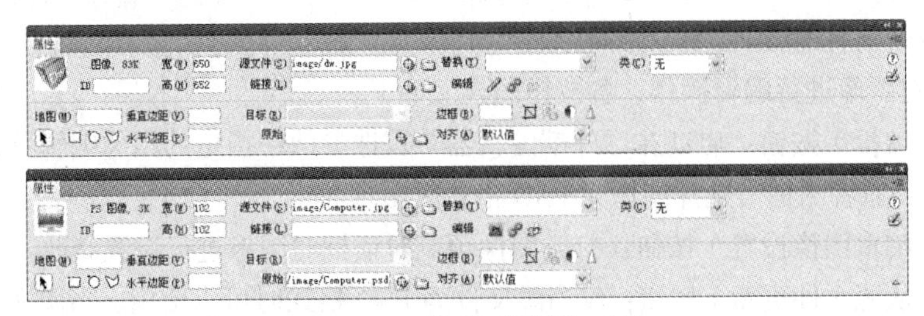

图 4-23　图像的“属性”面板

利用图像的属性面板，用户可以设置图像的下述属性。

- ID：设置图像名称，以便在脚本中引用。
- 宽/高：设置图像的宽度与高度。用户也可将光标移至图像的四周控制点处单击并拖动，来改变图像的尺寸，如果在拖动时同时按住“Shift”键可等比例缩放图像。

当用户在网页中加入一幅大尺寸的图像时，即使利用“宽”与“高”文本框或拖动方式将图像调小，因图像的容量并未改变，仍然会影响下载时间。因此，在加入图像之前，用户最好利用 Fireworks、Photoshop 等的图像处理软件将图像的尺寸设置好。

- 源文件：指明图像文件。用户单击其后的“浏览”按钮或双击图像，可打开“选择图像源”对话框，从中选择其他图像文件。
- 链接：设置图像的超级链接网页。
- 对齐：设置图像在当前行的对齐方式。在“对齐”下拉列表中，各选项的含义如下。
  - ◆ 默认值：使用浏览器的默认对齐方式。
  - ◆ 基线：与默认值相同。
  - ◆ 顶端：将文本行中最高字母的顶端与图像对齐。
  - ◆ 文本上方：将文本行的最高字母和图像对齐。
  - ◆ 居中：将文本行的基线和图像的中间对齐。
  - ◆ 绝对居中：将图像的中间与文本行的中间对齐。
  - ◆ 底部：将文本行的基线与图像的底部对齐。
  - ◆ 绝对底部：将文本行中字母最底端的部位与图像对齐。
  - ◆ 左对齐：将所选图像放置在页面左侧，文本在图像的右侧。
  - ◆ 右对齐：将图像放置在页面的右侧，文本在图像的左侧。
- 替换：设置图像的替换文本。
- 垂直边距/水平边距：设置图像四周空出的尺寸。
- 目标：设置在何处显示超级链接网页。
- 原始：图像的原始图像位置，可以进行图像同步。仅当使用 PSD 文件格式时可以使用。
- 边框：设置环绕图像的边线宽度。

如果图像设置了超级链接，则图像默认具有宽度为 1 的边框。如果要去掉边框，可以将图像的边框设置为 0。

- 地图和热点工具：标注和创建客户端图像影像。
- 重设大小：将图像尺寸复位到其原始尺寸。
- 编辑：对图像进行编辑操作，各按钮的含义如下。
  - ◆ （编辑）按钮：启动在“外部编辑器”首选参数中指定的图像编辑器，打开选定的图像，后者图标当选择图像为 PSD 格式时出现。
  - ◆ （编辑图像设置）按钮：打开图像预览对话框对图像进行设置修改。
  - ◆ （从源文件更新）按钮：仅当源文件为 PSD 格式时可以使用，当源文件修改后可以及时更新。
  - ◆ （裁切）按钮：修剪图像的大小，从所选图像中删除不需要的区域。
  - ◆ （重新取样）按钮：重新取样已调整大小的图像，提高图像在新的大小和形状下的品质。
  - ◆ （亮度和对比度）按钮：修改图像中像素的亮度和对比度。
  - ◆ （锐化）按钮：通过增加图像中边缘的对比度来调整图像的焦点。
- 类：可以将 CSS 样式应用于对象。

图像占位符是在准备好将最终图像添加到网页之前使用的临时图像。使用它可以在没有理想图像的情况下先在需要插入图像的地方插入一个图像占位符。

二、鼠标经过图像

鼠标经过图像对象的特点是：当浏览者将鼠标指针移动到某个图像上时，图像就会发生变化；而当移开鼠标指针时图像又会恢复原状。

实际上这类对象由两幅图像组成，一幅为“原始图像”，该图像在首次下载时显示；一幅为“鼠标经过图像”，该图像在鼠标指针经过图像所在区域时显示。

插入鼠标经过图像的操作步骤如下。

Step1　在本地站点的适当文件夹中准备好两个图像，一个是原始图像，另一个是鼠标经过图像。

Step2　在“插入”面板的“常用”选项卡中单击“鼠标经过图像”按钮，或者执行“插入”→“图像对象”→“鼠标经过图像”命令，即可打开“插入鼠标经过图像”对话框，如图 4-24 所示。

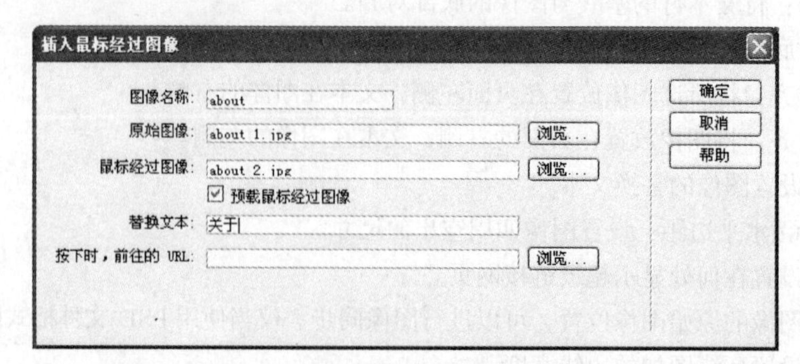

图 4-24 “插入鼠标经过图像”对话框

Step3　在对话框中，设置原始图像和鼠标经过图像。

“插入鼠标经过图像”对话框中包含如下选项。

- 原始图像：输入原始图像的路径及文件名称，也可以单击文本框后面的“浏览”按钮选择图像文件。
- 鼠标经过图像：输入鼠标经过图像的路径及文件名称，也可以单击文本框后面的“浏览”按钮选择图像文件。
- 预载鼠标经过图像：若选择，则浏览时图像会预先载入浏览器的缓存中，以便用户在鼠标指针滑过图像时不发生延迟。
- 替换文本：设置图像的替换文本。
- 按下时，前往的 URL：设置单击图像时跳转到的超级链接地址。

Step4　设置完毕后，单击“确定”按钮。然后按“F12”键进行预览。

三、Flash 动画

由于 HTML 语言的功能十分有限，无法达到人们的预期设计，以实现令人耳目一新的动态效果，在这种情况下，各种脚本语言应运而生，使得网页设计更加多样化。然而，程序设计总是不能很好地普及，因为它要求一定的编程能力，而人们更需要一种既简单直观又功能强大的动画设计工具，而 Flash 的出现正好满足了这种需求。它可以将音乐、声效、动画以及富有新意的界面融合在一起，以制作出高品质的网页动态效果。

1. 文件格式

Flash 动画文件格式主要有以下几种。

- FLA 文件。

FLA 文件（.fla）是所有项目的源文件，使用 Flash 创作工具创建。此类型的文件只能在 Flash 中打开（而无法在 Dreamweaver 或浏览器中打开）。用户可以在 Flash 中打开 FLA 文件，然后将它发布为 SWF 或 SWT 文件以在浏览器中使用。

- SWF 文件。

SWF 文件（.swf）是 FLA 文件的编译版本，已进行优化，可以在 Web 上查看。此文件可以在浏览器中播放，并且可以在 Dreamweaver 中进行预览，但不能在 Flash 中编辑此文件。

- FlashPaper 文件。

FlashPaper 是 Macromedia 公司推出的一款电子文档类工具，可以快捷地转换 Word 和 PPT 等文档，转换后的电子文档的格式是 SWF。这种文档最大的特点是占用体积小，可以进行自由的放大、缩小和打印、翻页等操作，并可以表现丰富的多媒体形式。最关键的是使整个网站运行快捷，让浏览者轻松浏览。

- FLV 文件。

FLV 文件（.flv）是一种当前较为流行的视频文件，它包含经过编码的音频和视频数据，用于通过 Flash Player 进行播放。例如，如果有 QuickTime 或 Windows Media 视频文件，则可以使用编码器（如 Flash CS4 Video Encoder 或 Sorensen Squeeze）将视频文件转换为 FLV 文件。

2. 插入 Flash 动画

在 Dreamweaver 中可以非常方便地插入 Flash 动画，具体的操作步骤如下。

Step1　将光标定位在网页的合适位置，在“插入”面板的“常用”选项卡中的“媒体”列表中，单击 SWF 按钮，或执行“插入”→“媒体”→“SWF”命令。

Step2　出现“选择文件”对话框后，选择要插入到网页中的动画文件，单击“确定”按钮。此时，SWF 占位符将出现在网页中的指定位置。占位符有一个选项卡式蓝色外框，此选项卡指示资源的类型（SWF 文件）和 SWF 文件的 ID。此选项卡还显示一个眼睛图标，此图标可用于在 SWF 文件和用户没有正确的 Flash Player 版本时看到的下载信息之间切换。

Step3　按“F12”键，可在浏览器中观看动画的效果。

插入 FlashPaper 文件和 FLV 文件与插入 SWF 文件的过程类似，前提是需要首先生成 FlashPaper 和 FLV 文件。另外 Dreamweaver 还可以插入声音、视频等其他多媒体文件。

在使用 IE 浏览效果时，经常弹出：“为帮助保护您的安全，Internet Explorer 已经限制此文件‘显示可能访问您的计算机的活动内容’。”解决方法为在 IE 中进行设置，在“工具”→“Internet 选项”→“高级”选项卡中勾选安全一栏下的“允许活动内容在我的计算机上的文件中运行”。

3. 设置 Flash 动画对象的属性

在网页的编辑窗口中选择 SWF 动画对象，其“属性”面板如图 4-25 所示。对其较特殊的选项介绍如下。

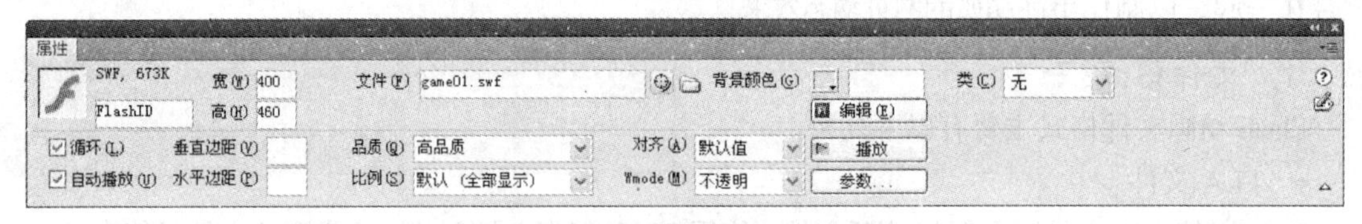

图 4-25　Flash 对象的“属性”面板

- 编辑：调用 Flash，对原始的.fla 文件进行编辑。
- 循环：选择该选项，浏览器中会自动循环播放动画。如果没有选择循环，则影片将播放一次，然后停止。
- 自动播放：若取消该选项，则在动画对象被调入浏览器后，不会自动播放，而是等待客户通过交互手段或快捷菜单使动画播放。
- 品质：影片播放期间控制抗失真。高品质设置可改善影片的外观。但高品质设置的影片需要较快的处理器才能在屏幕上正确呈现。低品质设置会首先照顾到显示速度，然后才考虑外观，而高品质设置首先照顾到外观，然后才考虑显示速度。自动低品质会首先照顾到显示速度，但会在可能的情况下改善外观。自动高品质开始时会同时照顾显示速度和外观，但以后可能会根据需要牺牲外观以确保速度。
- 比例：用来设置 Flash 动画的显示比例，有 3 个选项即“默认（全部显示）”、“无边框”和“严格匹配”，如果选择“默认（全部显示）”，则 Flash 动画将全部显示，保证各部分的比例；如果选择“无边框”，则在有必要时，会漏掉 Flash 动画左右两边的一些内容；如果选择“严格匹配”，则 Flash 动画将全部显示，但比例可能会有所变化。
- 对齐：确定影片在页面上的对齐方式。
- Wmode：为 SWF 文件设置 Wmode 参数可以避免与 DHTML 元素（如 Spry 构件）相冲突。

Wmode 的默认值是不透明，这样在浏览器中，DHTML 元素就可以显示在 SWF 文件的上面。如果 SWF 文件包括透明度，并且用户希望 DHTML 元素显示在它们的后面，则选择“透明”选项。选择“窗口”选项可从代码中删除 Wmode 参数并允许 SWF 文件显示在其他 DHTML 元素的上面。

- 播放/停止：指定是否在文档编辑窗口中预览动画对象。
- 参数：打开一个对话框，可在其中输入传递给影片的附加参数。影片必须已设计好，可以接收这些附加参数。
- 类：可以将 CSS 样式应用于对象。

四、其他对象

1. 创建网站相册

网站相册是将许多图像以缩略图的形式显示在页面上，可以通过单击缩略图来查看该图像的原图。由于在创建网站相册时必须调用 Fireworks 对图像进行处理，所以要安装 Fireworks，或直接下载 Fireworks 试用版。创建网站相册的步骤如下。

Step1　在本地站点的适当文件夹下，保存将要显示的所有图像。

Step2　执行“命令”→“创建网站相册”命令，打开“创建网站相册”对话框，如图 4-26 所示。

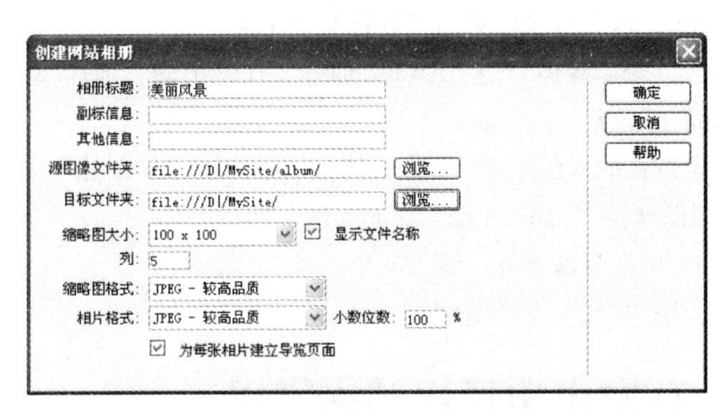

图 4-26　“创建网站相册”对话框

Step3　在创建网站相册对话框中添加相册标题、副标信息、其他信息，选择源图像文件夹和目标文件夹等其他属性。

Step4　设置完毕后，单击“确定”按钮，提示相册创建成功。然后按“F12”键进行预览。

2. 水平线

在设计网页时，可以使用一条或多条水平线，以可视方式分隔文本和对象，如分割网页标题和正文。此时，用户只需在指定插入点后，在“插入”面板的“常用”选项卡中单击“水平线”按钮或者执行“插入”→“HTML”→“水平线”命令即可。

插入水平线后，可以利用如图 4-27 所示的“属性”面板设置水平线的宽度、高度、对齐方式以及是否设置阴影等属性。

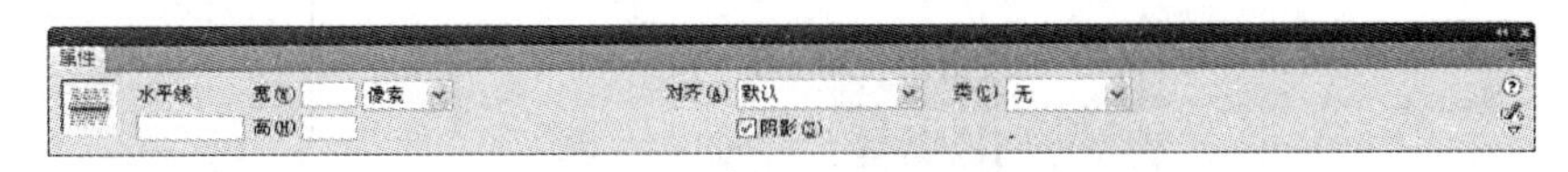

图 4-27　水平线的“属性”面板

3. 日期对象

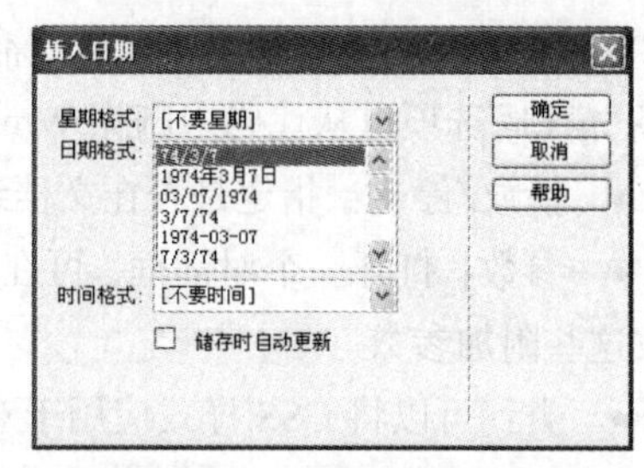

图 4-28 “插入日期”对话框

Dreamweaver 提供了一个方便的日期对象，该对象可使用户以任何格式在网页中插入当前日期（包含或不包含时间），还可以选择在每次保存文件时都自动更新该日期。插入当前日期的操作步骤如下。

Step1 在“插入”面板的“常用”选项卡中选择“日期”按钮，或者执行“插入”→“日期”命令，将打开如图 4-28 所示的“插入日期”对话框。

Step2 在该对话框中，选择插入的星期格式、日期格式及时间格式即可。若用户希望所插入的日期能够自动更新，可选择“储存时自动更新”复选框（即每次保存网页时，日期能自动更新）。

Step3 单击“确定”按钮后，系统即在指定位置插入日期对象，并显示当前日期。

【任务实施】

Step1 执行“文件”→“新建”命令，打开“新建文档”对话框，在对话框中选择“空白页”→“HTML”→“无”选项，单击“确定”按钮，创建一个空白文档。

Step2 单击属性面板中的“页面属性”按钮，打开“页面属性”对话框，在“外观 CSS”分类中设置“上边距”为 0，这样可以让页面内容紧贴浏览器。

Step3 执行“插入”→“媒体”→“SWF”命令，在弹出的“选择 SWF”对话框中选择一个 SWF 动画“swf\banner2.swf”。

Step4 将插入点定位在插入的 SWF 下方，执行“插入”→“图像”命令，在“选择图像源文件”对话框中选择图像文件“jianjie\image\icon.gif”。

Step5 将插入点定位在图像下方，输入文字。

Step6 保存文档，按“F12”键预览网页。

任务 3 在网页中使用超级链接

【任务导入】

制作如图 4-29 包含有图像的热区链接、鼠标经过图像链接、导航条链接以及锚点链接的网页。

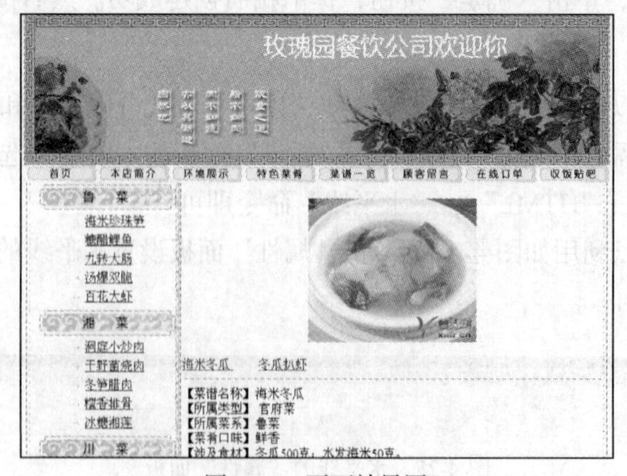

图 4-29 页面效果图

【知识指导】

一、超级链接的概念

每个网站都由众多的网页组成，网页之间通常都是通过超级链接的方式相互关联的。所谓的超级链接是指从一个网页指向一个目标的连接关系。在 Dreamweaver 中，超级链接的范围很广泛，利用它不仅可以链接到其他网页上，还可以链接到其他图像文件、多媒体文件及下载文件等。可以设置超链接的对象有：文字、图像、图像热区、鼠标经过图像、导航条等。

1. 超级链接的分类

超级链接的分类有很多种，这里按照目标文件的位置和类型主要分为以下几种。

- 内部链接：链接到本站点中的其他文档。
- 外部链接：链接到本站点以外的其他文档。
- E-mail 链接：发送 E-mail。
- 链接到特定“锚记”：这种链接允许跳转到同一页或其他页的特定位置。
- 虚拟链接（Null 链接）及脚本链接：它允许用户附加行为至对象或创建一个执行 JavaScript 代码的链接。

2. 绝对路径与相对路径

在 Internet 中，每个网页都有一个唯一的地址，即统一资源定位符（Uniform Resource Locator，URL）地址。但是，当用户在创建本地链接时，通常并未指定完整的 URL 地址。相反，只是指明了当前文档或站点根目录的相对路径。下面列出了 3 种路径类型。

- 绝对路径：该路径提供了链接文档的完整 URL 地址，其中包括所使用的协议（如 http）。例如，http://help.adobe.com/zh_CN/dreamweaver/cs/using/index.html 就是一个绝对路径。当需要链接到其他服务器的网页时，应采用绝对路径。
- 文档相对路径：这是大多数 Web 站点中，用于本地链接时最常使用的链接设置方式，如 using/index.html。
- 根目录相对路径：该路径为从站点根文件夹到文档的路径，该方式在实际应用中很少被采用。

使用 Dreamweaver 可以方便地选择为链接创建的文档路径类型。

二、创建通用链接

Dreamweaver 可为文本、图像等对象创建超级链接。创建文档链接的操作步骤如下。

Step1　在文档窗口中选择文本或图像等对象。

Step2　在“属性”面板中，如图 4-30 所示，执行如下操作之一。

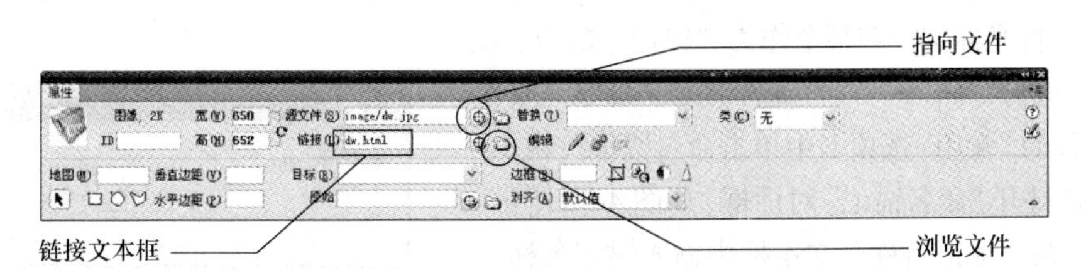

图 4-30　设置文本或图像的超级链接

- 直接在“链接”文本框中输入路径或完整的 URL 地址。
- 单击“链接”文本框右侧的“浏览文件”按钮，选择希望链接的文件。
- 单击“指向文件”图标然后将其拖到“文件”面板中的某个文件。

Step3　从“目标”下拉列表中选择链接文档打开的位置，如图 4-31 所示，各选项介绍如下。

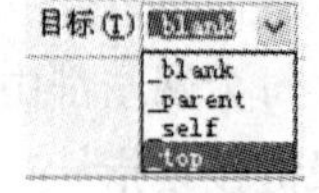

图 4-31　设置链接目标

- _blank：将链接的文件载入一个未命名的新浏览器窗口中。
- _parent：将链接的文件载入含有该链接框架的父框架集或父窗口中。如果包含链接的框架不是嵌套式的，则链接的文件加载到整个浏览器窗口中。常在框架页面中使用。
- _self：将链接的文件载入该链接所在的同一框架或窗口中。此项是默认选项。
- _top：将链接的文件载入整个浏览器窗口中，所有框架将会被删除。

三、创建图像热点链接

有时需要对一幅图像的不同部分设置不同的超级链接，如一幅图像上有几个对象，要求鼠标在不同的区域上单击时链接到不同的网页，这时就需要用到图像的热点技术。建立图像热点链接的操作步骤如下。

Step1　选择要建立热点的图像。

Step2　在“属性”面板中单击某一热点工具，在图像上绘制要设为热点的区域。

- “指针热点工具”：可以在图像上移动热点，改变热点的大小等。
- “矩形热点工具”或“椭圆形热点工具”：创建矩形或椭圆形的热点，使用方法是在图像上单击并拖动鼠标。
- “多边形热点工具”：创建不规则形状的热点，使用方法是在图像上顺时针或逆时针单击，在结束的位置双击。

Step3　选择某个热点后，在“属性”面板的“链接”文本框中输入目标网址。

Step4　重复上述步骤，建立多个热点并设置相应的超级链接。

四、建立链接到文档中命名位置的链接

当一个网页篇幅较长时，通常在其中的不同位置用“锚记”加以标记。使用超级链接可以快速跳转到“锚记”位置。创建到“锚记”的链接的方法主要包括两个步骤：一是设置锚记；二是创建到该锚记的链接。

1. 创建“锚记”位置

创建锚记位置的操作步骤如下。

Step1　将光标定位在某个作为“锚记”的位置。

Step2 执行“插入”→“命名锚记”命令，或在“插入”面板的“常用”选项卡中单击命名锚记按钮，此时系统将打开“命名锚记”对话框，如图 4-32 所示。

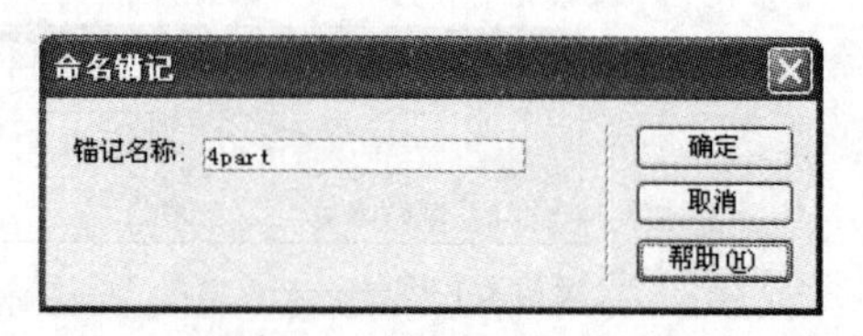

图 4-32　“命名锚记”对话框

Step3 在“锚记名称”文本框中输入锚记名称，单击“确定”按钮，系统将在设置的位置显示一个锚

记标志。在命名锚记时可以使用字母、数字、下画线等，但不能使用汉字。

2. 设置到“锚记”位置的链接

超级链接不仅可以跳转到本网页的某个“锚记”位置，还可以跳转到其他网页的“锚记”位置。

设置到本网页“锚记”位置的链接的方法有以下3种。

方法1：要设置到“锚记”的链接，只需在选择链接对象后，在“属性”面板中的“链接”文本框中输入“#锚记名称”即可。

方法2：用户也可在选择文字或图像后，直接在“属性”面板中单击“链接”文本框右侧的“指向文件”图标，然后将其拖至“锚记”，来创建到“锚记”的链接。

方法3：用户还可在选择文字或图像后，按住“Shift”键，然后单击并拖动光标至“锚记”来创建链接。

设置到其他网页中“锚记”位置的链接的方法是：选择链接对象后，在“属性”面板的“链接”文本框中输入：“文件的路径”+“#锚记名称”，如“dw.html#4part”。

设置了到“锚记”位置的链接后，在浏览网页时，当用户单击链接对象后，将转到页面中设置“锚记”的位置。

五、创建E-mail链接

E-mail链接是当浏览者单击该链接时，系统将自动启动其计算机中的邮件发送程序（通常是Outlook Express），并将用户在创建该链接时设置的邮件地址放在“收件人”一栏。

创建E-mail链接主要有2种方法。

方法1的操作步骤如下。

Step1 在页面中需要插入E-mail链接的位置单击，或选择准备作为邮件链接的文字，如“跟我联系”、“信息反馈”等。

Step2 执行“插入”→“电子邮件链接”命令，或在“插入”面板的“常用”选项卡中单击电子邮件链接按钮，系统将弹出“电子邮件链接”对话框，如图4-33所示。

图4-33 “电子邮件链接”对话框

Step3 在对话框的“文本”文本框中输入要在文档中作为电子邮件链接出现的文本。若已选择链接文本，该文本则会自动出现在文本框中，不必再输入。在“E-Mail”文本框中输入电子邮件地址，然后单击“确定”按钮即可。

方法2的操作步骤如下。

使用“属性”面板直接设置电子邮件链接。可选择对象后在“属性”面板中的“链接”文本框中输入“mailto：邮件地址”，如图4-34所示。

图 4-34　直接输入 E-mail 地址

六、其他链接

1. 虚拟链接

所谓虚拟（Null）链接实际上是一个未指定链接目标的链接，利用该链接可激活页面上的对象或文本。一旦对象或文本被激活，当鼠标指针经过该链接时，用户可为其附加行为以交换图像或显示 Div 元素等。创建虚拟链接的方法如下。

选定文字或图像后，在属性面板的“链接”文本框中输入一个“#”即可。

2. 脚本链接

所谓脚本链接是指执行 JavaScript 代码或调用 JavaScript 函数。该方式可使浏览者在不离开当前页面的情况下了解关于某个项目的一些附加信息。此外，该方式还用于执行计算、表单验证或其他任务。

创建脚本链接的方法如下。

选定文字或图像后，在属性面板的“链接”文本框中输入 javascript，并后跟一些 JavaScript 代码或函数调用就可以了。例如，在文本框中键入“javascript:alert‘(网站建设中...)’”。当浏览者单击该链接时，系统将弹出一个提示框，并显示上面所输入的文字，如图 4-35 所示。

3. 下载文件链接

如果链接的目标文件不是网页文件，那么在浏览网页时，单击该链接将下载目标文件，如图 4-36 所示。一般来说，如果浏览器不能直接识别和打开链接的目标文件，就会弹出“文件下载”对话框。

图 4-35　效果图

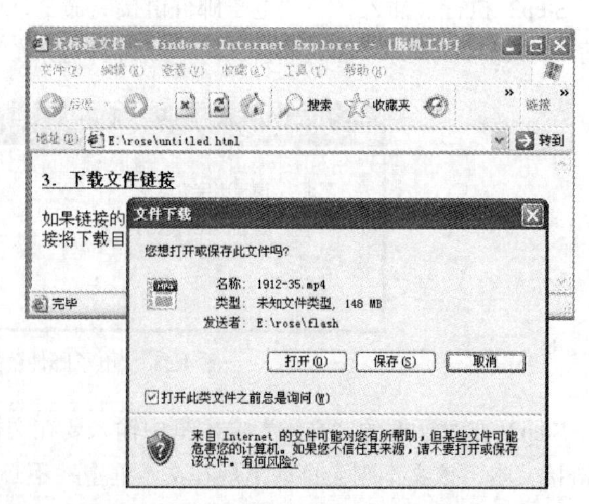

图 4-36　下载文件链接和“文件下载”对话框

创建下载文件链接的方法很简单，同普通链接的创建方法一样，不同的是，下载文件链接只需选择一个非网页文件作为目标文件。

【任务实施】

Step1 新建一个 HTML 文档，单击“插入”面板“常用”选项组中 “表格”按钮，在弹出的“表格”对话框中设置表格的参数，如图 4-37 所示， 注意在属性面板中将表格的“对齐”方式设置为居中对齐。

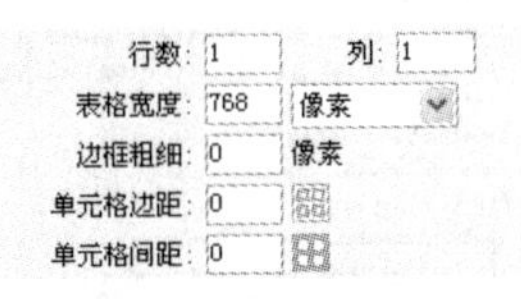

图 4-37 表格参数设置

Step2 将光标定位到单元格中，单击“插入”面板“常用”选项组中的“图像”按钮，在下拉列表中选择“图像”选项，插入图片文件“image\banner.jpg”到单元格中。

Step3 选择插入的图片，在“属性”面板中选择“矩形热点工具”，然后在图片的“玫瑰园餐饮公司欢迎你”文字区域拖放鼠标绘制出一个矩形热区，如图 4-38 所示，然后在“热点”属性面板中设置“链接”为 index.html，如图 4-39 所示。

图 4-38 绘制矩形热区

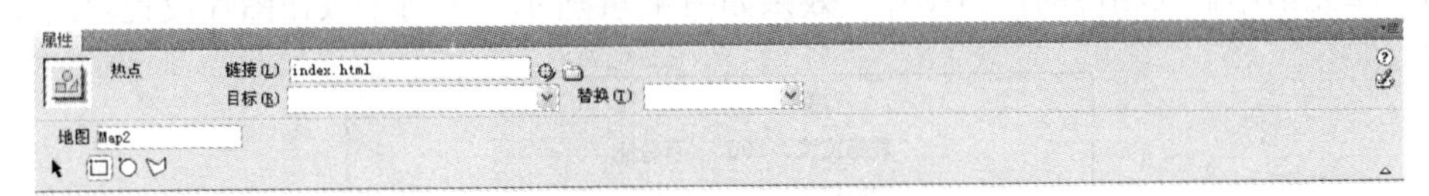

图 4-39 设置热点链接

Step4 启动 Firworks CS5，新建一个宽 95px，高 22px 的文件，执行“编辑” →“插入” →“新建按钮”命令，在如图 4-40 所示的属性面板中选择“弹起”状态，在画布上绘制如图 4-41 所示的“首页”按钮的弹起状态的图像，然后单击标题栏下面的“页面 1”选项，回到页面编辑状态，执行“文件”→“导出”命令，打开“导出”对话框，导出按钮图片到站点的图片文件夹中，参数设置如图 4-42 所示。

图 4-40 按钮属性面板

首页

图 4-41 “首页”弹起状态图像

Step5 在 Firworks 中双击刚刚建立的“首页”按钮图片，再次进入“首页”按钮的编辑状态，继续制作导航条的其他按钮，并且保存到站点的图片文件夹中。

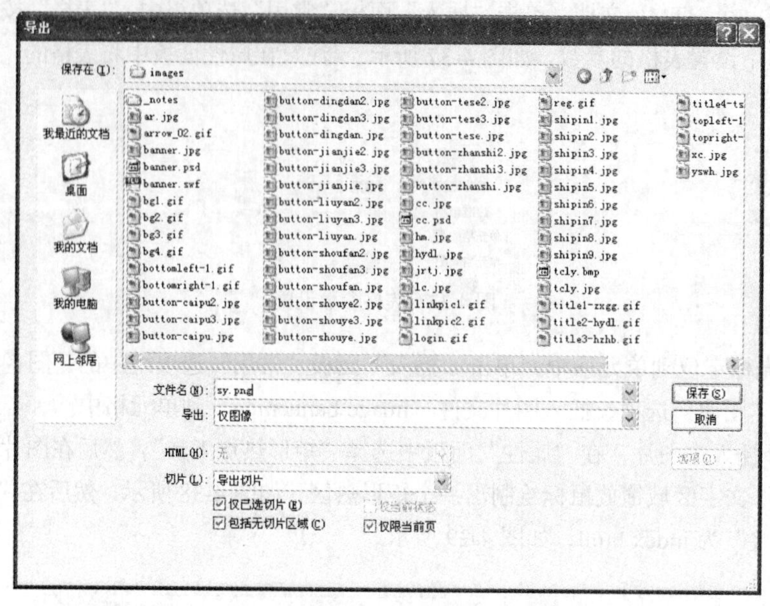

图 4-42 “导出”对话框

Step6 在 Dreamweaver 中，将光标定位在第一个表格的后面，单击“插入”面板“常用”选项组中“表格”按钮，再次插入一个表格，该表格的样式和 Step 1 步骤中插入的表格完全相同；然后在该表格的单元格中再次插入一个 1 行 8 列的嵌套表格，表格参数如图 4-43 所示，在嵌套表格的每个单元格中插入相应的按钮图片，效果如图 4-44 所示，为每个按钮图片设置超链接。

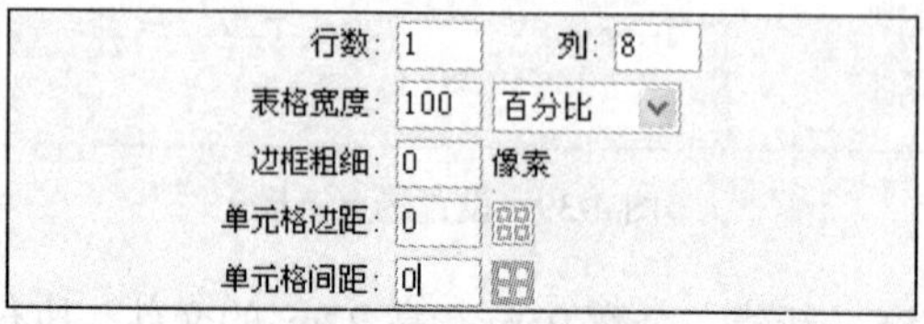

行数：1 列：8
表格宽度：100 百分比
边框粗细：0 像素
单元格边距：0
单元格间距：0

图 4-43 嵌套表格参数设置

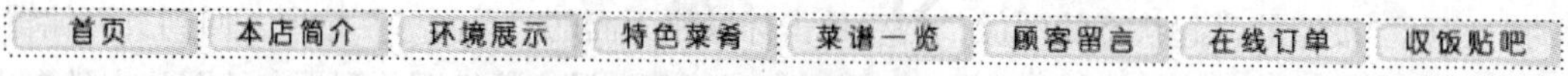

首页 本店简介 环境展示 特色菜肴 菜谱一览 顾客留言 在线订单 收饭贴吧

图 4-44 导航栏效果

Step7 在导航栏下面插入如图 4-45 所示的嵌套表格，分别输入相应的文字和插入图片。

Step8 将光标定位在嵌套表格右边的第一个单元格中，选择“插入”面板中的“常用”选项，执行“图像”→“鼠标经过图像”命令，在打开的“插入鼠标经过图像”对话框中设置原始图像和鼠标经过图像，并且设置超链接，如图 4-46 所示。

Step9 将光标分别定位在网页中如图 4-45 所示的“【菜谱名称】海米冬瓜”和“【菜谱名称】冬瓜扒虾”两处，选择“插入”面板中的“常用”选项，执行“命名锚记”命令，打开如图 4-47 所示的“命名锚记”对话框，分别为这两处命名为 l1 和 l2，然后分别选择鼠标经过图像下方的“海米冬瓜”和“冬瓜扒虾”标题文本，在属性面板中分别设置“链接”为#l1 和#l2。

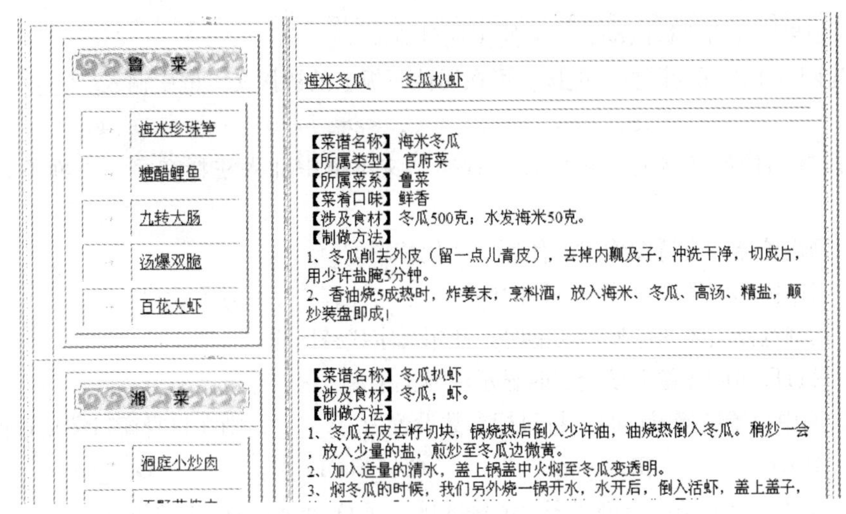

图 4-45　嵌套表格

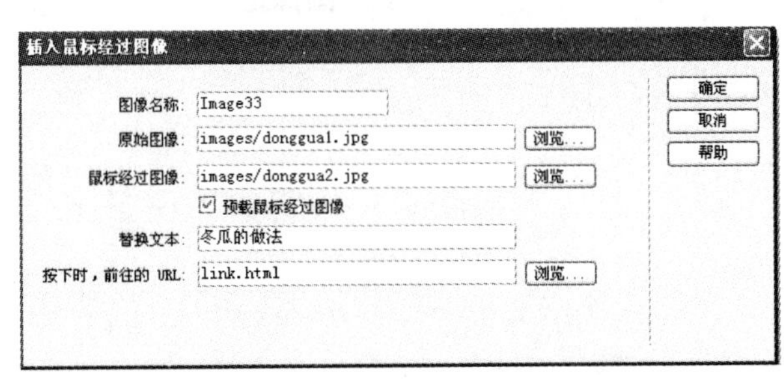

图 4-46　“插入鼠标经过图像”对话框

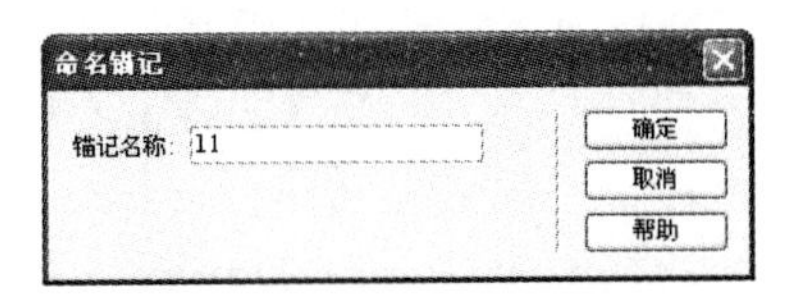

图 4-47　“命名锚记”对话框

Step10　保存文档，按“F12”键预览网页。

习　　题

一、填空题

1. 在超级链接的“属性”面板的“目标”框中_blank 表示：__________。

2. ____________具有将一个网站中的不同页面链接起来的功能。

二、选择题

1. 下面关于绝对地址与相对地址的说法错误的是________。

A. 在 HTML 文档中插入图像其实只是写入一个图像链接的地址，而不是真的把图像插入到文档中。

B. 使用相对地址时，图像的链接起点是此 HTML 文档所在的文件夹

C. 使用相对地址时，图像的位置是相对于 Web 的根目录

D. 如果要经常进行改动，推荐使用绝对地址

2. 要为网页中的元素设置空链接，可在属性面板上的链接文本框中输入________。

A. * B. / C. <a> D. #

3. 在设置图像超链接时，可以在“替换”文本框中加入注释文字，下面不是其作用的是________。

A. 当浏览器不支持图像时，使用文字代替图像

B. 当鼠标移到图像并停留一段时间后，这些注释文字将显示出来。

C. 在浏览器关闭图像显示功能时，使用文字代替图像

D. 每过段时间图像上就会定时显示注释文字

4. 在页面中设置链接属性时，将目标参数设置为________，则在自身窗口浏览目标页面。

A. _Parent B. _top C. _blank D. _self

5. 如果希望在一幅图像中创建多个链接区域，在 Dreamweaver 中通过设置________来实现。

A. 热区 B. 锚点 C. 图像地图 D. 热区或锚点

模块五

使用表格、框架布局网页

【引言】

在网页制作过程中，除了为网页添加文本、图像等页面信息外，还必须进行网页布局。网页布局是指以一定形式将页面中的信息组织起来，从而使网页易于阅读并达到一定的审美标准。Dreamweaver CS5 提供了表格、框架等布局工具，使用它们可以对页面对象进行精确地定位，从而使页面更加整齐和精致。

任务一 使用表格布局复杂页面

【任务导入】

本任务要求使用嵌套表格布局玫瑰园餐饮公司主页面，版面布局为“匡”字形，效果如图 5-1 所示。

图 5-1 玫瑰园餐饮公司主页效果图

【知识指导】

在日常生活中，接触到的表格多数是用来组织数据、方便查询和浏览的，但是在网页制作过程中，表格是传统的并且常用的网页布局工具，使用表格不但可以精确定位网页内容在浏览器中的显示位置，还可以控制页面元素在网页中的精确布局，并能简化页面布局的设计过程。

一、插入表格和选择表格元素

1. 插入简单表格

在 Dreamweaver CS5 中，可以使用菜单命令和表格按钮插入表格，具体操作步骤如下：

Step1　新建一个文档，在文档中定位插入点。

Step2　执行“插入”→“表格”命令，或单击“插入”面板的“常用”选项组中的“表格”按钮，程序将打开“表格”对话框，如图 5-2 所示。

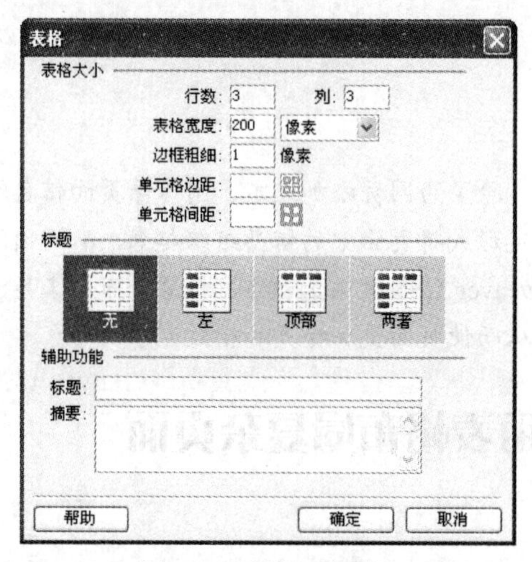

图 5-2 “表格”对话框

Step3　在对话框中可以预设表格的基本属性，如行数、列数、表格宽度、边框粗细、单元格边距和单元格间距等选项，具体各参数含义如下。

- 行数、列：设置表格的行数和列数。
- 表格宽度：设置表格的宽度，文本框右侧的下拉列表框可以设置表格宽度的单位，包括像素和百分比两种。
- 边框粗细：设置表格边框的粗细，单位为像素。如果在文本框中输入 0，在浏览网页时表格不会显示出来。
- 单元格边距：设置单元格内容与单元格边框之间的距离，单位为像素。（默认值为 1 个像素）。
- 单元格间距：设置相邻单元格之间的距离，单位为像素。（默认值为 2 个像素）。
- “标题”选项组：设置表格内部标题的显示形式，包括“无”、“左”、“顶部”和“两者”四种样式，“无”表示对表格不启用行或列标题；“左侧”表示将表格的第一列作为标题列，便于为每一行输入一个标题；“顶部”表示将表格的第一行作为标题行，便于为每一列输入一个标题；

“两者”表示在表格中既有行标题又有列标题。

- 标题：设置表格外部标题的内容。
- 摘要：编辑表格的辅助信息。

Step4　参数设置完成后，单击“确定”按钮即可在页面中插入一个简单的表格。

2. 选择表格元素

在网页中创建的表格主要包括：整个表格、行、列、单元格、标题和单元格内容等，它们通常被称为表格元素，在编辑表格元素之前，首先需要选定编辑的对象。在 Dreamweaver 中用户可以方便地选择整个表格、行、列和多个单元格。

（1）选择整个表格

要选择整个表格，有以下四种方法。

- 将鼠标移至表格边框附近，鼠标指针变为形状时，单击鼠标，如图 5-3 所示。
- 将鼠标移到任意表格边框上，鼠标指针变为或形状，如图 5-4 所示，然后单击鼠标即可。

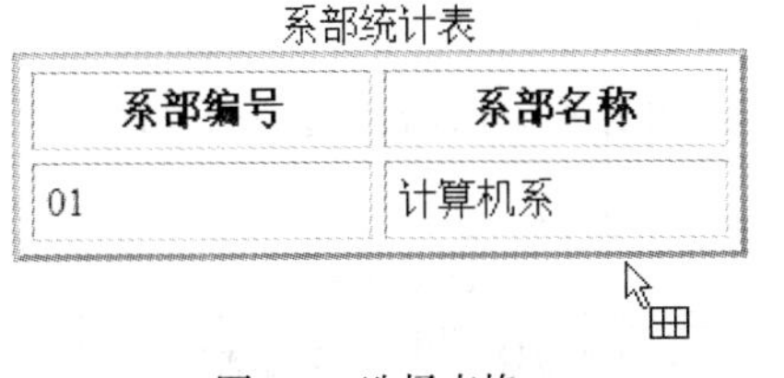

图 5-3　选择表格

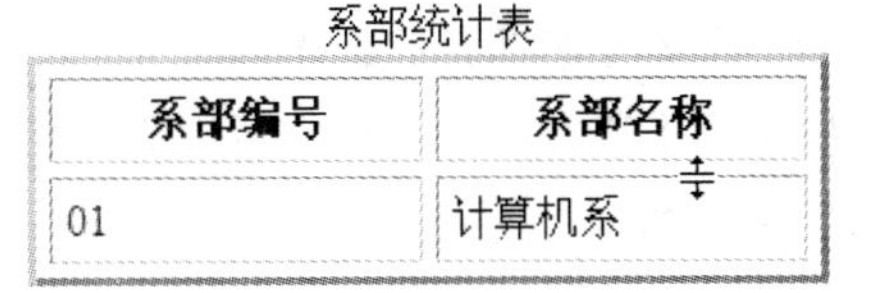

图 5-4　选择表格

- 将光标定位在表格中，执行“修改”→“表格”→“选择表格”命令。
- 将光标定位在表格中，在标签选择器中单击“<table>”标签，如图 5-5 所示。

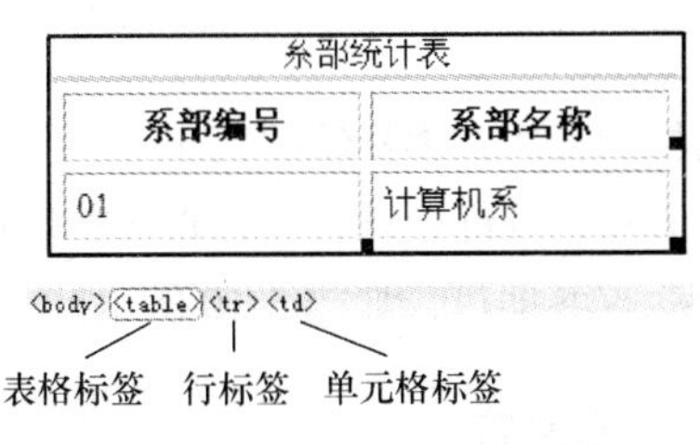

图 5-5　表格的标签选择器

（2）选择行或列

要选定表格的一行或一列，有以下 3 种方法。

- 如果要选择一行，将鼠标指向该行的左边框，当鼠标指针变为➡时，单击鼠标就可以选择该行；如果要选择一列，将鼠标指向该列的顶端边框，当鼠标指针变为⬇时，单击鼠标就可以选择该列。图 5-6 和图 5-7 所示分别是使用鼠标选择一行和一列的情况。

图 5-6　用鼠标选择一行

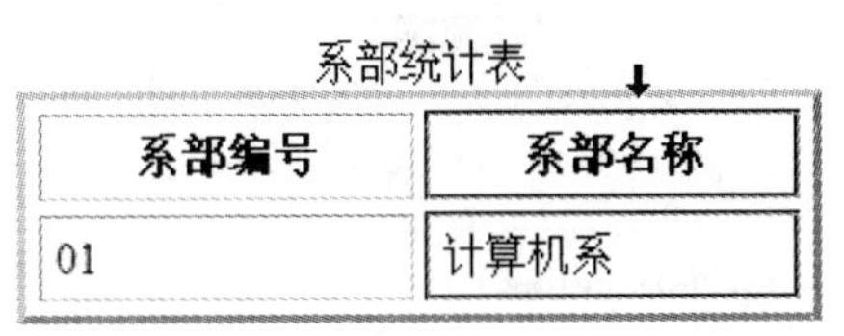

图 5-7　用鼠标选择一列

- 单击一行或一列的起始单元格，横向或纵向拖动鼠标，即可选定一行或一列。
- 将光标移至要选择的行中任意一个单元格，在标签选择器中单击“<tr>”标签，即可选择该行。

要在表格中选择连续的多行或多列，可以将鼠标移到一行的最左端或一列的最上端，当鼠标指针变为➡或⬇时拖动鼠标即可；要在表格中选择不连续的多行或多列，则将鼠标移到一行的最左端或一列的最上端，当鼠标指针变为➡或⬇时，按下“Ctrl”键，在要选择的行左端或列上端单击，即可完成。

（3）选择单元格

表格单元格可以包含两种信息，即标题信息和数据，分别由“<th>”标签和“<td>”标签表示，标题信息一般自动加粗并且在单元格内部居中显示，选择标题单元格和数据单元格的方法是相同的。如果要选择单个单元格，需要将光标定位在该单元格中，在标签选择器中单击“<td>”标签或“<th>”标签即可。

要选择连续的单元格，有如下两种方法。

- 单击一个单元格，然后横向或纵向拖动鼠标至另一单元格，如图 5-8 所示。
- 单击一个单元格，然后按住“Shift”键单击另一单元格，以这两个单元格为对角的矩形区域内的所有单元格都会被选择。

要选择不连续的单元格，可以先按住“Ctrl”键，然后再分别单击需要选择的单元格即可，如图 5-9 所示。

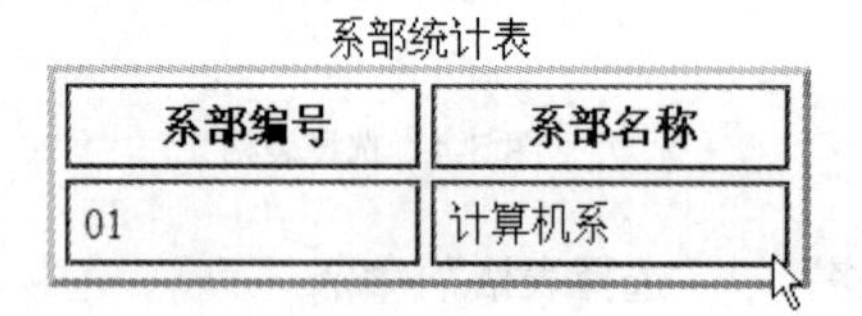

图 5-8　选择连续的单元格

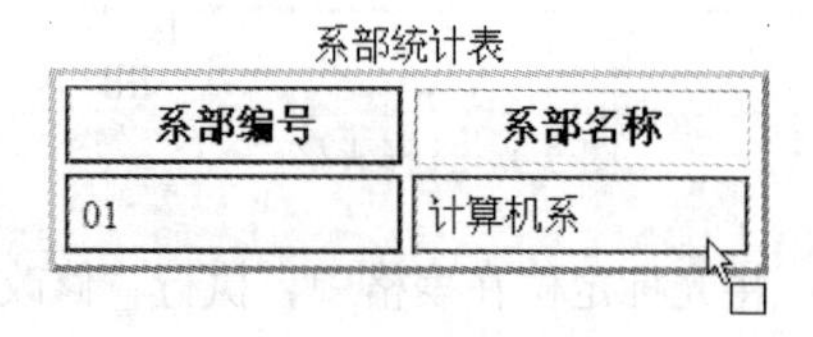

图 5-9　选择不连续的单元格

（4）选择表格外部标题

表格外部标题表达了创建表格的目的，由标签“<caption>”表示，可以出现在表格的顶部、底部、左侧或右侧。如果要选择表格的外部标题，可以将光标定位在外部标题的任意位置，然后在标签选择器中单击“<caption>”标签即可，如图 5-10 所示。

二、编辑表格和设置表格元素属性

1. 编辑表格

要对表格元素进行编辑，首先需要选定要编辑的对象。

（1）调整表格大小

要调整表格尺寸，可以在选定表格后将光标移至表格的边或角的控制点处，然后根据箭头方向拖动鼠标，此时表格中各单元格的尺寸都将按比例进行调整，如图 5-11 所示。

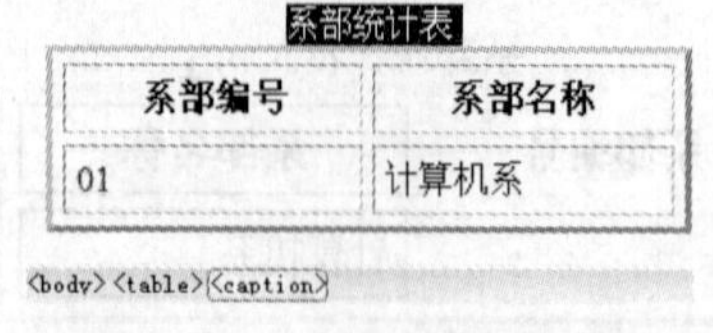

图 5-10　选择表格外部标题

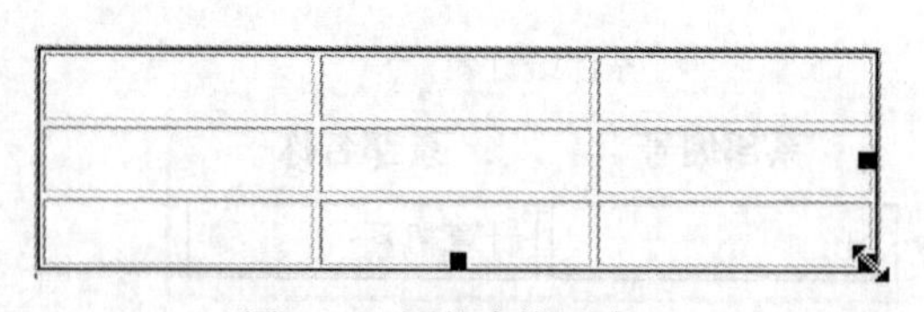

图 5-11　调整表格尺寸

（2）调整行高或列宽

要调整表格中某行的行高或某列的列宽，可以将光标定位在选定行或列的任一单元格中，然后将光标移至该单元格的右侧或下方，当光标变成或形状，单击并拖动鼠标即可调整行高或列宽。

（3）插入行或列

要在表格中某行或某列的上下或两侧插入行或列，可以使用如下的方法。

- 先选择表格中的某行或某列，然后单击“插入”面板的“布局”选项组，然后单击插入行或插入列等相应的按钮。
- 先将光标定位在该行或该列的任意单元格中，然后执行“插入”→“表格对象”命令，在二级菜单中单击相应的命令执行在相应位置插入行或列。

（4）删除行或列

如要删除表格中的某行或某列，可以先选择该行或该列，然后单击鼠标右键，在弹出的快捷菜单中执行“表格”→“删除行”或“删除列”命令即可。

2. 设置表格元素属性

（1）设置表格属性

通过设置表格的属性，可以有效改变表格的外观，从而充分发挥表格在页面布局中所起的作用。在 Dreamweaver 中，选择整个表格后，表格属性面板如图 5-12 所示，各项参数介绍如下。

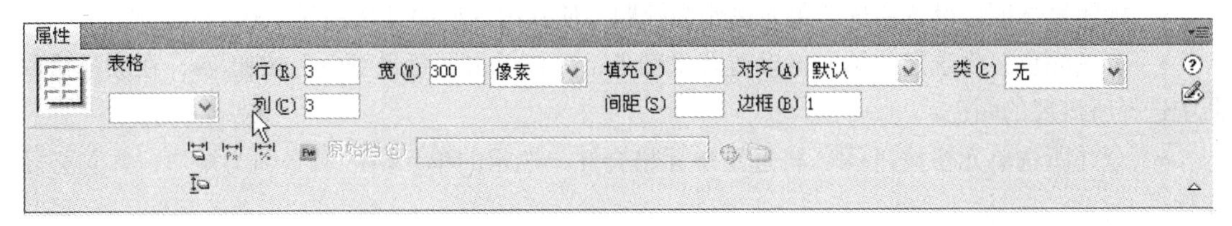

图 5-12　表格的属性面板

- “表格”下面的文本框：设置表格名称。
- 行、列：设置表格的行数和列数。
- 宽：设置表格的宽度，其单位可以是“像素”或“%（百分比）”。

通常情况下，应用表格布局时，整个表格的宽度最好设置为绝对宽度（单位为像素），而表格内的单元格或嵌套表格设置为相对宽度（单位为%），具体使用方法还需要根据实际需要选择，灵活掌握。

- 填充：设置单元格内容与单元格边框之间的距离。
- 间距：设置单元格之间的距离。
- 对齐：设置表格在页面中或上一级对象中的位置，包括“默认”、“左对齐”、“居中对齐”和“右对齐”4 种选项，“默认”为“左对齐”或继承上一级对齐方式。
- 边框：设置表格边框线的宽度。
- 类：可以将 CSS 样式应用于对象。
- 清除列宽按钮和清除行高按钮：可以删除表格的所有多余的列宽和行高。
- 将表格宽度转换成像素按钮和将表格宽度转换成百分比按钮：可以将表格的宽度在

百分比表示方式和像素表示方式间相互转换。

（2）设置行、列及单元格属性

在制作网页时，除了设置表格属性外，有时候还需要设置行、列或单元格属性。在 Dreamweaver 中，行、列和单元格的属性面板基本相同，这里以单元格属性面板为例进行介绍。在 CS5 版本中，单元格属性面板分为上下两部分，如图 5-13 所示，属性面板上半部分主要设置单元格中文本的属性，不再赘述，设置单元格属性主要在面板的下半部分，各项参数介绍如下。

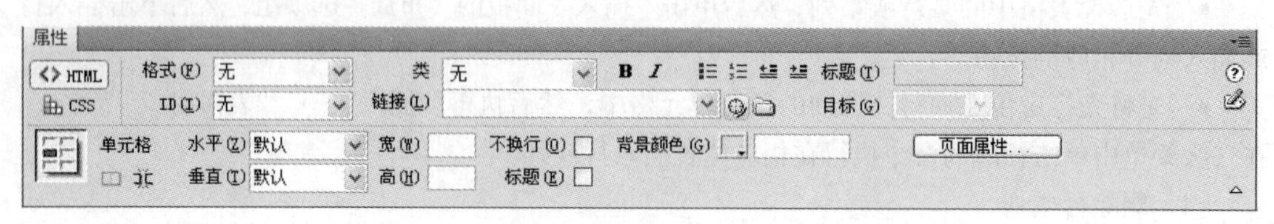

图 5-13　单元格的属性面板

- 水平、垂直：设置选定单元格中内容的水平对齐及垂直对齐方式。推荐使用此参数，而不用属性面板的上半部分的一组对齐按钮。
- 宽、高：设置选定单元格的宽度和高度。通常选择一行或一列单元格，通过设置宽或高属性，使表格中的所有单元格等宽或等高。
- 不换行复选框：设置在单元格中输入数据时不自动换行。
- 标题复选框：设置将选定单元格作为标题，使其内容居中并加粗显示。
- 背景颜色：为选定的单元格设置背景颜色，可以单击“背景颜色”按钮，在颜色拾取器中选择所需要的颜色。
- 合并所选单元格按钮：将选定单元格合并，选定的单元格区域必须为矩形，并且必须连续。
- 拆分单元格为行或列按钮：将选定的一个单元格拆分为两个或多个单元格。

在合并和拆分单元格时，还可以执行“修改”→“表格”→“合并单元格”或“拆分单元格”命令来实现。

三、复杂表格的制作

1. 制作嵌套表格

嵌套表格是指在一个表格的单元格中插入另外一个表格，可以像其他表格一样对嵌套表格进行格式设置，嵌套表格通常用于实现复杂的布局效果。

要制作嵌套表格需要将光标定位在外层表格的某个单元格内，然后插入表格即可，嵌套表格的效果如图 5-14 所示。

在制作嵌套表格时，外层表格的宽度一般以“像素”为单位，如果内层嵌套的表格的宽度以“%”为单位，嵌套表格将受它所在单元格的宽度的限制；如果内层嵌套表格的宽度以“像素”为单位，当嵌套表格的宽度大于所在单元格的宽度时，外层单元格将被嵌套表格撑开。

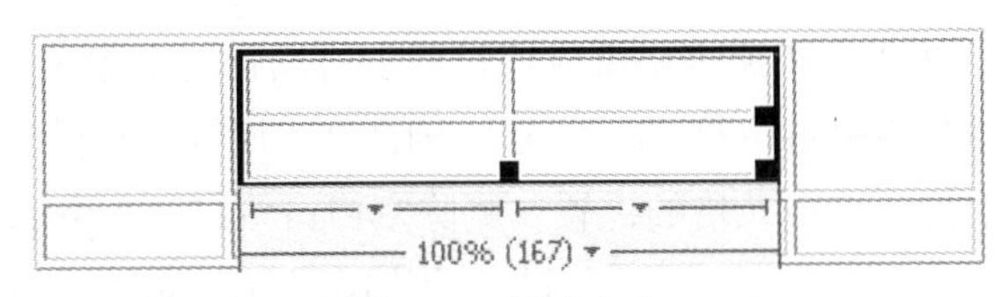

图 5-14　嵌套表格

2. 制作凸起表格

在网页制作过程中有时需要创建凸起表格，操作方法是：插入表格后，选择该表格切换到代码视图中，在表格的标签中输入设置表格的“亮边色”、“暗边色”和表格背景颜色的代码：bordercolorlignt= “#000000” bordercolordark= “#ffffffff” bgcolor="#999999"，如图 5-15 所示。设置完毕后，该表格将会具有凸起效果，如图 5-16 所示。

<table width="300" border="1" bordercolorlight="#000000"　bordercolordark="#FFFFFF" bgcolor="#999999">

图 5-15　设置表格的亮边色和暗边色

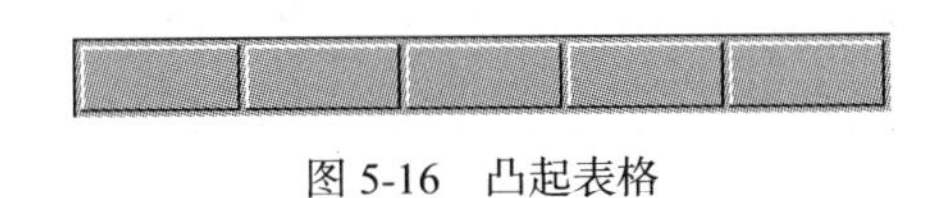

图 5-16　凸起表格

3. 制作 1 像素高度的分隔线

使用表格制作 1 像素高度的直线作为分隔线，这种方法制作出的分隔线只占用页面很小的空间，因此是比较常用的方法。具体操作步骤如下。

Step1　将光标定位在页面中需要插入分隔线的位置，单击插入“表格”按钮，弹出 “表格”设置对话框。

Step2　在对话框中设置插入表格的属性，各参数的值如图 5-17 所示，“表格宽度”根据具体情况设定。

Step3　单击“确定”按钮，在页面的相应位置即可插入一个“行数”和“列数”均为 1，“边框粗细”为 0 像素，“单元格边距”和“单元格间距”均为 0 像素的表格，效果如图 5-18 所示。

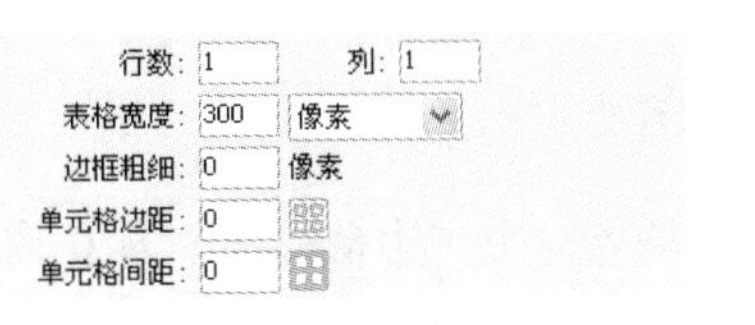

图 5-17　表格参数设置

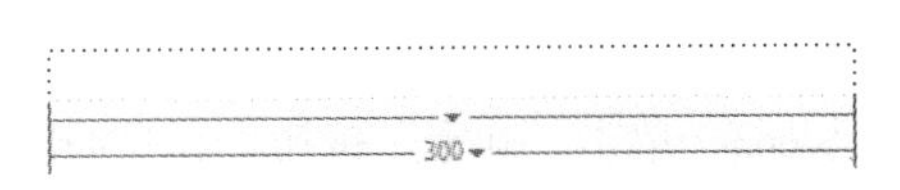

图 5-18　插入表格效果图

Step4　将光标定位在该表格的单元格中，在“属性”面板的“高”文本框中输入 1，然后单击“背景颜色”按钮，在颜色拾取器中选择黑色，如图 5-19 所示。

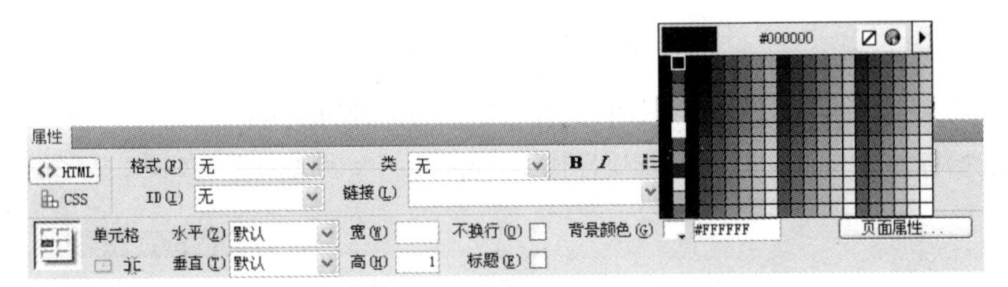

图 5-19　设置单元格属性

Step5　设置完成后，按正常来说表格就应该显示为所设置的 1 像素高度，由于 Dreamweaver 代码会自动在单元格中添加空格占位符“ ”，因此在“属性”面板设置的 1 像素的高度没有作用，需要在代码视图中找到该单元格的位置，删除空格占位符“ ”，如图 5-20 所示。

Step6　按照以上方法设置完成后，按“F12”功能键即可浏览到 1 像素高度的分隔线的网页效果，如图 5-21 所示。

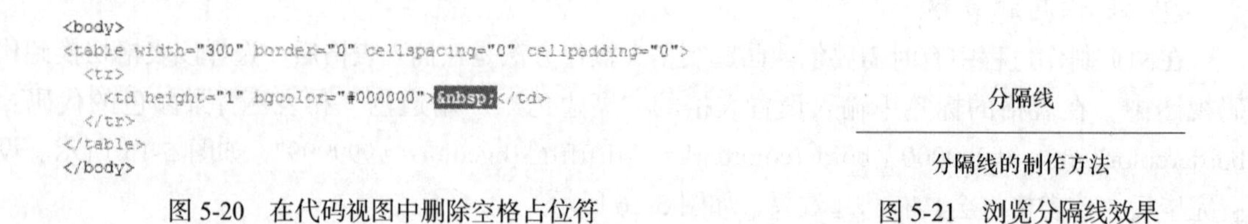

图 5-20　在代码视图中删除空格占位符　　图 5-21　浏览分隔线效果

如果在已经有数据信息的单元格中制作分隔线，可以将该单元格拆分为上下 2 行，将拆分后上边的单元格按照上述方法制作成 1 像素高度的分割线，下边的单元格中显示数据信息。

4. 制作细线表格

在网页制作过程中，为了更加清晰的显示网页中的每个版块，需要将每个版块显示为边框粗细为 1 像素的细线效果，即制作细线表格，具体操作步骤如下。

Step1　将光标定位在页面中需要插入细线表格的位置，单击插入“表格”按钮，弹出“表格”设置对话框。

Step2　在对话框中设置插入表格的属性，各参数的值如图 5-22 所示，“行数”、“列”和“表格宽度”根据具体情况设定。

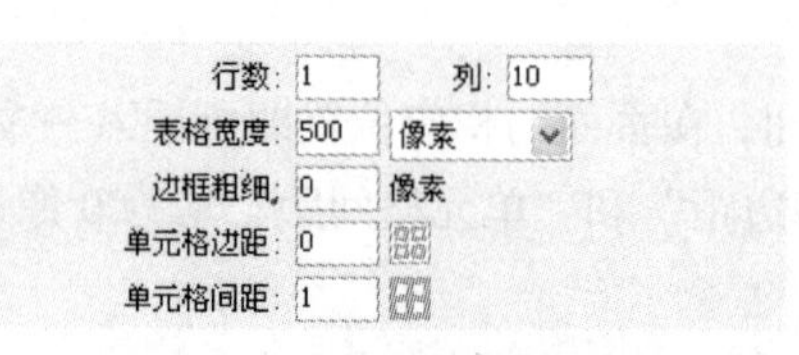

图 5-22　表格参数设置

Step3　单击“确定”按钮，在页面的相应位置即可插入一个“边框粗细”为 0 像素，“单元格边距”为 0 像素、“单元格间距”均为 1 像素的表格，如图 5-23 所示。

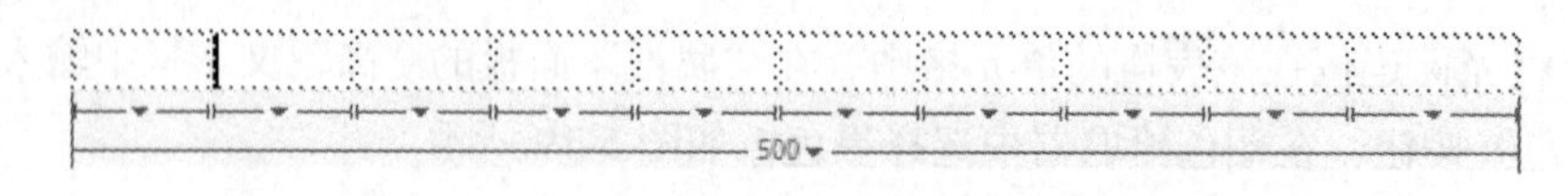

图 5-23　插入表格效果图

Step4　选择整个表格，设置整个表格的背景颜色为细线的颜色，方法为：切换到代码视图下，在表格的起始标签“<table>”中添加属性代码“bgcolor="#000000"”，如图 5-24 所示。

```
<table width="500" border="0" cellspacing="1" cellpadding="0" bgcolor="#000000">
```

图 5-24　设置表格背景颜色

Step5　切换到设计视图下，设置表格中所有单元格的背景颜色，方法为：选择所有单元格，单击“属性”面板中的“背景颜色”按钮，在颜色拾取器中选择白色。

Step6　按照以上方法设置完成后，按“F12”功能键即可浏览到细线表格的网页效果，如图5-25 所示。

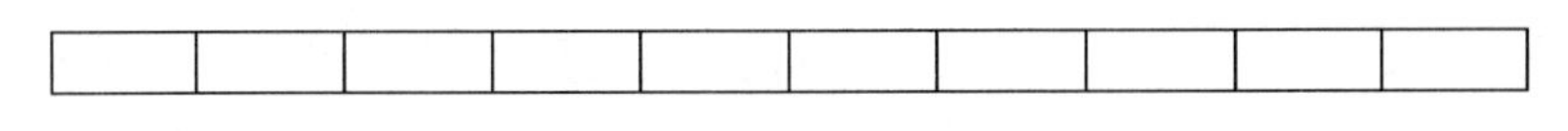

图 5-25　浏览细线表格效果

【任务实施】

Step1 插入第一个表格。新建一个 html 文档，单击“插入”面板“常用”选项组中 “表格”按钮，在弹出的“表格”对话框中设置表格的参数，如图 5-26 所示， 注意在属性面板中将表格的“对齐”方式设置为居中对齐。

行数: 1
列: 1
表格宽度: 768
像素
边框粗细: 0
像素
单元格边距: 0
单元格间距: 0

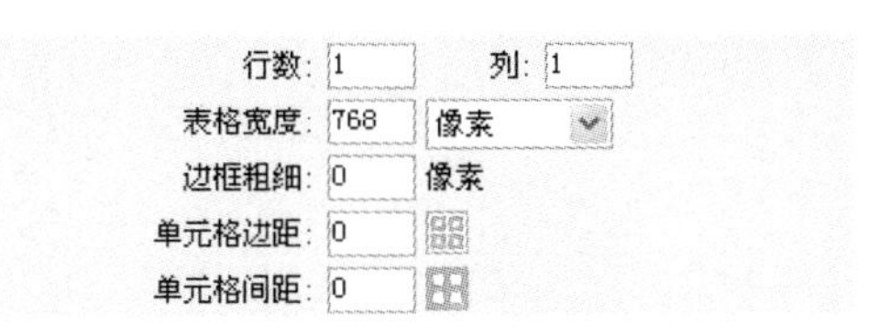

图 5-26　表格参数设置

Step2 在表格的单元格中插入动画。将光标定位到单元格中，单击“插入”面板“常用”选项组中的“媒体”按钮，在下拉列表中选择“SWF”选项，插入动画文件“swf\banner.swf”到单元格中。

Step3 插入导航栏。先将光标定位在第一个表格的后面，单击“插入”面板“常用”选项组中“表格”按钮，再次插入一个表格，该表格的样式和 Step 1 步骤中插入的表格相同，参数设置如图 5-26 所示，表格在页面中居中对齐；然后在该表格的单元格中再次插入一个 1 行 8 列的嵌套表格，表格参数如图 5-27 所示；最后在嵌套表格的每个单元格内部插入合适的图片即可，效果如图 5-28 所示。

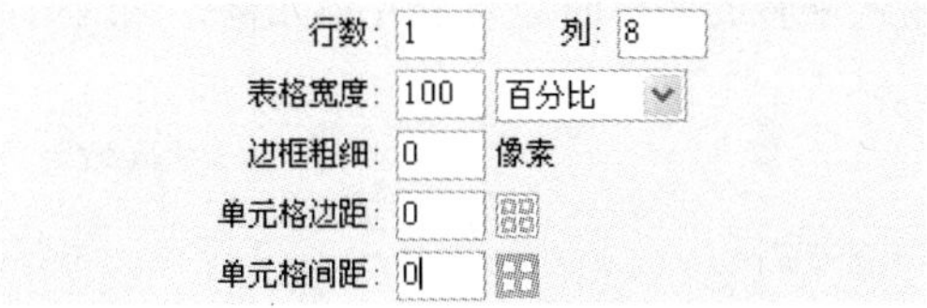

行数: 1
列: 8
表格宽度: 100
百分比
边框粗细: 0
像素
单元格边距: 0
单元格间距: 0

图 5-27　嵌套表格参数设置

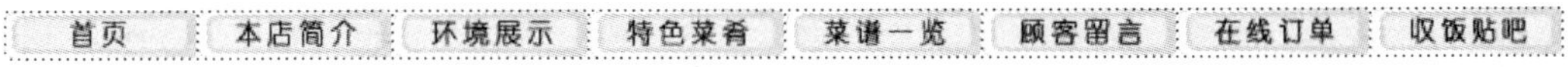

首页
本店简介
环境展示
特色菜肴
菜谱一览
顾客留言
在线订单
收饭贴吧

图 5-28　导航栏效果

Step4 插入第四个表格。将光标定位在导航栏所在的外部表格之后，单击插入“表格”按钮，插入一个 1 行 2 列的表格，表格的参数设置同第一个表格设置保持一致。

Step5 设置单元格属性。分别选择第四个表格的两个单元格为其设置宽度和背景图像，设置第一个单元格的“宽”为 200，并且在代码窗口的<td>标签中输入代码“background="images/bg1.gif"”为其设置“背景图像”；设置第二个单元格的“宽”为 568，并且在代码窗口的<td>标签中输入代码“background="images/bg2.gif"”为其设置“背景图像”。

Step6 在第四个表格的第一列单元格中制作多重嵌套表格。首先在第四个表格的第一列单元格中插入一个 3 行 1 列的表格；然后依次将光标定位在新插入表格的三个单元格中，再次插入嵌套表格，效果如图 5-29 所示，注意本步骤中插入的“表格宽度”均为 100%，“填充”、“间距”和“边框”均为 0；最后在各单元格中依次插入图片和输入文本，效果如图 5-30 所示。

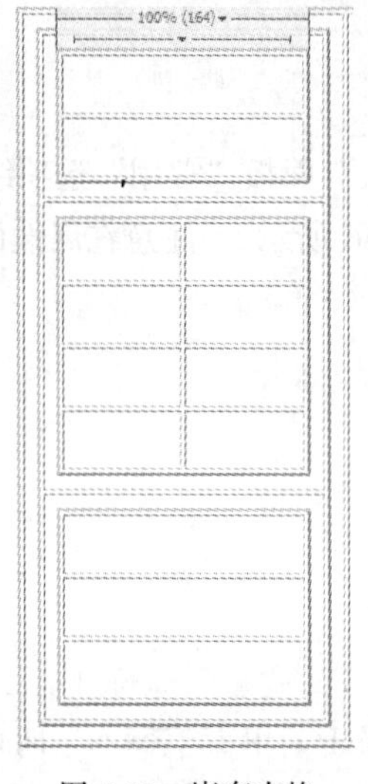

图 5-29 嵌套表格

图 5-30 嵌套表格效果

在插入“会员登录”图片时，需要先选中该行的两个单元格，通过属性面板中的“合并所选单元格”按钮将其合并。

Step7 在第四个表格的第二列单元格中制作多重嵌套表格。和 Step 6 的操作方法相同，在第四个表格的第二列单元格中插入多重嵌套表格，注意本步骤中插入的表格的“填充”、“间距”和“边框”均为 0，插入的嵌套表格及其“表格宽度”如图 5-31 所示；然后在各单元格中依次插入图片和输入文本，注意在输入菜肴的名称时需要合并单元格，该区域部分效果如图 5-32 所示。

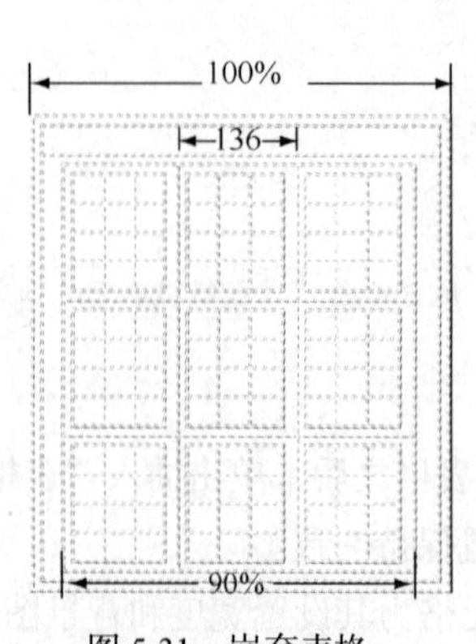

图 5-31 嵌套表格

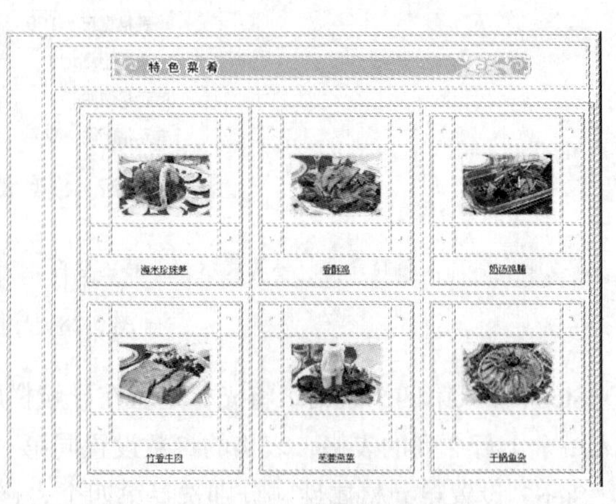

图 5-32 嵌套表格效果

Step8 制作圆角矩形边框。依次选择菜肴图片周围的空白单元格设置背景图像，从而实现在图片周围出现圆角矩形边框的效果，如图 5-33 所示。操作方法是：设置第二列中空白单元格的“高”为 8（和背景图片的高度相同），“背景图像”为 bg3.gif；设置第二行中空白单元格的“宽”为 8（和背景图片的宽度相同），“背景图像”为 bg4.gif；最后切换到代码窗口中，依次删除这几个空白单元格的占位符“ ”。

图 5-33　制作圆角矩形边框

Step9 插入版权区的表格。将光标定位在页面的最下边，单击插入“表格” 按钮，插入一个 1 行 1 列的表格，表格的其他参数同第一个表格设置保持一致，并且在单元格中输入版权区信息，如图 5-34 所示。

版权所有©玫瑰园餐饮有限公司

图 5-34　版权区效果

任务二　使用框架布局制作页面

任务导入——使用框架布局制作页面

本任务要求使用框架布局玫瑰园餐饮公司的内容页面，单击页面左侧栏目中菜肴名称，可以在页面右侧显示该菜肴的详细信息，效果如图 5-35 所示，该任务的重点是框架集和框架的保存以及设置框架之间的链接。

（a）框架链接效果图

（b）框架链接效果图

图 5-35　玫瑰园餐饮公司框架页面效果图

【知识指导】

框架是网页布局的一种方式，使用框架可以将网页文件划分成多个区域，在每个区域显示不同的页面内容，而由多个框架组成的页面一般被称为框架页，也可以认为框架页是由两个成分组成，即一个框架集和若干个框架。框架集保存了页面中所有框架的信息；每个框架的内容将会在浏览器窗口中显示。

框架页的每一个框架都可以显示不同的内容，每个框架都会生成一个独立的网页文件。在页面中使用框架可以将一些不同类别的内容放到同一页面中，从而向用户提供更多的信息。

一、认识框架和框架集

框架是浏览器窗口中的一个区域，在每个框架中可以输入文本、插入图片或者显示一个独立的网页文件，通过使用框架可以在一个浏览器窗口同时显示多个网页内容。

当一个页面被划分成多个框架后，系统会自动建立一个框架集，即生成一个 HTML 文件，在框架集中定义了一组框架的布局和属性，包括框架的数目、框架的大小、位置和每个框架中初始显示的页面地址。框架集只向浏览器提供如何显示一组框架以及在这些框架中显示哪些文件的信息，本身不会在浏览器中显示。

通过页面中导航栏的链接指定目标框架，为框架之间建立内容上的联系，从而实现页面的导航功能，所以框架经常用于页面的导航和信息的组织。

二、创建和选择框架

在创建框架之前，可以先执行“查看”→“可视化助理”→“框架边框”命令，使框架边框在设计视图中可见，从而方便对框架的操作。

1. 创建框架

在 Dreamweaver 中，系统预设了 15 种框架结构样式，基本包括了框架设计中的常见类型。用户可以通过以下四种方法来创建框架。

（1）新建框架页

具体操作步骤如下。

Step1　启动 Dreamweaver，执行“文件”→“新建”命令打开“新建文档”对话框。

Step2　在对话框中选择“示例中的页”选项，在出现的右侧的“示例文件夹”中的单击“框架页”，这时，对话框的最右侧会显示 15 种框架样式，如图 5-36 所示。

Step3　选择需要的框架样式，然后单击“创建”按钮，系统会弹出“框架标签辅助功能属性”对话框，如图 5-37 所示。

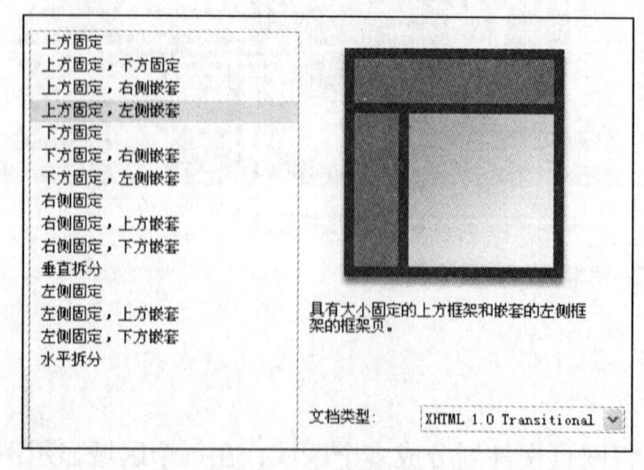

图 5-36　框架样式

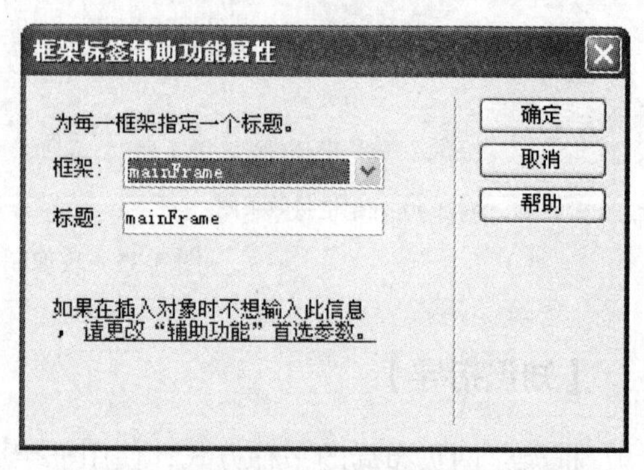

图 5-37　“框架标签辅助功能属性”对话框

Step4　在对话框中可以为每一个框架指定一个标题，单击”确定”按钮后，即可创建一个框架页。

（2）通过插入面板插入框架

操作方法是：新建一个空白的 html 文档后，单击“插入”面板的“布局”选项组中的“框架”列表，在显示的列表中选择需要的框架样式即可。

（3）通过菜单命令插入框架

操作方法是：新建一个空白的 html 文档后，执行“插入”→“HTML”→“框架”命令，在子菜单中选择相应的命令插入框架，如图 5-38 所示。

（4）拆分框架

操作方法是：新建一个空白的 html 文档后，执行“修改”→“框架集”命令显示子级菜单，如图 6-39 所示，在菜单中选择相应的命令拆分框架。

用户在使用前两种方法创建框架页时，都能预览所选择框架样式的示意图，用户可以根据提供的样式预览选择适合自己网页的结构类型。但是，在使用后两种方法创建框架时，用户不能预览框架结构的示意图，特别是在使用第 4 种方法创建框架时，用户需要自行设计框架的样式，根据设计的样式选择相应的命令进行框架拆分，直到符合要求。

当创建好框架后，如果要对框架进行局部分割，可以使用鼠标拖拽要分割区域的框架集边框线，然后就可以垂直或水平分割框架。

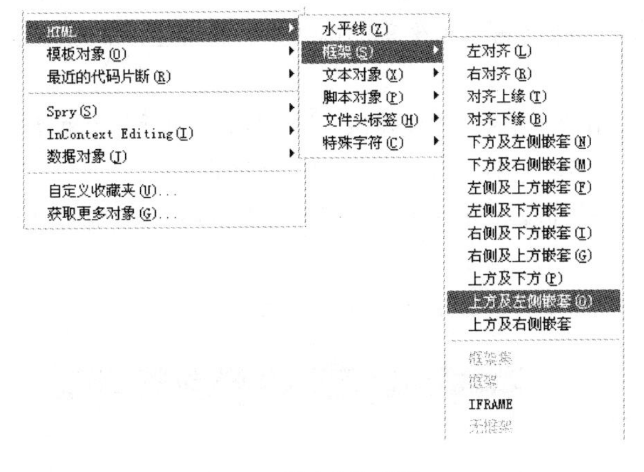

图 5-38　插入框架菜单

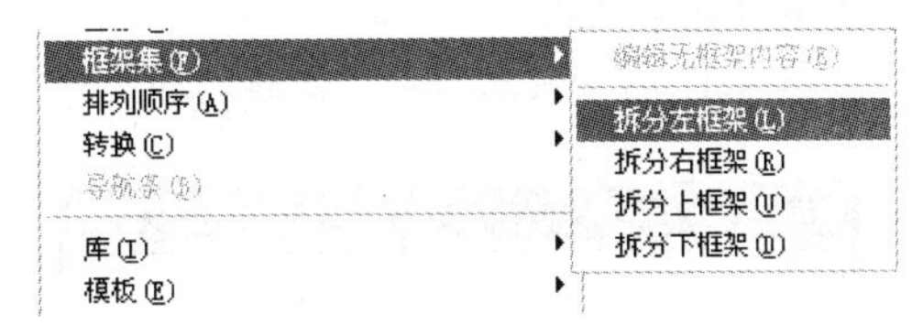

图 5-39　拆分框架菜单

2. 选择框架集和框架

在创建框架后，用户可以选择框架集和框架。在 Dreamweaver 中选取框架集和框架最好的方法是通过框架面板。

框架面板提供了框架集内各框架的可视化表示形式，它的主要特点是能够显示框架集的层次结构，而这种层次在设计窗口中显示不够直观。在框架面板中，框架集的边框线比较粗，而框架的边框线是比较细的灰线，并且每个框架由框架名称标识出来，如图 5-40 所示。打开框架面板的方法：执行“窗口”→“框架”命令。

图 5-40 “框架”面板

选择框架集的方法如下。

- 在设计窗口中，单击框架的边框线可以选择相应的框架集。
- 在框架面板中，单击比较粗的边框线可以选择相应的框架集。

选择框架的方法：在框架面板中，单击框架区域即可选择相应的框架。

3. 创建嵌套框架

所谓嵌套框架是指在一个框架集中包含着另一个框架集。使用嵌套框架可以为一个文档设置多个框架，而且它们都有独立的 HTML 文档和框架文档。大多数使用框架的网页都使用嵌套框架，并且在 Dreamweaver 中，大多数预定义的框架样式都使用嵌套框架。

在网页中创建嵌套框架时，将光标定位在想要插入嵌套框架集的框架中，然后选择下列任意一种方法创建。

- 执行“修改”→“框架集”命令，在弹出的子菜单中根据需要进行选择，即拆分该框架。
- 执行“插入”→“HTML”→“框架”命令，选择需要嵌套的框架集样式。
- 在“插入”面板的“布局”选项卡中，单击框架按钮，然后在显示的下拉列表中选择需要嵌套的框架集样式。

图 5-41 所示是在一个“左侧框架”样式的右框架中，嵌套了一个“顶部框架”样式。

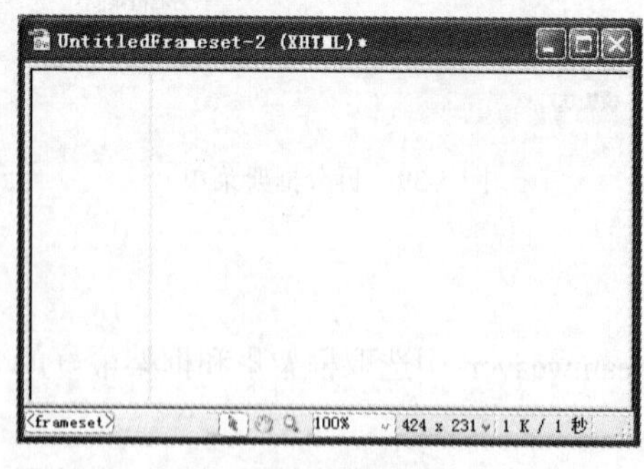

（a）嵌套前的框架样式

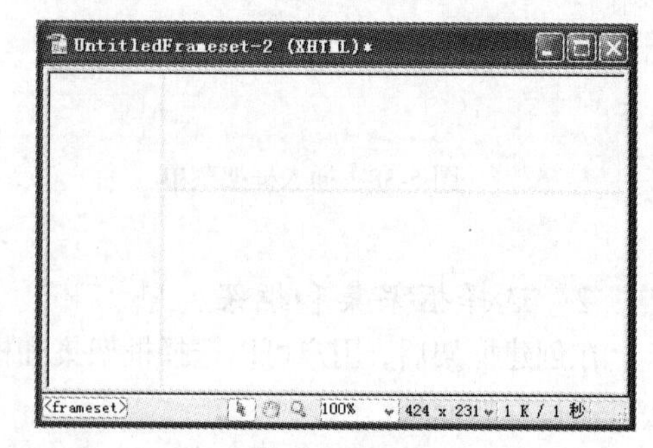

（b）嵌套后的框架样式

图 5-41 嵌套框架

要删除一个框架，只需将它的边框拖动到页面之外。如果它是一个嵌套的框架，将它的边框拖出其父框架即可。

三、设置框架集和框架属性

框架集属性主要包括各个框架的尺寸控制，边框宽度等设置；单个框架的属性则是设置框架的内容及显示控制。

1. 框架集属性设置

选择一个框架集后，将显示框架集的属性面板，如图 5-42 所示，其中各参数含义如下。

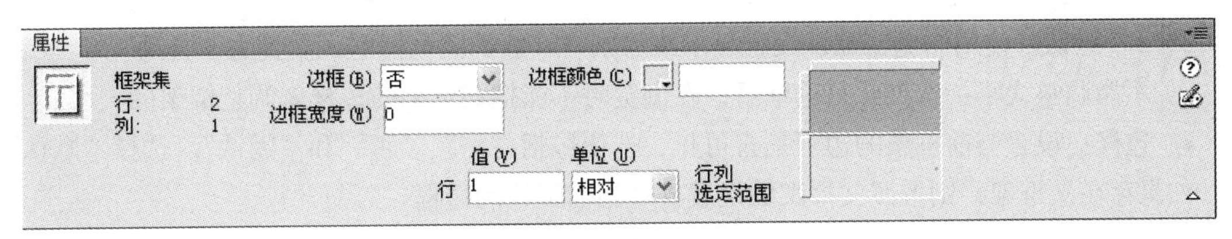

图 5-42　框架集的属性面板

- 边框：设置框架边框在浏览器窗口中的显示情况，包括 3 个选项。

  是：框架边框将以灰色三维立体效果显示。

  否：框架边框不显示。

  默认：框架边框将由浏览器决定是否显示。一般浏览器都默认设为“是”。

- 边框宽度：设置当前框架集的所有框架的边框宽度。
- 边框颜色：设置当前框架集中所有框架的边框颜色。
- 行列选定范围：图框中显示为深灰色部分表示为选择状态的框架，浅灰色部分表示为没有选择的框架。如果要设置框架的大小，可以在此选项中选择需要设置的框架，然后在“值”文本框中输入数字。
- 值：指定选择框架的尺寸。
- 单位：设置选择框架尺寸的单位，可以是像素、百分比（相对于框架集）及相对（相对于其他框架行或框架列所占的比例）。

2. 框架属性设置

选择一个框架后，将显示该框架的属性面板，如图 5-43 所示，其中各项参数的含义如下：

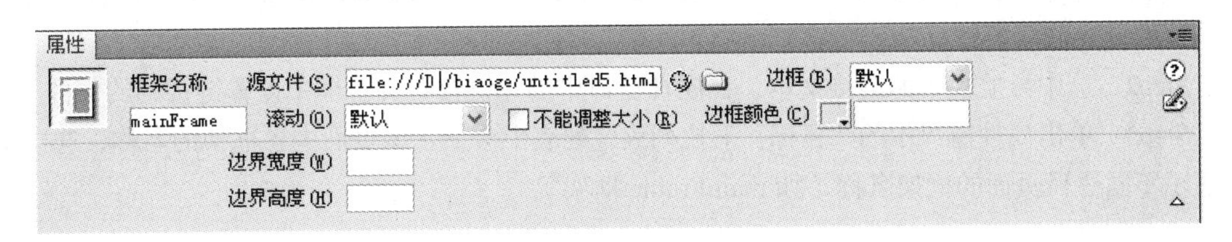

图 5-43　框架的属性面板

- 框架名称：设置框架的名称，框架名称应该是一个单词，可以使用下划线，并且必须以字母开头，不允许使用连字符、句点、空格和 JavaScript 中的保留字。

框架名称要被超链接和脚本引用，所以必须符合框架命名规则。

- 源文件：设置框架中初始显示的网页文件的名称和路径，可以直接输入文件名或单击文件夹图标浏览并选定一个文件。
- 滚动：设置当前框架中的内容超过框架范围时，是否出现滚动条来显示框架中的所有内容，包括 4 个选项。
    - ◆ 自动：当框架文档内容超出了框架的大小时，出现框架滚动条。
    - ◆ 是：无论框架文档中的内容是否超出框架的大小都会显示框架滚动条。
    - ◆ 否：即使框架文档中的内容超出了框架的大小也不会显示框架滚动条。
    - ◆ 默认：使用浏览器默认设置显示滚动条。一般的浏览器默认设置为“自动”。
- 不能调整大小：选择此复选框后，在浏览时不能拖动框架的边框来调整框架的大小。
- 边框：设置当前框架的边框是否可见，选项包括“是”、“否”和“默认”。选择“默认”时，如果存在父框架，则按照父框架的设置处理当前框架的边框。

如果此选项设置和框架集中“边框”的设置冲突时，此选项的设置将会起作用。

- 边框颜色：设置当前框架所有边框线的颜色。

如果此选项设置和框架集中“边框”的设置冲突时，此选项的设置将会起作用。

- 边界宽度：以像素为单位设置框架内容与左右边框之间的距离。
- 边界高度：以像素为单位设置框架内容与上下边框之间的距离。

四、链接框架

设定框架的目的是将窗口分成几个区域，在网页的固定区域显示固定的内容，如网页的 Logo、Banner 和导航栏等。通过导航栏的不同链接，在网页的主要固定区域显示不同的栏目页面。实现这种效果需要设置框架间的链接。

若要在框架间设置链接，操作步骤如下。

Step1　选择网页中用于显示不同栏目页面的框架（一般为 mainFrame 框架），在属性面板中为该框架设置框架名称。

Step2　选中导航栏中的链接文本，在属性窗口中的“链接”文本框中设置链接到的文件。

Step3　单击属性窗口中的“目标”下拉列表，列表中会显示该页面中各框架的名称，选择用于显示不同栏目页面的框架名称（如 mainFrame 框架）。

五、保存框架集和框架

在预览框架页之前必须先进行保存，由于框架页是由框架集和若干个框架组成，每个框架也都是一个独立的 HTML 文件，因此需要对它们逐一进行保存。保存框架页的方法有以下两种：

1. 全部保存

执行“文件”→“保存全部”命令，将会弹出一系列的“另存为”对话框，要求对框架集和各个框架进行保存。

2. 单独保存

单独保存框架集和框架的操作步骤如下。

Step1　保存框架集：选择框架集后，执行“文件”→“保存框架页”命令。如果希望将框架集文档以其他名称进行保存，则可执行“框架集另存为”命令。

Step2　保存框架：将光标定位到要保存的框架中，执行“文件”→“保存框架”或“框架另存为”命令。

例如，若一个页面中包含了3个框架，那么，要对框架集和每个框架分别进行保存，所以该页面对应的保存文件应有4个。

注意

在保存框架时，不能选择框架，只有将光标位到该框架中，才能保存框架，否则只能保存框架页。

六、在网页中使用 Iframe

在有些网页中看不到框架的结构，但实际上却使用了框架的效果，这是因为使用了浮动框架Iframe（也叫嵌套帧）的功能。Iframe 是在无框架状态下，表现框架功能的一种网页制作技巧，使用它可以在指定位置以指定大小显示其他网页文档的内容。

在 Dreamweaver 中，插入浮动框架 Iframe 的操作步骤如下。

Step1　将光标定位到页面中需要插入浮动框架的位置，单击“插入”面板中“布局”选项组的“IFRAME”按钮，文档窗口自动切换到“拆分”视图下，并且在代码窗口的相应位置自动生成一段代码“<iframe></iframe>”，同时在设计窗口的相应位置会出现一个灰色的正方形，表示浮动框架的大小，如图5-44所示。

```
<td width="600" align="left" valign="top"><iframe></iframe></td>
```

图 5-44　插入浮动框架 Iframe

Step2　修改代码窗口中的“<iframe></iframe>”代码为

```
<iframe name="mainframe" src="untitled3.html" frameborder="no" width="600"
height="500" marginwidth="0" marginheight="0" scrolling="no"></iframe>
```

其中各属性含义如下。

- name：设置浮动框架的名称。
- src：设置浮动框架中初始显示的网页文件。
- frameborder：设置浮动框架是否显示边框和边框的粗细，值可以用数字表示。
- width、height：设置浮动框架的宽和高，单位为像素或百分比。
- marginwidth、marginheight：设置浮动框架宽和高的边距，单位像素。
- scrolling：设置浮动框架在浏览器窗口中是否显示滚动条，取值包括“yes”、“no”和“auto”。

Step3　在页面左侧的导航栏中选择链接文本，在属性窗口中的“链接”文本框中设置链接到的文件。

Step4　选择链接文本，在代码窗口中找到该文本的链接代码，在<a>标签中添加属性代码“target=mainframe”，表示在浏览器窗口中单击该链接文本，链接文件将在名称为“mainframe”的浮动框架中打开。

Step5　按【F12】功能键预览即可。

【任务实施】

Step 1 插入嵌套框架。新建一个文档，单击“插入”面板中“布局”选项组中的“框架”按钮，在弹出的下拉列表中选择“上方和下方框架”；然后将光标定位到中间的框架中，选择 “左侧框架”插入嵌套框架。制作后的嵌套框架效果如图 5-45 所示。

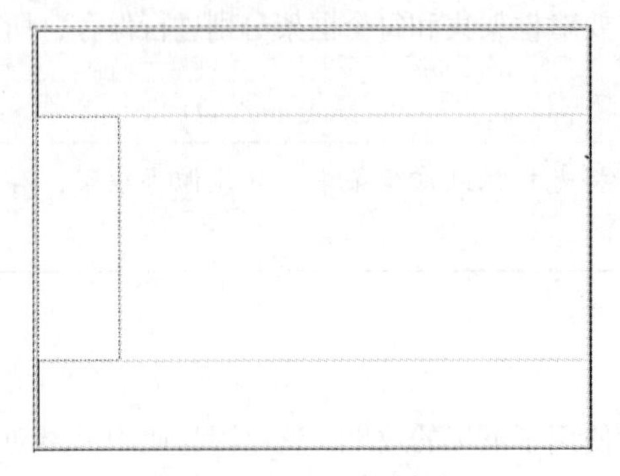

图 5-45　插入的嵌套框架

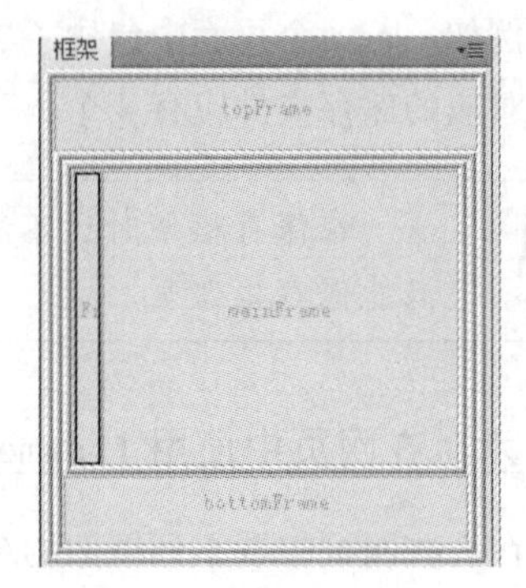

图 5-46　“框架”面板

Step 2 为各框架命名。分别选中各框架为其命名，从上到下各框架的名称分别为：“topFrame”、“leftFrame”、“mainFrame” 和 “bottomFrame”，如图 5-46 所示。

Step 3 保存框架集和各个框架文件。首先选择框架集，执行“文件”→“保存框架页”命令，将其命名为 frameset.html；然后依次将光标定位到各框架中，执行“文件”→“保存框架”命令保存框架。

Step 4 设置各个框架的页面属性。分别将光标定位到各框架中（注意不要选中框架），在属性面板中单击“页面属性”按钮，在弹出的“页面属性”对话框中均设置框架的背景颜色为“#FFC”。

Step 5 在各个框架中添加内容，效果如图 5-47 所示。

图 5-47　编辑框架

Step 6 新建文件“tcly.html”页面，编辑页面内容，如图 5-48 所示。

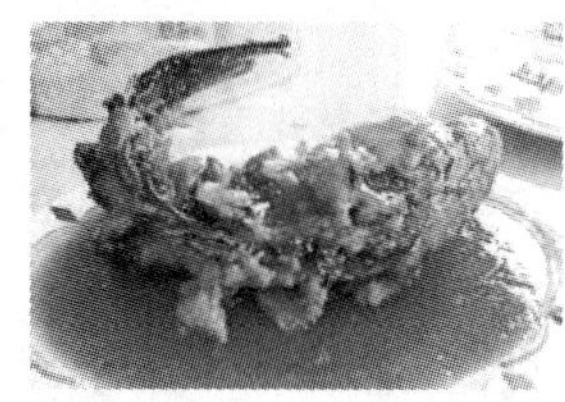

【菜谱名称】糖醋鲤鱼
【所属类型】 官府菜
【所属菜系】鲁菜
【菜肴口味】具有香酥，酸、甜、咸的独特风味
【涉及食材】鲤鱼1000克、姜10克、葱15克、蒜末10克、精盐5克、酱油10克、白糖40克、醋40克、清汤150克、湿淀粉60克、花生油100克。
【制法】
1.鲤鱼去鳞，先直剖（1.5厘米深）再斜剖（2.5厘米深）成刀花。
2.然后提起鱼尾使刀口张开，将精盐撒入刀口稍腌，再在鱼的周身及刀口处均匀地抹上湿淀粉。
3.炒锅放花生油。中火烧至七成热（约175℃）时，手提鱼尾放入锅内，使刀口张开。
4.将鱼入油炸2分钟，将再将鱼背朝下炸2分钟，然后把鱼身放平，用铲将头按入油炸2分钟，待鱼全部炸至呈金黄色时，捞出摆在盘内。
5.炒锅内留少量油，放入葱、姜、蒜末、精盐、酱油、加清汤、白糖、旺火烧沸后，放湿淀粉搅匀，烹入醋即成糖醋汁，迅速浇到鱼身上即可。

图 5-48　链接页面 tcly.html

Step 7 选中 left.html 中文本“糖醋鲤鱼”，设置属性面板中的“链接”文本框，使之指向“tcly.html”，在“目标”下拉列表中选择“mainFrame”选项。left.html 中其他文本的超链接设置方法相同，不再赘述。

习　　题

一、填空题

1. 表格的标签是__________；单元格的标签是________________。
2. 框架由_______________和________________组成。

二、选择题

1. 在 Dreamweaver CS5 中，表格的主要作用是_______。
   A. 实现超级链接
   B. 用来表现图片
   C. 实现网页的精确排版和定位
   D. 用来设计新的连接页面
2. 在 Dreamweaver CS5 中，如何生成一个表格_______。
   A. 单击“属性”面板的表格按钮
   B. 在“插入”面板中单击表格按钮
   C. 在面板组中新建表格
   D. 在菜单栏中导入表格

Div+CSS

【引言】

在之前做的网页中，结构标记和表现标记是混杂在一起的，使得 HTML 代码混乱，不容易阅读和维护。为了解决这一问题，引入了 CSS 这个新的规范来专门负责页面的表现形式。本章将介绍 CSS 的使用方法和技巧。通过本章的学习，应能够在制作网站时，使用 CSS 制作出符合 Web 标准的网页，使网站更具有专业化水平。

任务一　CSS 样式入门

【任务导入】

使用 CSS 控制页面的整体属性，包括背景图像、页边距、文字行距、页面标题等，效果如图 6-1 所示。

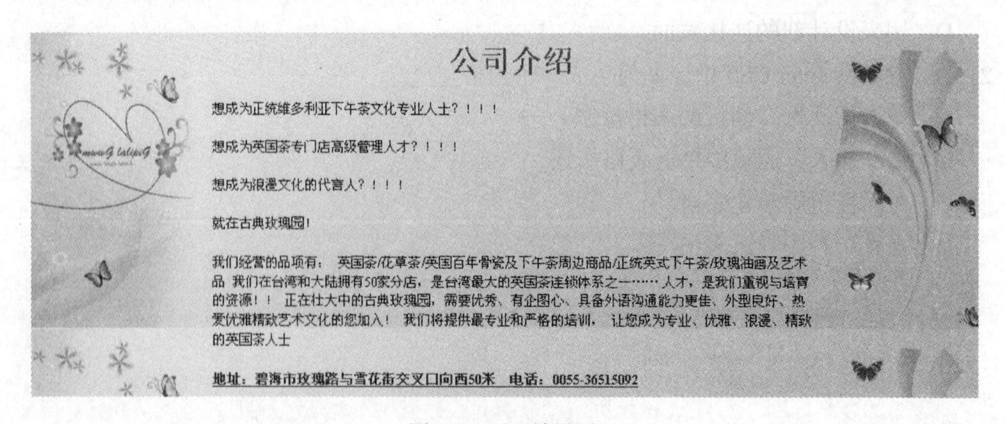

图 6-1　页面效果图

【知识指导】

CSS 的全称是 Cascading Style Sheet，中文译作层叠样式表。在设计制作网页时，要考虑的最核心的两个问题是“网页内容是什么”和“如何表现这些内容”，可概括为“内容”和“表现”这两个方面。过去由于 CSS 技术的应用还不成熟，人们更多地关注 HTML，想尽办法使用 HTML 同时承担“内容”和“表现”两方面的任务。而现在，CSS 的应用已经相当完善和成熟，使用它可以制作出符合 Web 标准的网页。Web 标准的核心原则是“内容”和“表现”分离，HTML 和 CSS 各司其职，即 HTML 用来决定网页的结构和内容，CSS 用来设定网页的表现样式。

一、CSS 样式的优点

1. 以前所未有的能力控制页面布局

HTML 的控制能力很有限。我们不可能控制行间距或字间距，我们不能在屏幕上精确定位图像的位置等。有了 CSS 之后，可以使用 CSS 样式表减少表格标签及其他 HTML 代码，从而减小文件。

2. 制作占用存储空间更小

样式表的主旨就是将格式和结构分离。对于样式表，可以将站点上所有的网页都指向单一的一个 CSS 文件，只要修改 CSS 文件中的某一行，那么整个站点都会随之发生变动。

CSS 样式表只是简单的文本，就像 HTML 那样。它不需要图像，不需要执行程序，不需要插件，不需要流程，与 HTML 指令一样快。

3. 同时更新许多网页

没有样式表时，如果要更新整个站点中所有网页文件文本的字体，必须一页一页地修改每个网页文件。即便站点用数据库提供服务，仍然需要更新所有的模板，而且要更新每一模板、每一个实例的<FONT FACE>。

有了 CSS 样式，这一切变得再简单不过了，只需要修改其中的 CSS 样式表文件就可以达到修改整个网站页面的效果。

4. 浏览器的显示界面更加友好

不像其他的网络技术，样式表的代码有很好的兼容性，也就是说，如果用户丢失了某个插件时不会发生中断，或者使用老版本的浏览器时代码不会出现杂乱无章的情况。

只要是可以识别 CSS 样式表的浏览器就可以应用它，而随着计算机软、硬件的升级，绝大部分浏览者用的是较新版本的浏览器，它们能很好地支持 CSS 技术。

二、CSS 样式的规则

CSS 样式规则由两部分组成：选择器和声明。选择器是标识已设置格式元素（如 P、H1、类名称或 ID）的术语，而声明则用于定义样式元素。在下面的例子中，H1 是选择器，介于大括号（{}）之间的所有内容都是声明。

```
H1 {
   font-size:16 pixels;
   font-family:Helvetica;
   font-weight:bold;
}
```

声明由两部分组成：属性（如 font-family）和值（如 Helvetica）。上面的例子为 H1 标签创建了样式：链接到此样式的所有 H1 标签的文本都将是 16 像素大小并使用 Helvetica 字体和粗体。

三、使用 CSS 样式的方法

在网页中使用 CSS 样式的方法有 4 种：行内样式、内部样式、链接外部样式表、导入外部样式表。

1. 行内样式

行内样式是混合在 HTML 标记里使用的，用这种方法，可以很简单地对某个元素单独定义样式。行内样式的使用是直接将在 HTML 标记里加入 style 参数。而 style 参数的内容就是 CSS 的属性和值，例如下面这段代码：

```
<p style="color: blue;margin-left: 20px;"> <!--段落颜色为蓝色，左边距为 20 像素-->
这是一个段落
</p>
```

2. 内部样式

内部样式是将 CSS 样式写在<head>与</head>之间，并且用<style>和</style>标签进行声明，用这种方法定义的样式只能应用到该页面中。例如下面这段代码：

```
<head>
……
<style type="text/css">
<!--
    body {
            font-size: 12px;
    }
    p {
        color: blue;
        margin-left: 20px
    }
-->
</style>
……
</head>
```

使用这种方法将 CSS 样式集中在同一个区域，方便了后期的维护，并且页面本身的代码也减少了。但如果是一个网站，拥有很多的页面，对于不同页面上的<body>标签都要采用同样的风格时，内部样式就显得有些麻烦，维护成本也高，因此内部样式适用于特殊的页面设置单独的样式风格。

有些低版本的浏览器不能识别 style 标记，这意味着低版本的浏览器会忽略 style 标记里的内容，并把 style 标记里的内容以文本直接显示到页面上。为了避免这样的情况发生，我们用加 HTML 注释的方式（<!-- 注释 -->）隐藏内容而不让它显示，如上面的代码。

3. 链接外部样式表

链接外部样式表的方法是使用频率最高的，也是最为实用的方法。方法是将样式保存为一个样式表文件，然后在页面中用<link>标签链接到这个样式表文件，这个<link>标签必须放到页面的<head>区内。

例如首先创建样式表文件，如 mystyle.css，其内容如下：

```
body {
        font-size: 12px;        /*文本大小*/
}
a:link {                    /*链接的未访问状态*/
      color: #333333;           /*文本颜色*/
      text-decoration: none;    /*没有下划线*/
}
a:visited {                  /*链接的访问过状态*/
     color: #666666;            /*文本颜色*/
     text-decoration: none;     /*没有下划线*/
}
a:hover {                    /*链接的鼠标悬停状态*/
    color: #FFCC00;             /*文本颜色*/
    text-decoration: none;      /*没有下划线*/
}
```

然后创建网页文件，在页面的<head>区内将该样式表文件链接过来，代码如下：

```
<head>
……
  <link href="mystyle.css" rel="stylesheet" type="text/css" >
……
</head>
```

通过这种方法将 CSS 样式表文件链接到网页中，对其中的标签进行样式控制。这样做的最大优势是：CSS 代码与 HTML 代码完全分离，并且同一个 CSS 文件可以被不同的网页链接使用。因此在设计整个网站时，可以将所有的网页都链接到同一个 CSS 文件，使用相同的样式风格。如果整个网站需要进行样式上的修改，就只需修改这一个 CSS 文件即可，这样不仅使网站的整体风格统一、协调，也使后期维护的工作量大大减少。

4. 导入外部样式表

导入外部样式表与链接外部样式表的功能基本相同，只是语法和操作方式上略有区别。导入外部样式表是指在内部样式表的<style>里导入一个外部样式表，使用@import，这样作为文件的一部分，类似内部样式的效果。例如下面的代码：

```
<head>
……
  <style type="text/css">
  <!--
      @import "mystyle.css"
      /*其他样式表的声明*/
  -->
  </style>
……
</head>
```

对于同一个样式表文件来说，在网页中不管是链接还是导入，页面的显示效果都是一样的。

注意

导入外部样式表必须在样式表的开始部分，在其他内部样式表上面。

四、CSS 的语法结构

将 CSS 应用到网页中，首先要做的就是选择合适的对象。这些对象可以是标签（如 body、h1 等）、类选择器、伪类选择器、特定的 ID 选择符（如#main 表示<div id="main">，即一个名称为 main 的 ID 对象）。

1. 标签选择器

标签选择器是直接将 HTML 标签作为选择器，用来定义这些标签采用的 CSS 样式，其语法如图 6-2 所示。

p 选择器就是用于声明页面中所有<p>标签的样式风格。例如下面这段代码。

CSS 代码：

```
p{
  color:red;
  font-size:18px;
}
```

以上代码声明了 HTML 页面中所有的<p>标签，文字的颜色都采用红色，大小都是 18px。如果希望所有的<p>标签不再采用红色，而是蓝色，这时仅仅需要将属性 color 的值修改为 blue，即可全部生效。

2. 类选择器

使用标签选择器，可以让页面中所有的该标签对象都会相应地产生变化。例如当声明了 p 标签样式时，页面中所有的段落都将显示为红色。如果希望其中的某一个段落显示为蓝色，这时仅靠标签选择器是不够的，还需要引入类选择器。它可以将同一类型 HTML 标签定义出不同样式，其语法如图 6-3 所示。

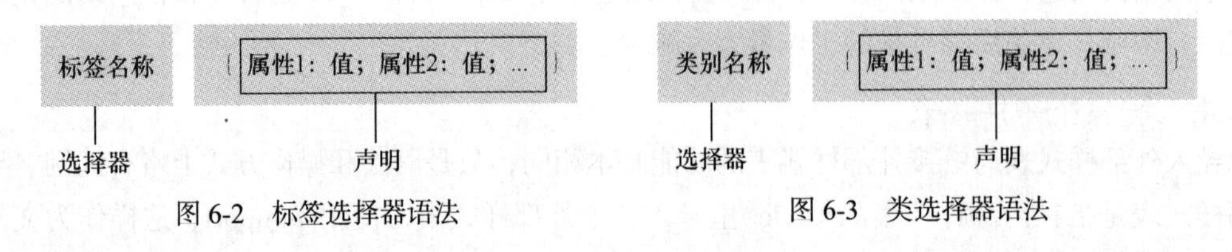

图 6-2　标签选择器语法　　　图 6-3　类选择器语法

例如，CSS 代码：

```
.red{
    color:red;
    font-size:18px;
}
.green{
    color:green;
    font-size:16px;
}
```

HTML 代码：

```
    <p class="red">类选择器 1</p>
  <p class="green">类选择器 2</p>
</body>
```

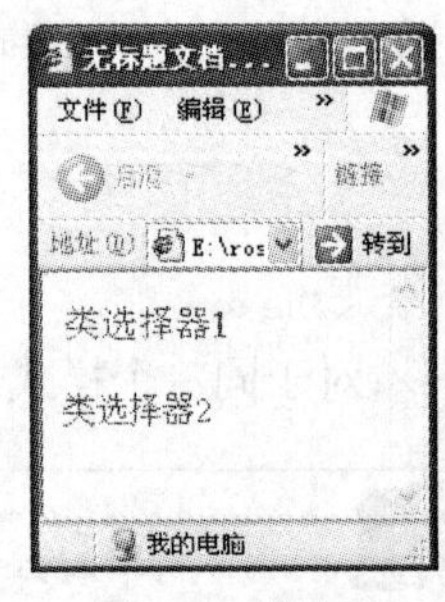

图 6-4　效果图

其显示效果如图 6-4 所示，可以看到 2 个<p>标签分别呈现出不同的颜色和字体大小。

3. ID 选择器

ID 选择器和类选择器的使用方法基本相同，不同之处在于 ID 选择器只能在页面中使用一次，因此其针对性更强。在 HTML 标签中只需要利用 id 属性，就可以直接调用 CSS 中的 ID 选择器，其语法如图 6-5 所示。

例如，CSS 代码：

```
#red {                    /* ID 选择符*/
     font-size: 18px;               /* 字体大小*/
     color: red;              /*文本颜色*/
}
#green {                  /* ID 选择符*/
     font-size: 16px;               /* 字体大小*/
     color: green;            /*文本颜色*/
}
```

HTML 代码：

```
<p id="red">ID 选择器 1</p>
<p id="green">ID 选择器 2</p>
```

显示效果如图 6-6 所示，可以看到 2 行文字分别以所对应的 ID 选择器样式来显示。

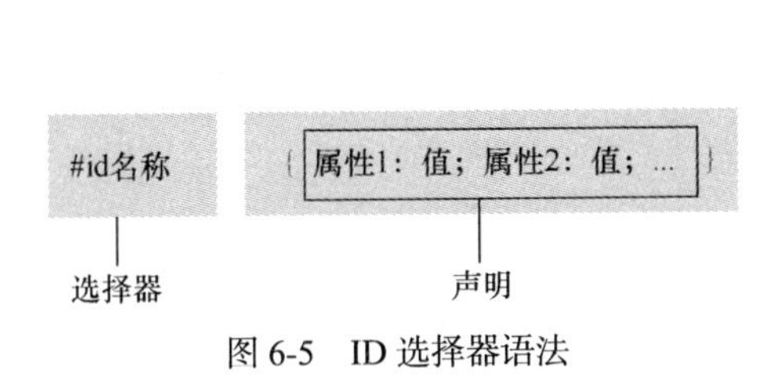

图 6-5 ID 选择器语法

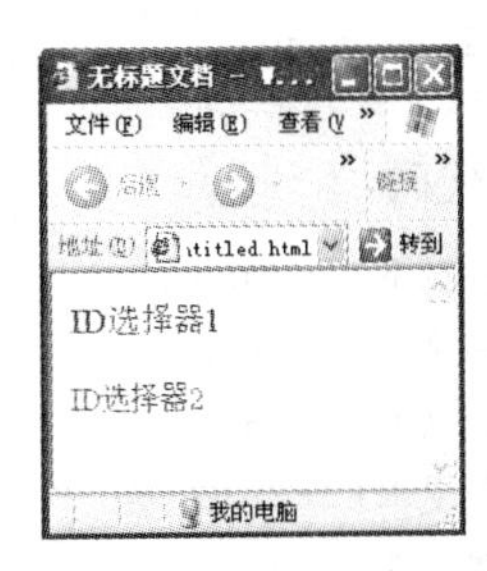

图 6-6 效果图

4. 复合选择器

上面 3 种是基本选择器，通过组合，还可以生成更多类型的选择器，实现更强、更方便的选择功能。复合选择器就是由两个或以上的基本选择器通过不同的连接方式构成。

（1）交集选择器

交集选择器是由两个选择器直接连接构成的，其结合的结果是选中二者各自元素范围的交集。但是要注意：第一个选集器必须是标签选择器，第二个选择器必须是类别选择器或者是 ID 选择器，且这两个选择器之间不能有空格，必须连续书写。

例如，CSS 代码：

```
p{                            /*标签选择器*/
       color:red;
   }
p.special{                    /*标签 . 类别选择器*/
          color:blue;
      }
.special{                     /* . 类别选择器*/
          color:green;
      }
```

HTML 代码：

```
<p>普通段落文本（红色）</p>
<p class="special">指定了.special 类别的段落文本（蓝色）</p>
<h4 class="special">指定了.special 类别的标题文本（绿色）</h4>
```

在上面的例子中<p>和<h4>都为标签选择器，.special 为类别选择器，此外还定义了 p.special，用于特殊控制，这个样式仅仅适用于<p class="special">标签，而不会影响使用了.special 的其他标签，因此<h4>效果将不受此影响，显示的效果是 h4 和 special 的结合，也就是绿色加粗，效果如图 6-7 所示。

（2）并集选择器

与交集选择器相对应的还有一种并集选择器，它的结果是同时选中各个基本选择器所选择的范围。与交集选择器不同的是，它可以是任何形式的选择器（包括标签选择器、类别选择器、ID 选择器）都可以作为并集选择器的一部分，并集选择器是多个选择器通过逗号连接而成的。在声明各种 CSS 选择器时，如果某些选择器的风格完全相同或是部分相同，这时就可以利用并集选择器同时声明风格相同的 CSS 选择器。

例如，CSS 代码：

```
h1,h2,h3,h4,h5{              /*并集选择器*/
    color: blue;             /*文本颜色*/
}
```

HTML 代码：

```
<h1>示例文本 h1</h1>
<h2>示例文本 h2</h2>
<h3>示例文本 h3</h3>
<h4>示例文本 h4</h4>
<h5>示例文本 h5</h5>
```

显示效果如图 6-8 所示，通过并集选择器同时对 h1，h2，h3，h4，h5 这五个标签声明相同的样式，所有的标题文本均显示蓝色。

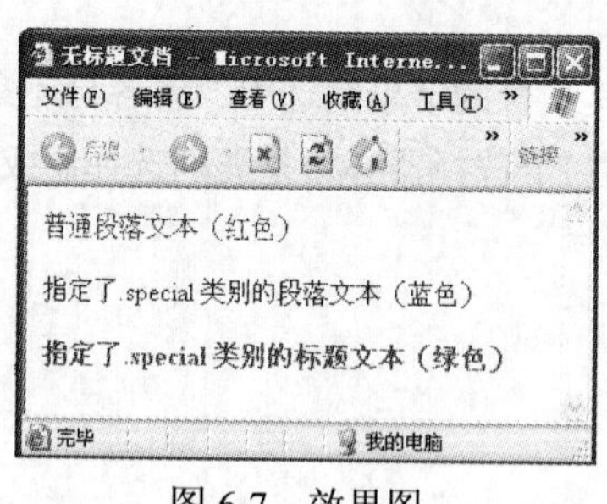

图 6-7 效果图

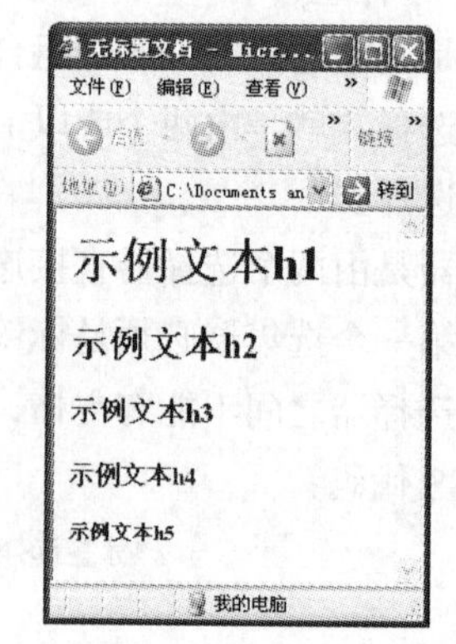

图 6-8 效果图

（3）后代选择器

在 CSS 选择器中，还可以通过嵌套的方式对特殊位置的标签进行声明，当标签发生嵌套时，内层的标签就成为外层标签的后代。如：<p>这是外层的文本 1<span>这是内层的文本</span>外层的文本 2</p>，外层是<p>标签，内层是<span>标签，即<span>为<p>标签的后代。

后代选择器可以是各种选择器（标签选择器、类别选择器、ID 选择器）进行嵌套。后代选择器的写法就是把外层的标签写在前面，内层的标签写在后面，之间用空格分隔。

例如，CSS 代码：

```
p span {                          /*后代选择器*/
    color: red;                   /*文本颜色*/
    text-decoration: underline;   /*下划线*/
}
span {
    color: blue;                  /*文本颜色*/
}
```

HTML 代码：

```
<p>嵌套<span>使用 css 标签（红色下划线）</span>的方法</p>
<span>嵌套之外的标签不生效（蓝色）</span>
```

通过将<span>选择器嵌套在<p>选择器中进行声明，该效果只适用于<p>和</p>之间的<span>标签，而对于其外的<span>标签并不产生任何效果，如图 6-9 所示。

需要注意的是，后代选择器产生的影响不仅限于元素的“直接后代”，而且会影响到它的“各级后代”。例如，在上面的例子中我们追加 HTML 代码如下：<p>这是最外层文本<span>这是中间层文本<b>这是最里层文本</b></span></p>，如 CSS 设置如下：

```
p b {
    color: green;
}
```

如图 6-10 所示，最里层的文本显示为绿色，说明里面的<b>标签被 p b 选择器选中了，这是因为<b>标签是</p>标签的“孙子元素”。

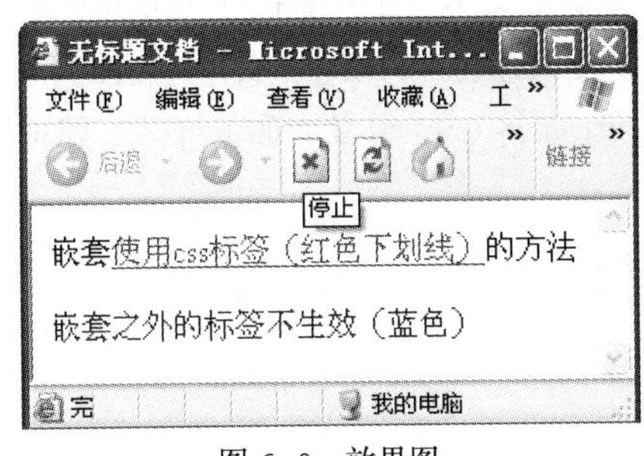

图 6-9 效果图

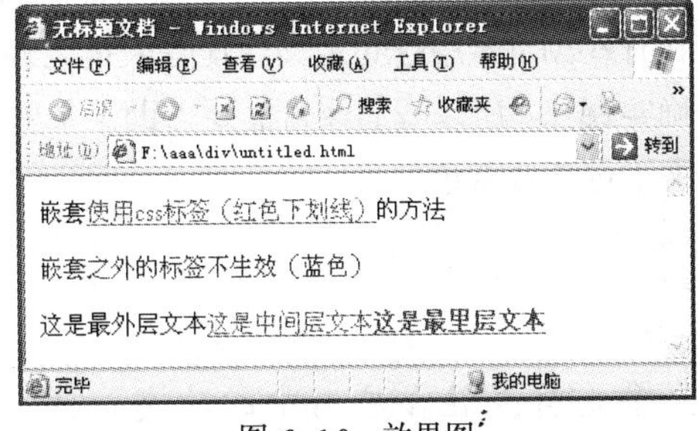

图 6-10 效果图

五、CSS 继承特性

1. 继承性的运用

CSS 的一个主要特征就是继承，它是依靠于祖先-后代关系的。继承是一种机制，它允许样式不仅可以应用于某个特定的元素，还可以应用于它的后代。例如对<BODY>标签声明的颜色值也会应用到段落的文本中。下面举例说明。

CSS 代码：

```
body{                        /*标签选择器*/
  color:purple;              /*文本颜色*/
}
```

HTML 代码：

```
<p>CSS 的<strong>层叠和继承</strong>深入探讨</p>
```

“CSS 的层叠和继承深入探讨”这段话以紫颜色显示，因为<p>和<strong>都是<body>的子标签，它们会继承父标签的样式风格。

2. 继承的局限性

在 CSS 中，继承是一种非常自然的行为，我们甚至不需要考虑是否能够这样去做，但是继承也有其局限性。并不是所有的属性都会自动传给子元素，即有的属性不会自动继承父元素的属性值。上面举的文本颜色 color 属性，子对象会继承父对象的文本颜色属性，但是如果给某个元素设置了边框，它的子元素就不会自动加上一个边框，因为边框属性是非自动继承的。

实际上，在 CSS 的规范中，每种 CSS 属性都有一个默认的属性值，有些属性的默认值是“继承”（inherit），这些属性就会自动继承父元素的属性值。而另外的属性的默认属性值不是“继承”（inherit），比如边框宽度的默认属性值为 0，因此边框宽度属性就不具有自动的继承性，除非人为指定为继承。多数边框类属性，比如 Padding（填充），Margin（边界），背景和边框等都是不能继承的。

3. 继承中的问题

有时候继承也会带来些错误，比如说下面这条 CSS 定义：

```
body{
  color:blue;
}
```

根据 CSS 继承规则，子元素从父元素继承属性。根据上面这条规则，网页的 body 元素中的文本以蓝色显示。子元素继承最高级元素（在本例中是 body）所拥有的属性（这些子元素诸如 p、td、ul、ol、li 等），所有的 body 的子元素都应该以蓝色显示文本，子元素的子元素也一样。

但在有些浏览器中这句定义会使除表格之外的文本变成蓝色。从技术上来说，这是不正确的，但是它确实存在。所以我们经常需要借助于某些技巧，比如将 CSS 定义成如下样式，就可以使表格内的文本也变成蓝色。

```
body,table,th,td{
  color:blue;
}
```

4. 多重样式混合应用中的冲突

既然有了继承性，那么在 CSS 的应用上可能会存在多个样式同时应用到一个对象上的情形。

例如，CSS 代码：

```
p {
    color: green;
}
.red {
    color: red;
}
.purple {
    color: purple;
}
#p3 p4 {
    color: blue;
}
```

HTML 代码：

```
<p>示例文本 p1（绿色）</p>
<p class="red">示例文本 p2（红色）</p>
<p id="p3" class="red">示例文本 p3（红色）</p>
<p id="p4" style="color:orange;" >示例文本 p4（橙色）</p>
<p class="red purple">示例文本 p5（紫色）</p>
```

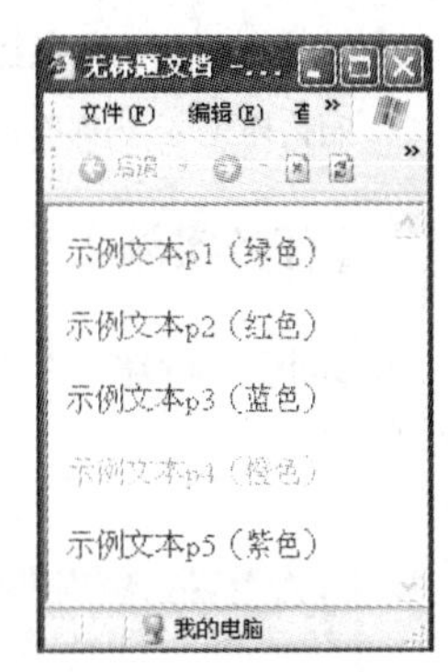

图 6-11 效果图

代码中一共有 5 组<p>标签定义的文本，并声明了 4 个选择器，定义为不同的颜色，最终显示效果如图 6-11 所示，现对每个<p>标签最终显示的效果说明如下。

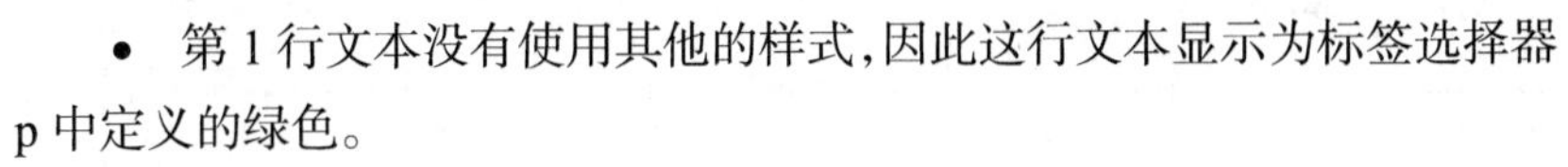

- 第 1 行文本没有使用其他的样式，因此这行文本显示为标签选择器 p 中定义的绿色。
- 第 2 行文本使用了类别样式，因此这时产生了“冲突”。文本是按照标签选择器中定义的绿色显示，还是按照类别选择器中定义的红色显示呢？最终效果显示是按照类别选择器中定义的红色，这说明类别选择器的优先级高于标签选择器。
- 第 3 行文本同时使用了类别样式和 ID 样式，这又产生了“冲突”。文本最终是按照 ID 选择器中定义的蓝色显示，这说明 ID 选择器的优先级高于类别选择器。
- 第 4 行文本同时使用了行内样式和 ID 样式，那么这时又以哪个为准呢？显示效果是行内样式的优先级高于 ID 选择器，文本显示为橙色。
- 第 5 行文本中使用了两个类别样式，它们的优先级相同，这时应以哪个为准呢？答案是在定义 CSS 样式时，哪个的声明在后面就显示哪个的样式。因为在本例的定义部分，“.purple”的声明在“.red”之后，因此显示为“.purple”中定义的紫色。

综上所述，优先级规则可以表示为：

行内样式 > ID 样式 > 类别样式 > 标签样式

在复杂的页面中，某个元素有可能会从很多地方获得样式。

例如，外部样式表针对 h3 选择器定义了 3 个属性：

```
h3 {
    color: red;
    text-align: left;
    font-size: 8pt;
  }
```

文档<head>中的 CSS 代码：

```
h3 {
    text-align: right;
    font-size: 20pt;
  }
```

文档<body>中的 HTML 代码：

```
<h3 style="text-align:center;">示例 h3</h3>
```

假如该页面链接了外部样式表，这样在外部样式表、内部样式和行内样式都定义了文字排列（text-alignment）属性，外部样式表和内部样式还定义了字体尺寸（font-size）属性，那么 h3 得到的样式是什么呢？答案是文字排列（text-alignment）是按照行内样式的定义，居中显示；字体尺寸（font-size）是按照内部样式表中的规则显示；而颜色属性只有外部样式表定义，所以继承于外部样式表显示为红色。

综上所述，优先级规则可以表示为：

行内样式 > 内部样式 > 外部样式

【任务实施】

Step1　新建一个页面，在页面上输入一些段落，并设置第一段为“标题 1”格式，效果如图 6-12 所示。

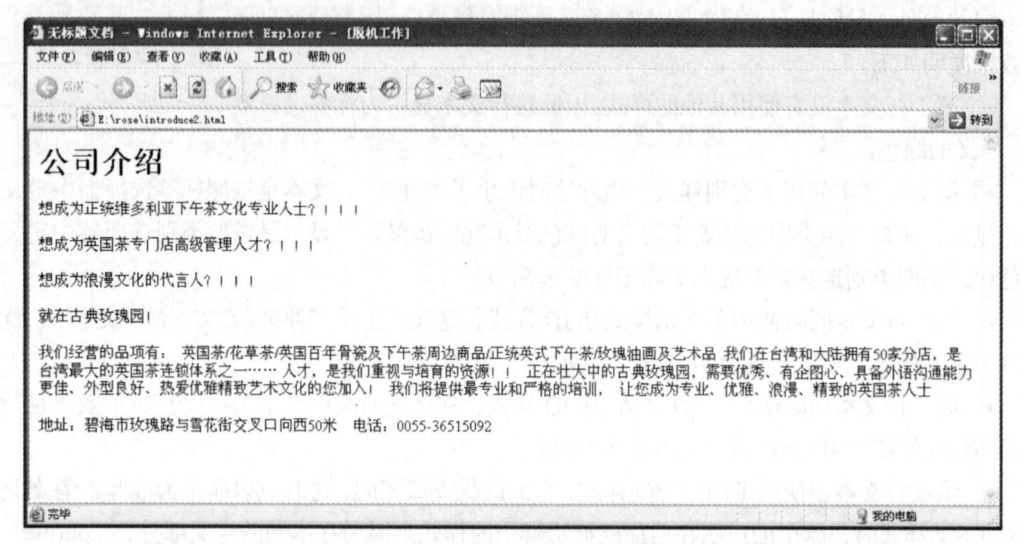

图 6-12　输入文本后的页面效果

Step2　切换到“代码”视图，在<head>和</head>之间输入如下代码。

```
<style type="text/css">
body{
    background-image: url(images/intro_bj.jpg);
    background-repeat: repeat-y;
    padding-left: 200px;
    width: 630px;
    font-size: 14px;
}
h1 {
    color: #F00;
    text-align: center;
}
p {
    line-height: 20px;
}
.teshuzi {
    text-decoration: underline;
    font-weight: bold;
    color: #900;
}
</style>
```

Step3　选择最后一段的文字，在属性面板的“类”下拉列表中选择“teshuzi”。

Step4　保存网页，按【F12】键在浏览器中浏览网页。

任务二 在 DW 中使用 CSS 样式

【任务导入】

使用 CSS 控制版面布局。以介绍川菜为题材，充分利用 CSS 图文混排的方法，实现如图 6-13 所示的页面效果。

川菜介绍

川菜，顾名思义，四川的菜，川菜的积淀是及其深厚的，菜式多样，口味清鲜醇浓并重。川菜文化是居于吃的文化，吃是一种艺术，此艺术反映了一个民族，一个国家文明的程度的高低。其中最负盛名的菜肴有：干烧岩鲤、干烧桂鱼、鱼香肉丝、廖排骨、怪味鸡、宫保鸡丁、五香卤排骨、粉蒸牛肉、麻婆豆腐、毛肚火锅、干煸牛肉丝、夫妻肺片、灯影牛肉、担担面、赖汤圆、龙抄手等。川菜中六大名菜是：鱼香肉丝、宫保鸡丁、夫妻肺片、麻婆豆腐、回锅肉、东坡肘子等。

回锅肉，四川名菜，又称熬锅肉，传说这道菜是从前四川人初一、十五打牙祭（改善生活）的当家菜。川人家祭，多在初 一、十五，煮熟的二刀肉乃是祭品的主角，俗称"刀头"。家祭事毕，正当"刀头"温度适中，老成都俗话说："好刀敌不过热刀头"是历代川厨对厨艺知识的精妙总结。本菜出锅装盘，可见肉片肥瘦相连，金黄亮油，蒜苗清白分明，虽熟久居外乡的四川人，回川探亲访友，首先想到要吃的就是回锅肉。现在回锅肉的品类已经很多了，连山回锅肉、干豇豆回锅肉、红椒回锅肉、蕨菜回锅肉、酸菜回锅肉、莲白回锅肉、蒜苗回锅肉、蒜苔回锅肉等等。其口感油而不腻，不会让人吃了觉得很难受。最地道的吃法有两种，一种是下白干饭，这样吃很有满足感；另一种是把直径5厘米的白面小锅盔中间花开，把炒好的肉夹进去吃，这种有吃地道成都小吃的感觉。

东坡肘子是苏东坡制作的传统名菜。它有肥而不腻，粑而不烂的特点 东坡肘子，色、香、味、形俱佳 ，有人 称其为"美容食品"，外宾赞颂它"可列入世界名菜"。眉山的东坡肘子制作，比苏东坡的作法有较大的改进，首先在选料上，只选猪蹄膀，洗净后放入清水中炖，炖至八分火色，将肘子捞起来，再上蒸笼蒸。经两次脱脂后，肘子已达肥而不腻、粑而不烂的境地。食用时有 两种形式：一是清汤式。即将蒸熟的肘子取出，放碗内，灌以炖鸡的汤，若无鸡汤，白开水也 行。加少量盐、少许葱，即可。最好另碗盛酱油，食时蘸点酱油，其味更鲜。二是佐料式。即 将蒸熟的肘子取出庭 碗内，将配好的佐料浇上，即可食用。眉山的东坡肘子佐料十分讲究，由17种原料组成，具有鲜明的特点，且适合东、南、西、北的客人和海外友人的口味。

图 6-13 网页 CSS 效果图

【知识指导】

一、CSS 样式面板

执行“窗口”→“CSS 样式”命令，或按快捷键“Shift”+“F11”，可打开“CSS 样式”面板。如图 6-14 所示。使用“CSS 样式”面板可以创建、查看或编辑样式属性。

二、创建新的 CSS 样式

利用“CSS 样式”面板，用户可以非常方便地创建样式表，其具体操作步骤如下。

Step1 单击“CSS 样式”面板右下角的“新建 CSS 样式”按钮，此时系统将打开“新建 CSS 规则”对话框，如图 6-15 所示。

Step2 在“选择器类型”选项中，选择所创建样式的类型。可以定义四种样式类型，即“类（可应用于任何 HTML 元素）”（简称类）、“ID（仅应用于一个 HTML 元素）”（简称 ID）、“标签（重新定义 HTML 元素）”（简称标签）和“复合内容（基于选择的内容）”（简称复合内容）。

Step3 在“选择器名称”下拉列表框中，输入或选择样式名称。

Step4 在“规则定义”选项中，选择样式定义的位置：

图 6-14 “CSS 样式”面板

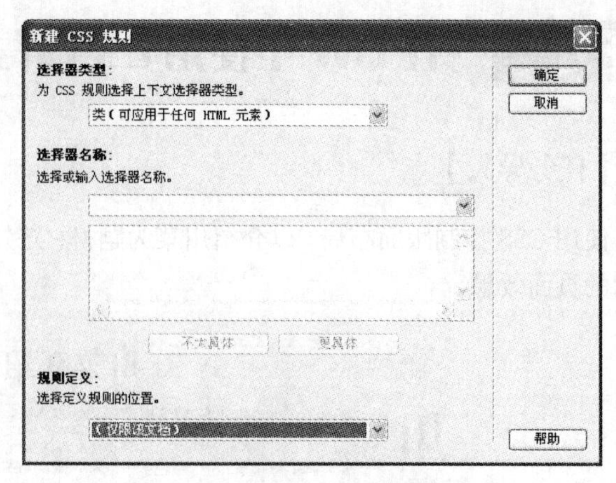

图 6-15 “新建 CSS 规则”对话框

- 新建样式表文件：用于将样式创建在一个外部样式表文件中。CSS 样式表文件的扩展名为.css，可以链接或导入到网站中的一个或多个网页。
- 仅限该文档：用于将样式嵌入在当前文档中。

Step5 单击“确定”按钮后，将打开“CSS 规则定义”对话框。用户可利用该对话框设置 CSS 样式的类型格式、背景格式、区块格式、边框格式、列表格式及定位格式等。

Step6 设置完后，单击“确定”按钮，所有的新建样式都将会出现在“CSS 样式”面板中。

三、管理 CSS 样式

1. 应用 CSS 样式

我们可以在“新建 CSS 样式”对话框中选择创建四种类型的样式。

对于“ID”、“标签”和“复合内容”这三类的样式会自动应用到相应的网页元素上。例如，利用“标签”，重新定义了<Td>标签，在“CSS 样式定义”对话框中，设置文本为“宋体”、“12px”，那么在该网页上的所有单元格中的文字都将显示为“宋体”、“12px”。

对于“类”类型的样式，不会自动应用。要应用自定义的样式，操作步骤如下。

Step1 在网页的编辑窗口中，选择要应用样式的元素。

Step2 在“属性”面板中，从“类”下拉列表中选择合适的样式。

在文档中的所有“类”样式都将出现在“属性”面板的“类”列表中。

2. 编辑或删除样式

若要编辑 CSS 样式，可采用下面的任意一种方法。

- 在 CSS 面板中，选择需要编辑的样式后，在面板的下部列出了该样式的属性，如图 6-14 所示。根据需要修改属性值或“添加属性”。
- 单击位于 CSS 面板下部的编辑样式按钮，系统将打开 CSS 样式定义对话框，对样式进行修改。

若要删除样式，可在“CSS 样式”面板中选择样式后，单击“删除 CSS 样式”按钮。

3. 链接或导入外部样式表文件

如果希望用相同的样式控制多个文档格式，则使用外部的 CSS 样式表是最简单的方法。并且当对外部 CSS 样式表进行修改后，所有链接到该样式表的文档格式都会发生改变。

链接或导入外部样式表的具体操作步骤如下。

Step1 单击“CSS 样式”面板右下方的“附加样式表”按钮，打开如图 6-16 所示的“链接外部样式表”对话框。

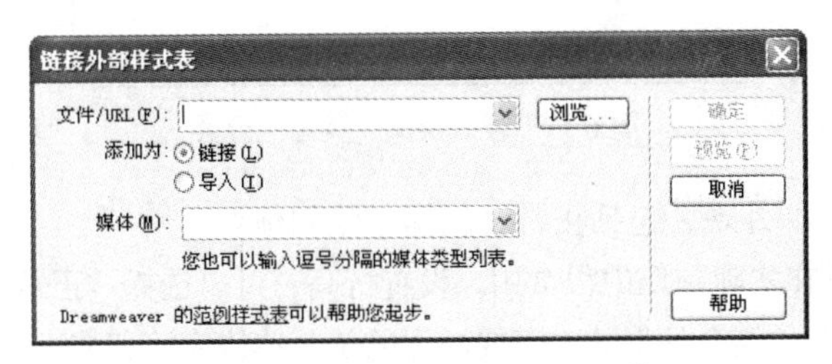

图 6-16 “链接外部样式表”对话框

Step2 在“文件 / URL”下拉列表框中输入该外部 CSS 样式表的地址和文件名，或单击“浏览”按钮在磁盘上选择样式表文件。

Step3 在“添加为”选区中选择是要链接外部样式表还是要导入外部样式表。

- 导入：使用@import 导入一个外部样式表文件，也就是本模块任务一中介绍的“使用 CSS 样式的方法”中的导入外部样式表。
- 链接：用<link>标签链接到一个样式表文件，也就是本模块任务一中介绍的“使用 CSS 样式的方法”中的链接外部样式表。

Step4 设置完成后，单击“确定”按钮。若样式表文件不在当前站点的根目录，则系统会提示用户将该样式表文件复制到当前站点的根目录中，否则在发布站点时会不能被访问。

Step5 保存样式表文件后，单击“确定”按钮，则所链接或导入的外部样式表中的所有样式就会出现在“CSS 样式”面板中。

四、丰富的 CSS 样式

“CSS 样式定义”对话框中共分 8 个类别，在这些分类中，有些内容并不常用，有些内容会在后面的任务中用到。这里将介绍一些常用的设置并通过简单的实例让读者了解实际制作中样式的应用。

1. 类型设置

“类型”分类如图 6-17 所示，虽然软件将这个部分翻译成类型，但从各个设置项目看，都是关于文字的。

“类型”分类中的各项参数含义如下。

- 字体：可以在下拉列表框中选择相应的字体。如果系统安装了某种字体，但在下拉列表框中找不到，可以选择菜单上的“编辑字体列表”添加字体。具体方法请参考模块四的任务一。
- 大小：实际就是字号。可以直接填写数字，然后选择单位，可供选择的单位有很多。“点数”是计算机字体的标准单位，这个单位的好处是设置的字号会随着显示器分辨率的变化而自动调整大小，可以防止不同分辨率显示器中字体大小的不一致。还有其他的单位，如像素、英寸、厘米、毫米等。目前网页上最流行的字体大小是 12 像素（px）。

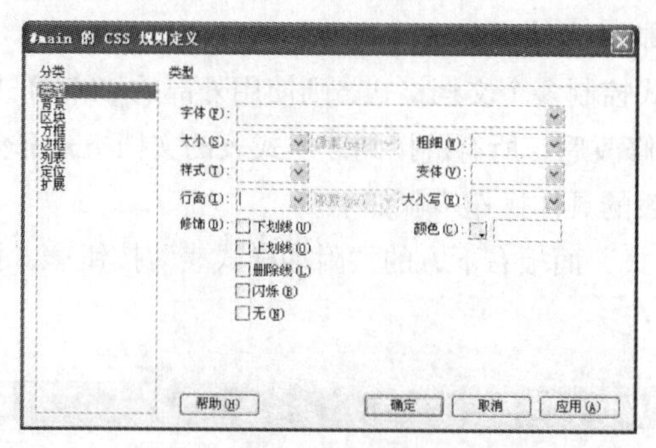

图 6-17　样式定义“类型”分类

- 样式：设置文字的外观，包括正常、斜体、偏斜体。
- 行高：这项设置在实际制作中很常用。设置行高，可以选择“正常”，让计算机自动调整行高。也可以使用数值和单位结合的形式。需要注意的是，单位应该和文字的单位一致。行高的数值是包括字号数值在内的。例如，文字设置为 12px 高，如果要创建一倍行距，则行高应该为 24px。
- 修饰：几个复选项目介绍如下。

下划线：为文字添加下划线；

上划线：为文字添加上划线；

删除线：为文字添加删除线；

闪烁：为文字添加闪烁效果，只有在 Netscape 浏览器下能显示出这一效果；

无：没有任何修饰。如果想去掉链接默认的下划线，就选择此项。

- 粗细：可以选择相对粗细，也可以选择具体的数值。在实际中不常用。
- 变体：在英文中，大写字母的字号一般比较大，采用下拉选项中的“小型大写字母”设置，可以缩小大写字母。
- 大小写：下拉选项中的“首字母大写”可以将每句话的第一个字母大写，“大写”或“小写”可以将全部字母变化为大写或小写。IE 浏览器不支持这一效果。
- 颜色：设置文字的颜色。

2. 背景设置

在 HTML 中，背景只能使用单一的色彩或利用图像水平垂直方向平铺。使用 CSS 之后，可以进行更加灵活的设置，如图 6-18 所示。

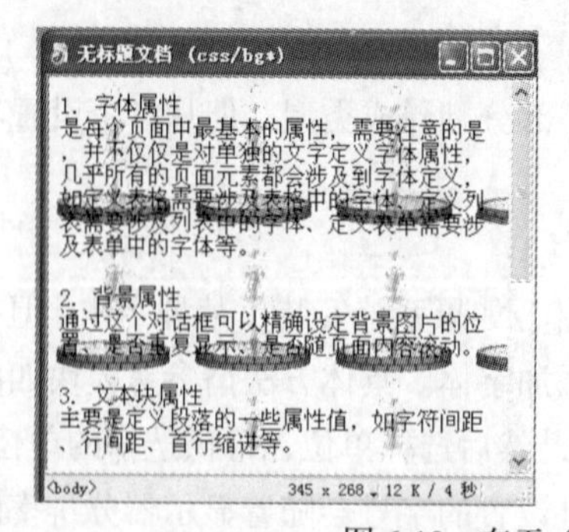

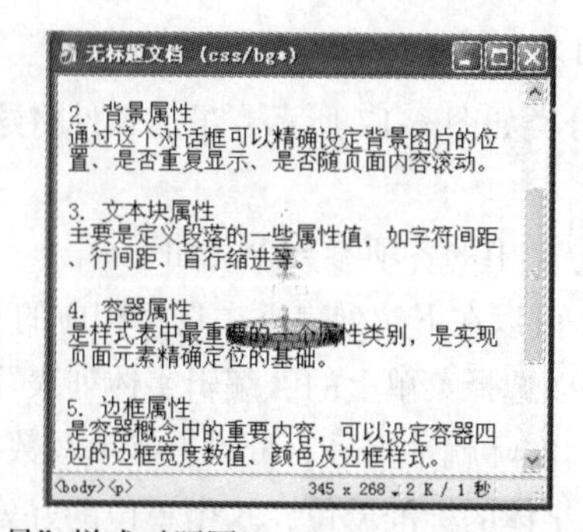

图 6-18　有无“背景”样式对照图

“背景”分类，如图 6-19 所示，它是对页面背景进行设置，其中的参数含义如下。

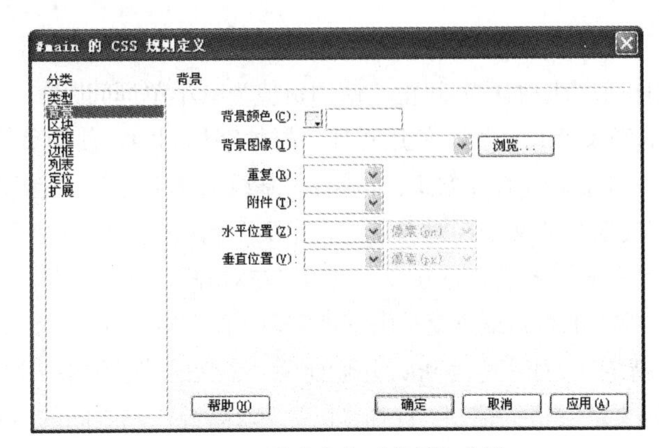

图 6-19　样式定义“背景”分类

- 背景颜色：选择固定颜色作为背景。
- 背景图像：直接填写背景图像的文件路径，或者单击“浏览”按钮选择背景图像文件。
- 重复：在使用图像作为背景时，可以使用此项设置背景图像的重复方式。包括“不重复”、“重复”、“横向重复”、“纵向重复”。
- 附件：可以设置图像是否跟随网页一起滚动。下拉列表中的选项包括“滚动”与“固定”。Netscape 浏览器不支持固定的背景图片。
- 水平位置：设置图像在水平方向上的位置。可以是“左对齐”、“右对齐”、“居中”，还可以使用数值与单位结合标示位置的方式，这时比较常用的单位是像素。
- 垂直位置：设定图像在垂直方向上的位置，可以选择“顶部”、“底部”、“居中”。同水平位置相同，也可以设置数值与单位结合标示位置的方式。

3. 区块设置

“区块”分类，主要是对文字整体的设置。图 6-20 所示的是在文本上添加样式前后的对照图。选择分类中的“区块”选项切换到如图 6-21 所示的“区块”分类，其中参数的含义如下。

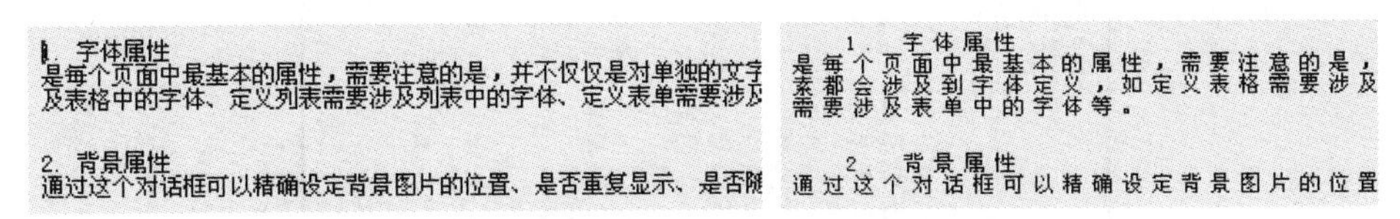

图 6-20　添加区块样式设置前后对照图

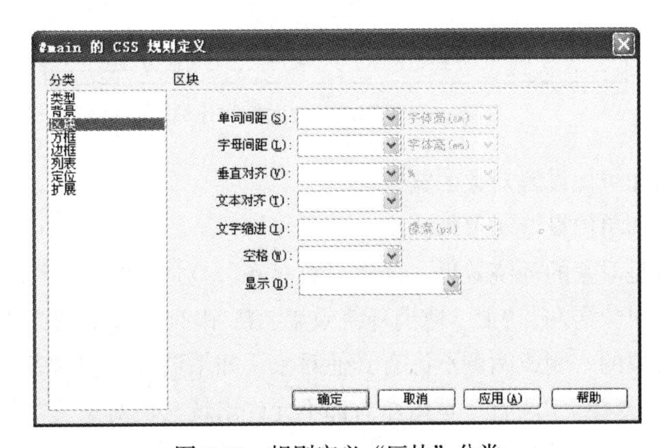

图 6-21　规则定义“区块”分类

- 单词间距：设置英文单词之间的间距。可以使用默认的设置“正常”，也可以使用数值和单位结合的形式。使用正值为增加单词间距，使用负值为减小单词间距。
- 字母间距：设置英文字母间距。使用正值为增加字母间距，使用负值为减小字母间距。
- 垂直对齐：设置对象垂直对齐方式，包括：“基线”、“下标”、“上标”、“顶部”、“文本顶对齐”、“中线对齐”、“底部”、“文本底对齐”、“自定义”的数值和单位结合形式。
- 文本对齐：设置文本的水平对齐方式，包括“左对齐”、“右对齐”、“居中”、“两端对齐”。
- 文字缩进：中文文字的首行缩进就是由它来实现。首先填入具体的数值，然后选择单位。文字缩进和字号设置要保持统一。如字号为 9pt，想创建两个中文的缩进效果，文字缩进就应该为 18pt。
- 空格：对源代码文字空格的控制。选择“正常”忽略源代码之间的所有空格。选择“保留”将保留源代码中所有的空格形式，包括有空格键、“Tab”键、“Enter”键创建的空格。如果写了一首诗，使用普通的方法很难保留诗的结构，这时可以使用“保留”，保留所有的空格形式。
- 显示：设置是否及如何显示元素。常用的选项如下。
  - ◆ 无：关闭元素的显示。
  - ◆ 内嵌：元素会被显示为内联元素，元素前后没有换行符。例如文本，各个字符之间横向排列，到页面最右端自动换行。
  - ◆ 块：元素将显示为块级元素，此元素前后会带有换行符。这类元素总是以一个块的形式表现出来，并且跟同级的兄弟块依次竖直排列，在不定义宽度的情况下左右撑满。

4. 方框设置

在前面讲到图像的设置时，应用到的一些内容，如设置图像的大小，设置图像水平和垂直方向上的空白区域，设置图像是否有文字环绕等。利用“方框”设置能进一步完善、丰富这些设置。

选择分类中的“方框”选项切换到如图 6-22 所示的“方框”分类，该面板的各参数含义如下。

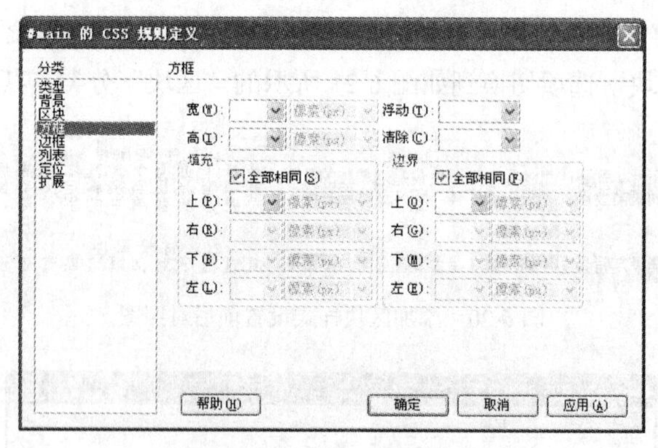

图 6-22　规则定义“方框”分类

- 宽：使用数值和单位设置对象的宽度。
- 高：使用数值和单位设置对象的高度。
- 浮动：实际就是对象的环绕效果。选择“右对齐”，对象居右，其他内容从另一侧环绕对象；选择“左对齐”，对象居左；“无”取消环绕效果。IE 和 Netscape 浏览器都支持浮动效果
- 清除：规定对象的一侧或两侧不许有其他对象。如果选择“左对齐”或“右对齐”，则不允许在指定侧出现其他对象。“两者”是指左右都不允许出现其他对象。“无”是不限制其他对象的出现。IE 和 Netscape 浏览器都支持“清除”设置。

● 填充和边界：如果对象设置了边框，“填充”指的是边框和其中内容之间的空白区域。“边界”指的是边框外侧的空白区域。可以在对应上、下、左、右各项中设置具体的数值和单位。

5. 边框设置

使用边框设置可以给对象添加边框，设置边框的颜色、粗细、样式。图 6-23 所示的是在表格上添加样式前后的对照图。

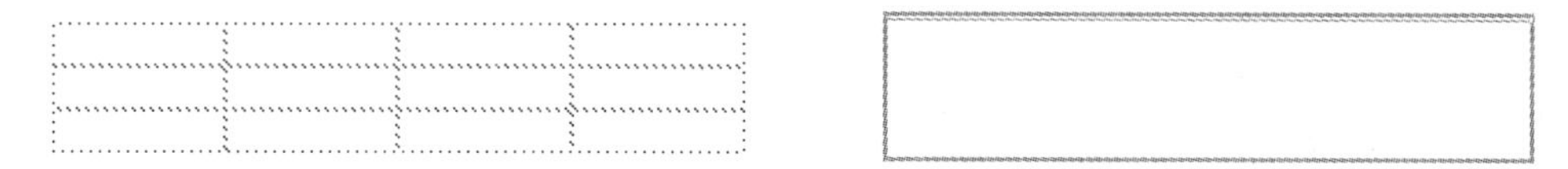

图 6-23　添加“边框”样式设置前后对照图

在分类中单击“边框”选项，切换到“边框”分类，如图 6-24 所示，其中各参数含义如下。

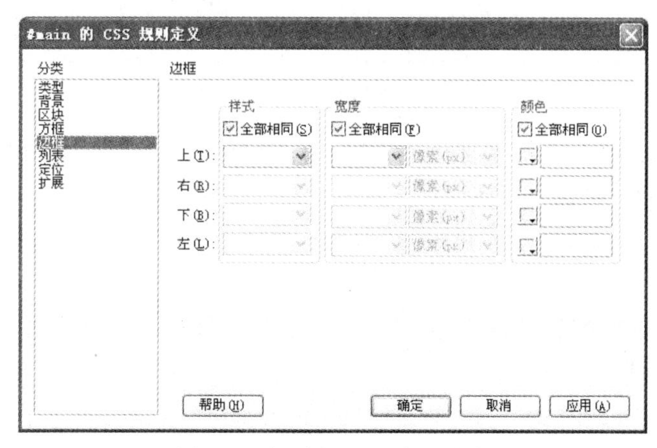

图 6-24　规则定义“边框”分类

● 样式：设置边框的样式，包括“无”、“虚线”、“点划线”、“实线”、“双线”、“槽状”、“脊状”、“凹陷”、“突出”。如果选择“全部相同”复选框，则只需要设置“上”的样式，其他方向样式与“上”的相同。

● 宽度：设置 4 个方向边框的宽度。可以选择相对值：“细”、“粗”、“中”。也可以设置边框的宽度值和单位。

● 颜色：设置对应边框的颜色。

6. 列表设置

CSS 中有关列表的设置丰富了列表的外观。在介绍 CSS 样式之前我们对项目的符号设置是通过“属性”面板，从中只能选择有限的、简单的符号，如图 6-25（a）所示。使用 CSS 之后，可以使用任意的图像文件作为项目符号，如图 6-25（b）所示。

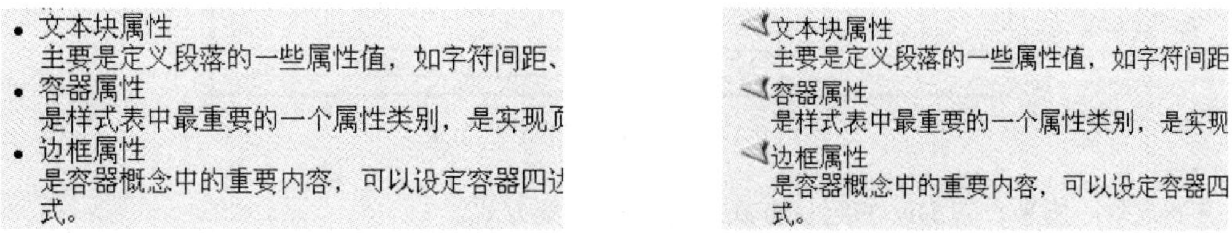

（a）　　　　（b）

图 6-25　添加“列表”样式设置前后对照图

“列表”分类如图 6-26 所示，各项参数含义如下。

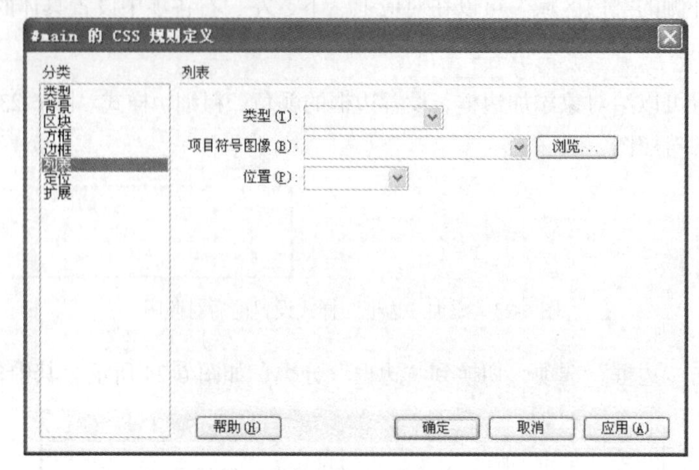

图 6-26　规则定义“列表”分类

- 类型：设置列表项目的符号类型。可以选择“圆点”、“圆圈”、“方块”、“数字”、“小写罗马数字”、“大写罗马数字”、“小写字母”、“大写字母”、“无”等列表符号。
- 项目符号图像：可以选择图像作为项目的引导符号，单击右侧的“浏览”按钮，找到图像文件即可。
- 位置：决定列表项目所缩进的程度。选择“外”，列表贴近左侧边框。选择“内”，列表缩进。这项设置效果不明显。

7. 定位设置

“定位”分类是实现精确和自由定位的关键属性，使用它可以建立列式布局，将布局的一部分与另一部分重叠等。定位的基本思想很简单，它允许定义元素相对于其正常应该出现的位置，或者相对于父元素、另一个元素，甚至浏览器窗口本身的位置。如图 6-27 所示，各项参数含义如下。

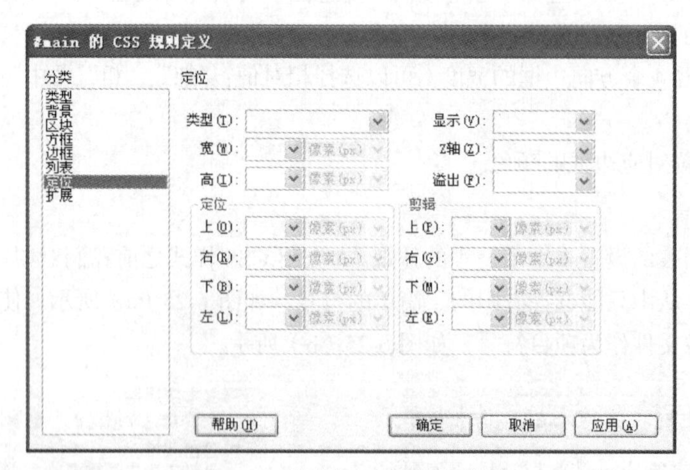

图 6-27　规则定义“定位”分类

- 类型：用来设置 Div 的定位方式，有 4 种定位方式。
  - ◆ 绝对：绝对定位。元素是以包含它的父级元素为基准进行偏移，偏移量在下面的“定位”的各项中输入。

- ◆ 固定：可将元素定位于相对于浏览器窗口的指定坐标。坐标在下面“定位”的各项中输入。该属性工作于 IE7 模式 。
- ◆ 相对：相对定位。是以标准流布局为基础，元素相对于原本的标准位置偏移指定的距离。
- ◆ 静态：固定位置，按照标准流进行布局，元素保持在原本应该在的位置。

- 显示、Z 轴、溢出、宽、高和剪辑：参数值的意义同层的属性相同，在前面的模块中已有介绍，在此不再赘述。
- 定位：指定对象的位置和大小。浏览器如何解释位置取决于“类型”设置。

8. 扩展功能

CSS 样式还可以实现一些扩展功能，这些功能集中在“扩展”分类上，如图 6-28 所示。这个面板主要包括 3 种效果：分页、鼠标效果和滤镜。

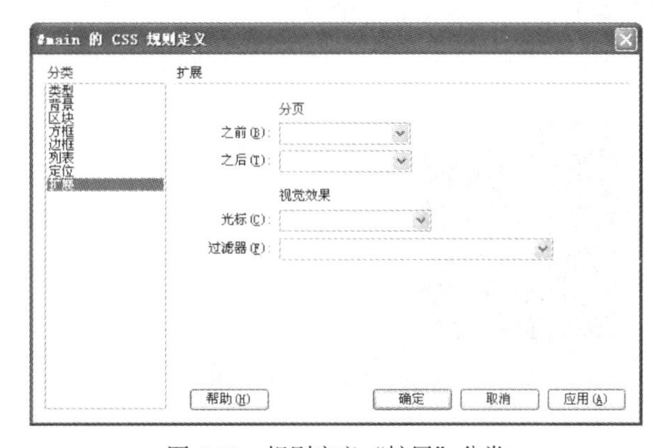

图 6-28 规则定义“扩展”分类

- 分页：是通过样式来为网页添加分页符号，但目前没有任何浏览器支持此项功能，故这里不做介绍。
- 光标：通过样式改变鼠标指针形状，鼠标放在被此项设置修饰的区域上，形状会发生改变。“hand”（手）、“crosshair”（交叉十字）、“text”（文本选择符号）、“wait”（Windows 的漏斗形状）、“default”（默认的鼠标指针形状）、“help”（带问号的鼠标指针）、“e-resize”（指向东的箭头）、“ne-resize”（指向东北的箭头）、“n-resize”（指向北的箭头）、“nw-resize”（指向西北的箭头）、“s-resize”（指向南的箭头）、“se-resize”（指向东南的箭头）、“sw-resize”（指向西南的箭头）、“w-resize”（指向西的箭头）、“auto”正常鼠标指针。IE4. 0 以上浏览器支持这些鼠标指针形状，使用得当，会获得很好的效果。
- 过滤器：使用 CSS 语言实现的滤镜效果。Dreamweaver CS5 过滤器嵌入 16 项样式属性。
  - ◆ alpha：设置元素的透明度。就是把目标元素与背景混合。可以指定数值来控制混合的程度。
  - ◆ blendtrans：产生一种精细的淡入淡出的效果。
  - ◆ chroma：可以指定对象中的某个颜色为透明色。
  - ◆ blur：把它加载到文字上，产生风吹模糊的效果，类似立体字，也可以把 blur 滤镜加载到图片上，能达到用图像处理软件制作的效果。
  - ◆ dropshadow：就是添加对象的阴影效果。
  - ◆ fliph：使对象水平翻转。

◆ flipv：使对象垂直翻转。

◆ glow：使对象的边缘产生类似发光的效果。

◆ gray：把一张图片变成灰度图。

◆ invert：把对象的可视化属性全部翻转，包括色彩、饱和度和亮度值。

◆ light：使对象产生一个模拟光源的效果。

◆ mask：使对象产生一个矩形遮罩效果。

◆ revealtrans：是一个神奇的滤镜，它能产生 23 种动态效果，还能在 23 种动态效果中随机抽用其中的一种。用它来进行网页之间的动态切换，非常方便。

◆ shadow：可以在指定的方向建立对象的投影。

◆ wave：使对象按照垂直的波形样式扭曲的特殊效果。

◆ xray：使对象看上去有一种 X 光片的效果。

图 6-29 所示的是在图像上添加“chroma”过滤器样式前后的对照图。

图 6-29　添加“过滤器”样式前后对照图

【任务实施】

Step1　在编辑窗口输入一些文字，第二段段首插入图像文件“food\image\caipin01.jpg”，第三段的段首插入图像文件“food\image\caipin02.jpg”，在“属性”面板设置第一段的“格式”为“标题 1”，效果如图 6-30 所示。

川菜介绍

川菜，顾名思义，四川的菜，川菜的积淀是及其深厚的，菜式多样，口味清鲜醇浓并重。川菜文化是居于吃的文化，吃是一种艺术，此艺术反映了一个民族，一个国家文明的程度的高低。其中最负盛名的菜肴有：干烧岩鲤、干烧桂鱼、鱼香肉丝、廖排骨、怪味鸡、宫保鸡丁、五香卤排骨、粉蒸牛肉、麻婆豆腐、毛肚火锅、干煸牛肉丝、夫妻肺片、灯影牛肉、担担面、赖汤圆、龙抄手等。川菜中六大名菜是：鱼香肉丝、宫保鸡丁、夫妻肺片、麻婆豆腐、回锅肉、东坡肘子等。

回锅肉，四川名菜，又称熬锅肉，传说这道菜是从前四川人初一、十五打牙祭（改善生活）的当家菜。川人家祭，多在初 一、十五，煮熟的二刀肉乃是祭品的主角，俗称"刀头"。家祭事毕，正当"刀头"温度适中，老成都俗话说："好刀敌不过热刀头"是历代川厨对厨艺知识的精妙总结。本菜出锅装盘，可见肉片肥瘦相连，金黄亮油，蒜苗清白分明，虽熟久居外乡的四川人，回川探亲访友，首先想到要吃的就是回锅肉。现在回锅肉的品类已经很多了，连山回锅肉、干豇豆回锅肉、红椒回锅肉、蕨菜回锅肉、酸菜回锅肉、莲白回锅肉、蒜苗回锅肉、蒜苔回锅肉等等。其口感油而不腻，不会让人吃了觉得很难受。最地道的吃法有两种，一种是下

图 6-30　插入文字和图片后的页面

Step2　打开“CSS 样式”面板，单击“新建 CSS 规则”按钮，打开“新建 CSS 规则”对话框。在“选择器类型”下拉列表中选择“标签（重新定义 HTML 元素）”选项，在“选择器名

称”下拉列表中选择“body”，“规则定义”选择“(仅限该文档)”，选项设置如图 6-31 所示，然后单击“确定”按钮。

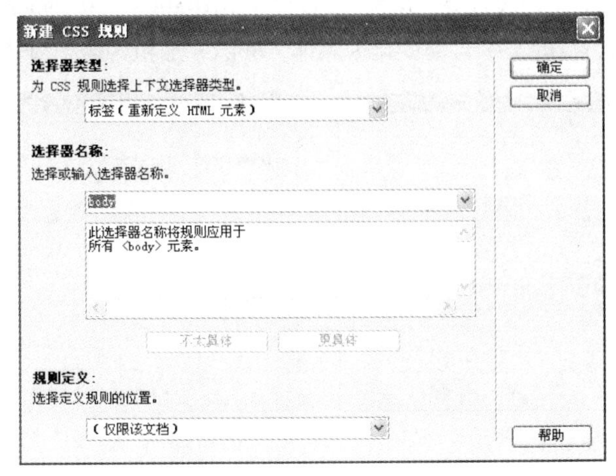

图 6-31　新建“body”标签样式

Step3　在弹出的“body 的 CSS 规则定义”对话框“分类”列表中选择“背景”，设置“background-color”为#F4CF88，如图 6-32 所示。然后在“分类”列表中选择“方框”，设置“width”为 780，“Margin-Right”为 auto，“Margin-Left”为 auto，如图 6-33 所示。单击“确定”按钮后，网页的背景自动发生变化，并且页面的内容居中显示，如图 6-34 所示。

Step4　使用 Step2 的方法，新建一个标签 p 的规则，在弹出的“p 的 CSS 规则定义”对话框“分类”列表中选择“类型”，设置“Font-Size”为 14px，“Line-Height”为 18px，如图 6-35 所示。

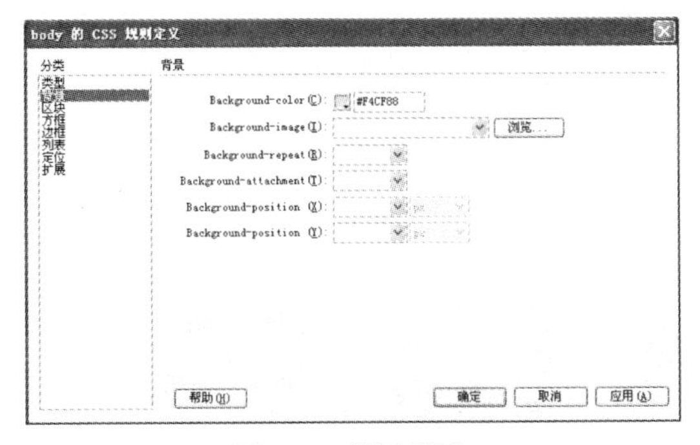

图 6-32　设置背景

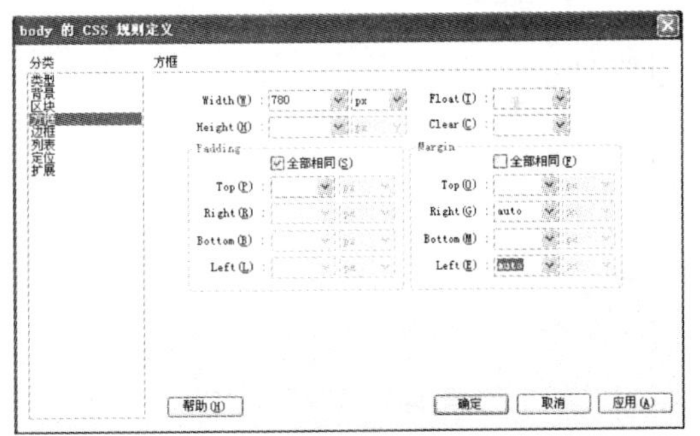

图 6-33　设置边框

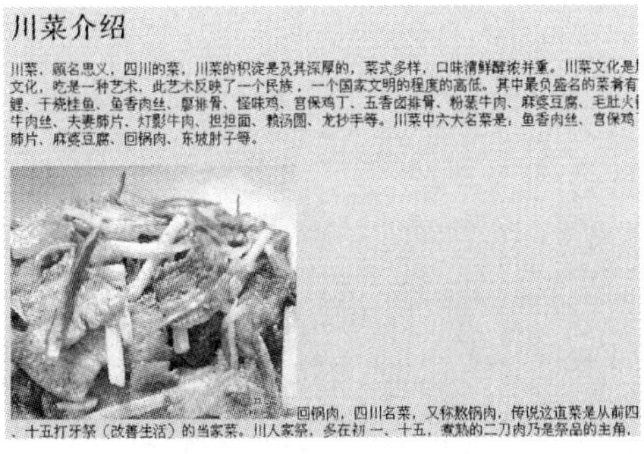

图 6-34　背景变化后的效果

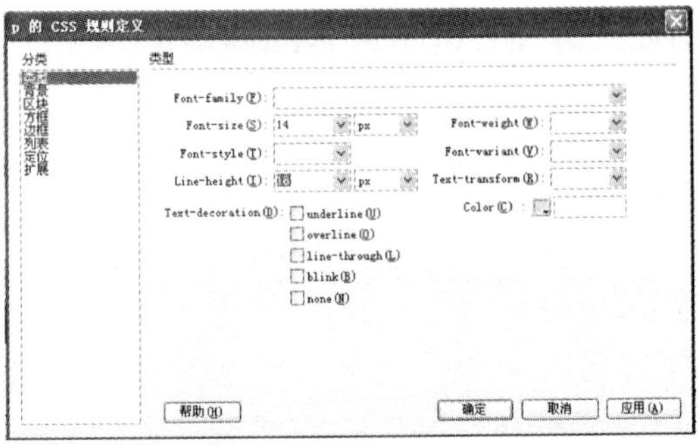

图 6-35　设置“p”标签样式

Step5　使用Step2的方法，新建一个标签h1的规则，在弹出的“h1的CSS规则定义”对话框“分类”列表中选择“类型”，设置“Font-family”为“黑体，宋体”，“Font-size”为36px，如图6-36所示。然后“分类”列表选择“区块”，设置“Text-align”为center，如图6-37所示。单击“确定”按钮后，第一行的文字自动变化为黑体，36px，加粗，居中对齐。

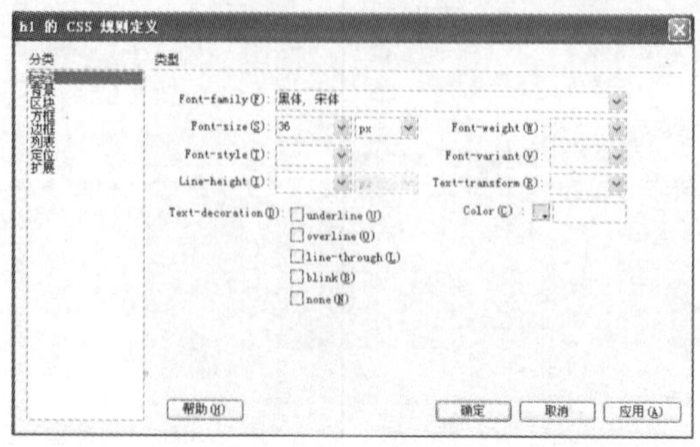

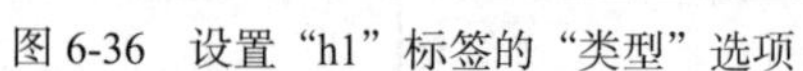

图6-36　设置“h1”标签的“类型”选项

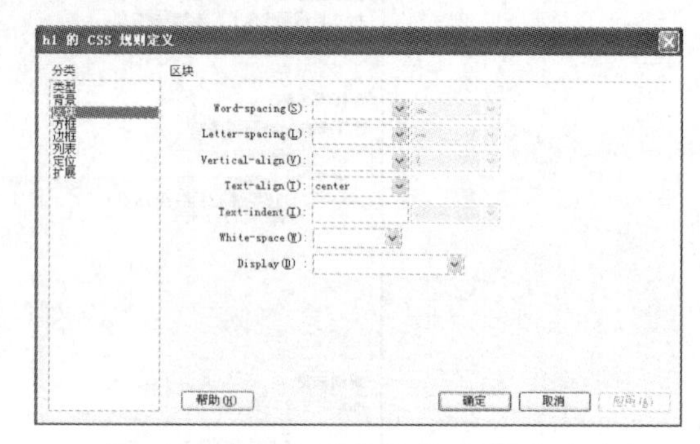

图6-37　设置“h1”标签的“区块”选项

Step6　下面创建一个类样式，在“CSS样式”面板，单击“新建CSS规则”按钮，打开“新建CSS规则”对话框。在“选择器类型”下拉列表中选择“类（可应用于任何HTML元素）”选项，在“选择器名称”中输入first，如图6-38所示，单击“确定”按钮。

Step7　“.first的CSS规则定义”对话框“分类”列表中选择“类型”，设置“Font-family”为“黑体，宋体”，“Font-size”为60px，“Font-weight”为bold，“Line-height”为60px，如图6-39所示。然后“分类”列表选择“方框”，设置“Float”为left，“Padding”为5，如图6-40所示。

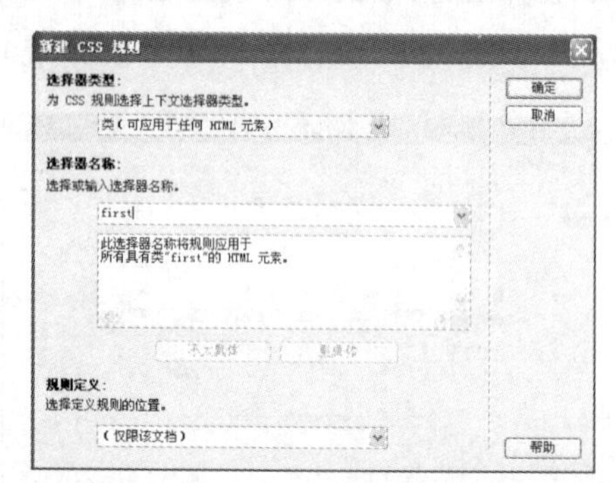

图6-38　新建名为“first”的类样式

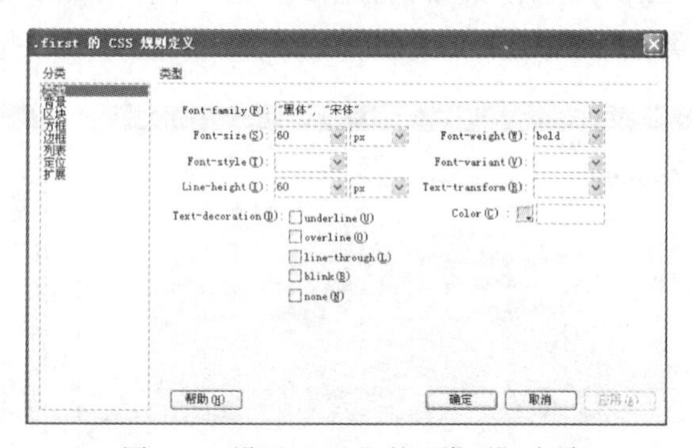

图6-39　设置“first”的“类型”选项

Step8　选择段首文字，在属性面板的“类”列表中选择first，应用该类样式。效果如图6-41所示。

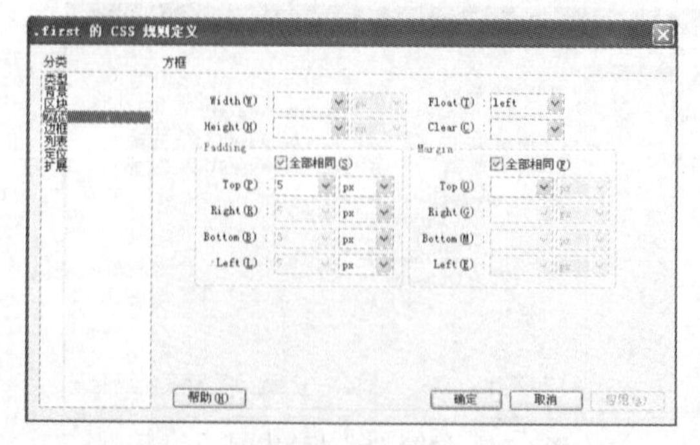

图6-40　设置“first”的“方框”选项

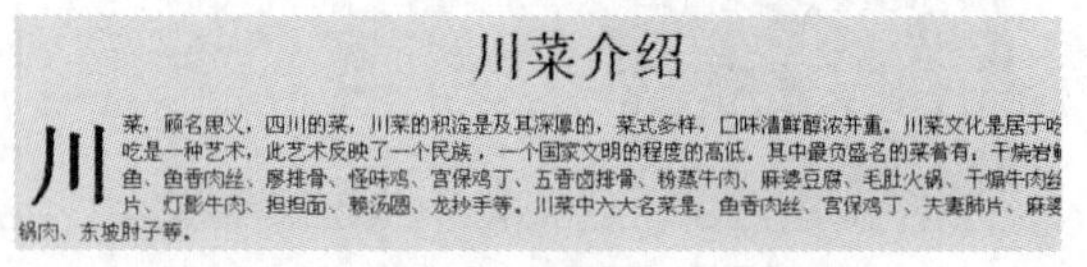

图6-41　应用“first”后的效果

Step9　下面再新建 2 个类样式，分别是 pic1 和 pic2，设置参数分别如图 6-42 和图 6-43 所示。

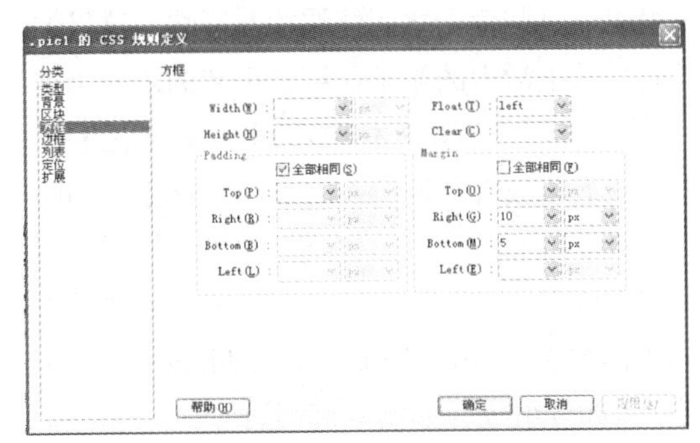

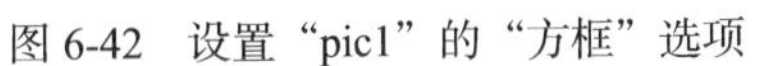
图 6-42　设置“pic1”的“方框”选项

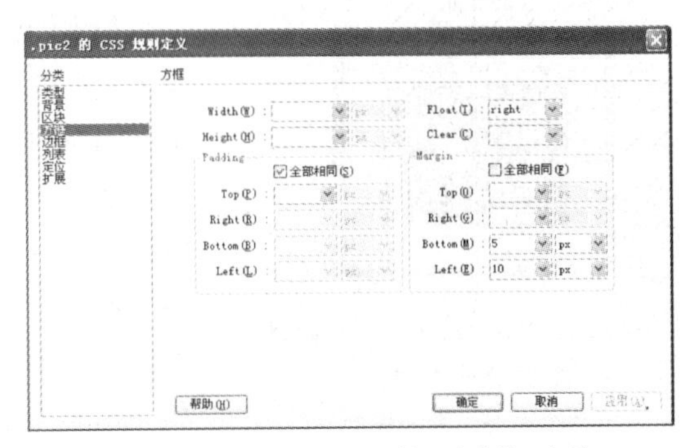

图 6-43　设置“pic2”的“方框”选项

Step10　选择网页中的图片，在属性面板的“类”列表中选择 pic1 或 pic2，应用该类样式。保存页面，按“F12”键预览网页。

任务三　CSS 布局网页

【任务导入】

使用 Div + CSS 制作如图 6-44 所示的页面。

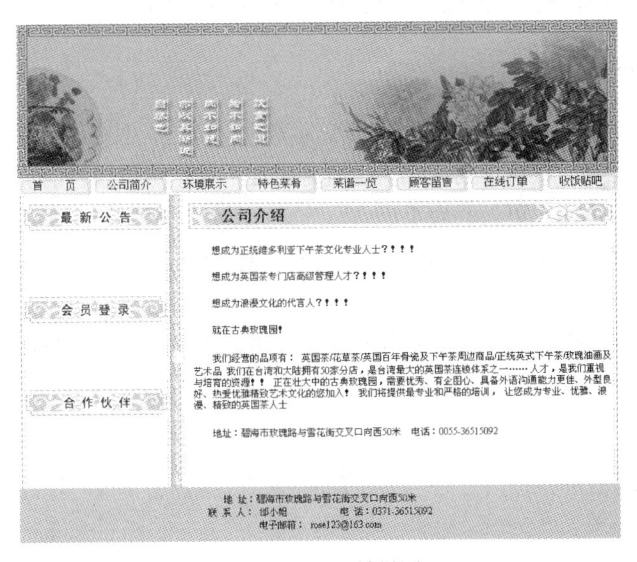

图 6-44　页面效果图

【知识指导】

一、盒子模型

盒子模型是 CSS 控制页面时一个很重要的概念。只有很好地掌握盒子模型以及其中每个元素的用法，才能真正地控制好页面中的各个元素。

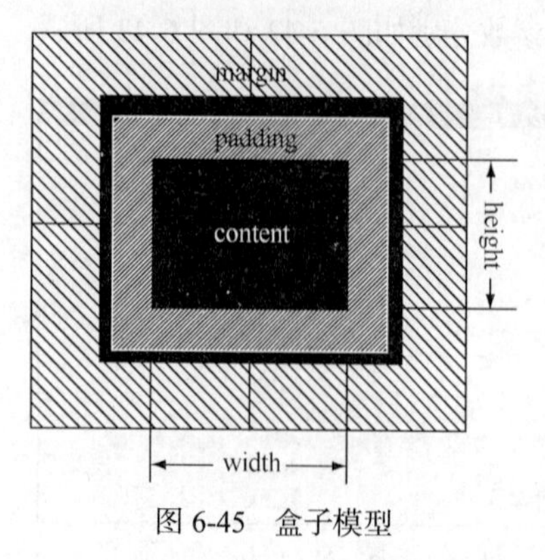

图 6-45　盒子模型

页面中的所有元素都可以看作是一个盒子，一个页面就是由很多的盒子组成，这些盒子之间能够相互影响。这里的盒子模型就像我们日常生活中的箱子，箱子里装的东西（这里我们叫内容），箱子本身（这里我们叫边框），箱子里装的东西怕损坏而添加的泡沫或者其他抗震的辅料（这里我们叫填充），箱子摆放的时候不能全部堆在一起，为了保持通风留的空隙（这里我们叫边界）。在 CSS 中，一个独立的盒子模型就是由 content（内容）、border（边框）、padding（填充）和 margin（边界）4 部分组成，如图 6-45 所示。

1. 盒子模型的背景

在网页文档中，往往会设置某个页面元素的背景颜色或者背景图片等效果，这其实设置的就是盒子模型边框以内区域的背景。边框以外的边界区域是透明的，它所呈现的是父元素的背景。因此，对于盒子模型而言，只有边框以内的区域才可以设置背景。

2. 盒子模型的宽和高

每个盒子都有它的宽度和高度。必须注意的是，CSS 属性中的 width（宽度）和 height（高度）不是指整个盒子的宽度和高度，而是指盒子中内容区域的宽度和高度。一个盒子实际所占有的宽度（或高度）是由“内容 + 内边距 + 边框 + 外边界距”组成。在 CSS 中可以通过设定 width 和 height 属性的值来控制内容所占的空间大小，并且对于任何一个盒子都可以分别设定 4 条边各自的 border、padding 和 margin 属性。因此只要利用好这些属性，就可以实现各种各样的排版效果。

二、块元素和内嵌元素

在进行 CSS 布局时，势必要对页面中的各个元素进行定位，但在对元素进行定位之前，有必要先掌握页面中各个元素的默认排列方式，也就是说在不使用定位属性时页面中各个元素的排列方式，从而使后续的定位操作更得心应手。

页面中的元素总体分成块元素（Block）和内嵌元素（Inline）两大类。

1. 块元素

在没有任何布局属性作用时，块元素的默认排列方式为换行排列。例如 Div 元素是典型的块元素。举例如下。

CSS 代码：

```
#block1 {
     background-color: #666;
     }
#block2 {
     Background-color: #CCC;
     height: 40px;
     width: 100px;
}
```

HTML 代码：

```
<div id="block1">块元素 1</div>
<div id="block2">块元素 2</div>
```

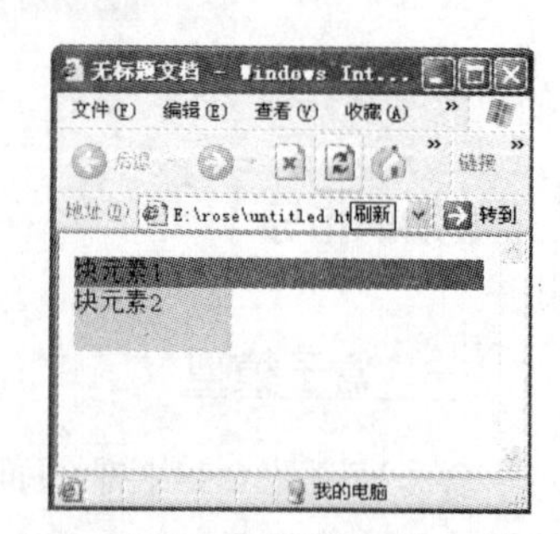

图 6-46　效果图

上述代码的显示效果如图 6-46 所示。由此可见 block1 和 block2 这两个块元素在默认情况下是换行排列的。

对于块元素的特征，可以归纳如下。

- 块元素默认总是在新行左侧开始，即换行排列并左对齐。
- 块元素的默认宽度与父元素的内容区域等宽，高度自适应，如上例中的 block1。
- 块元素的宽、高、margin 和 padding 等均可控，即可以任意设置，如上例中的 block2。

常见的块元素很多，例如：div、p、table、tr、td、form、ul、ol、li 和 h1 等元素。

2. 内嵌元素

与块元素不同，内嵌元素的默认排列方式是同行排列，在宽度超出包含它的容器时自动换行。如 span 元素就是典型的内嵌元素。举例如下。

CSS 代码：

```
.inline1 {
    background-color: #666;
    height: 40px;
    width: 100px;
}
```

HTML 代码：

```
测试<span class="inline1">内嵌元素</span>
```

本段代码的效果如图 6-47 所示。必须注意的是在类 inline1 中设置了宽度和高度属性值，但在效果图中并没有得到反应，即对内嵌元素而言，其内容区域的宽和高不可设置。

对于内嵌元素的特征，可以归纳如下。

- 内嵌元素可与其他元素在同一行上。
- 内嵌元素的宽度、高度不可控制。

常见的内嵌元素也很多，如：span、label、a、img、input、em 和 strong 等。

3. 块元素和内嵌元素的混合排列

由前述内容可知块元素间是换行排列，内嵌元素是同行排列。但往往页面中块元素和内嵌元素夹杂着混合在一起，这时对于的默认排列方式又该如何？

当块元素和内嵌元素混合排列时，必须要满足块元素的换行特性，因此当 2 种元素混排时，将换行排列，如下面的例子。

HTML 代码：

```
测试<span>内嵌元素</span><div>块元素</div>
```

本段代码的效果如图 6-48 所示。

图 6-47　效果图

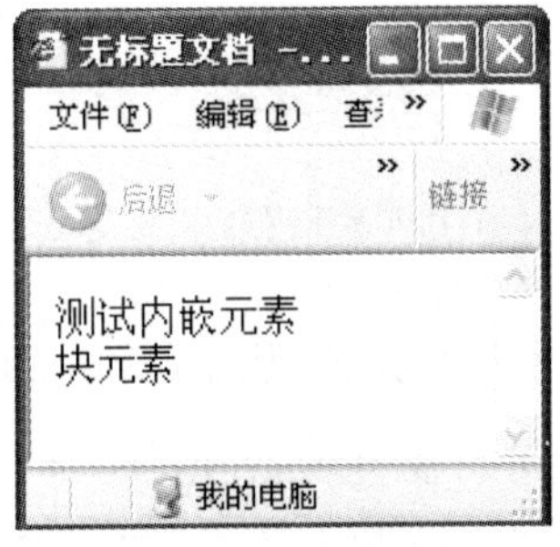

图 6-48　效果图

4. 块元素与内嵌元素的相互转化

块元素和内嵌元素也不是一成不变的，通过定义 CSS 的 display 属性值可以相互转化，当 display 属性值为 block 时，表示设置为块元素；为 inline 时，表示设置为内嵌元素。如：<div style="display:inline">块元素 1</div><div style="display:inline">块元素 2</div>本来应该分两行显示的，现在在一行显示。

由于块元素和内嵌元素各有不同的特性，因此这种转换往往在需要使用对方的某一特性时发生，例如。

- 希望控制内嵌元素的宽度和高度，此时需要将内嵌元素转换为块元素。这在制作导航条、页面菜单时比较常见。
- 希望内嵌元素从新行上开始，此时也需要将内嵌元素转换为块元素。
- 希望块元素的宽度和高度由其内容决定或者希望同行显示，此时需要将块元素转换为内嵌元素。

三、盒子的定位原则

如果要精确地控制盒子的位置，就必须对 margin 有更深入的了解。padding 只存在于一个盒子内部，所以通常它不会涉及与其他盒子之间的关系和相互影响的问题。margin 则用于调整不同的盒子之间的位置关系，因此必须要对 margin 在不同情况下的性质有非常深入的了解。

1. 行内元素之间的水平 margin

下面来看两个元素并排的情况，如图 6-49 所示。

当两个行内元素相邻时，它们之间的距离为第一个元素的 margin- right 加上第二个元素的 margin-left。举例如下。

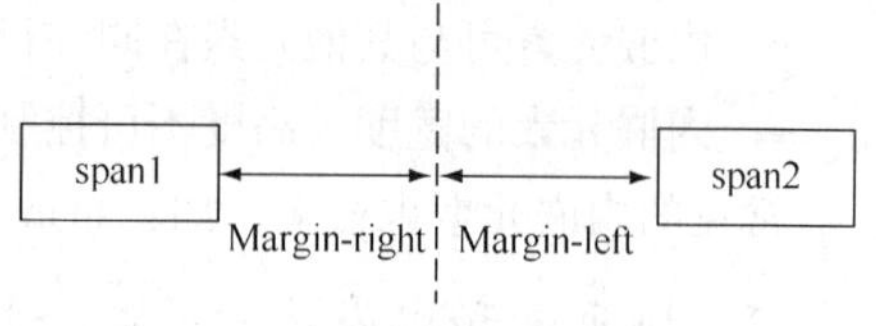

图 6-49 行内元素间的水平 margin

CSS 代码：

```
span {
    font-size: 12px;
    background-color: #999;
    text-align: center;
    padding: 10px;
}
#left {
    margin-right: 30px;
}
#right {
    margin-left: 20px;
}
```

HTML 代码：

```
<span id=left>行内元素 1</span>
<span id=right>行内元素 2</span>
```

预览时两个块之间的实际距离是 30 + 20 = 50（px）。

2. 块元素间的竖直 margin

两个块元素之间的距离不是 margin-bottom 与 margin-top 的总和，而是二者中较大的，这种现象被称为 margin 的“塌陷”（或称为“合并”）现象，举例如下。

CSS 代码：

```
div {
    background-color: #999;
    padding: 10px;
    width: 100px;
    text-align: center;
}
```

HTML 代码：

```
<div style="margin-bottom:40px;">块元素 1</div>
<div style="margin-top:20px;">块元素 2</div>
```

选择第一个<div>标签，效果如图 6-50（a）所示，块元素 1 和块元素 2 的距离是第一个<div>的 margin-bottom 的值 40px。如果把块元素 2 的 margin-top 的值改为 30px，就会发现结果没有任何变化。若再将块元素 2 的 margin-top 的值改为 50px，则发现块元素 2 向下移动了 10px，选择第二个<div>标签，效果如图 6-50（b）所示，它们之间的距离是第二个<div>的 margin-top 的值 50px。

3. 嵌套盒子之间的 margin

除了上面提到的内嵌元素间隔和块级元素间隔这两种关系外，还有一种位置关系，它的 margin 值对 CSS 排版也有很重要的作用，这就是父子关系。当一个<div>块包含在另一个<div>中时，便形成了典型的父子关系。其中子块的 margin 将以父块的内容为参考，如图 6-51 所示。

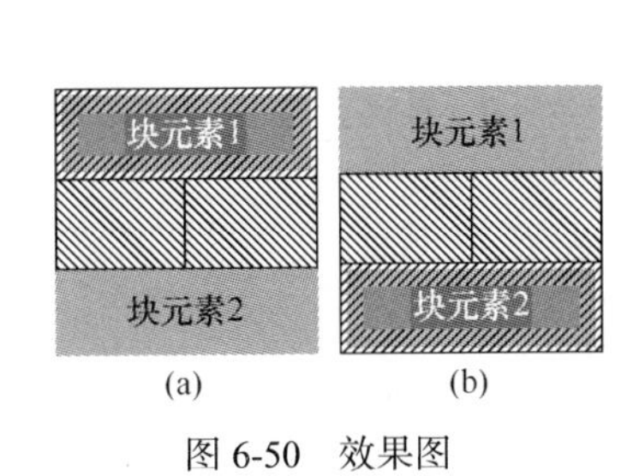

图 6-50　效果图

图 6-51　嵌套盒子之间的 margin

一个块级元素的盒子水平方向的宽度会自动延伸，直至上一级盒子的限制位置，例如下面的例子。

CSS 代码：

```
#father {
    background-color: #CCC;
    text-align: center;
    padding: 10px;
    border: 1px solid #030;
}
#father #son {
    background-color: #999;
    margin-top: 30px;
    padding: 15px;
}
```

HTML 代码：

```
<div id="father">父块
  <div id="son">子块</div>
</div>
```

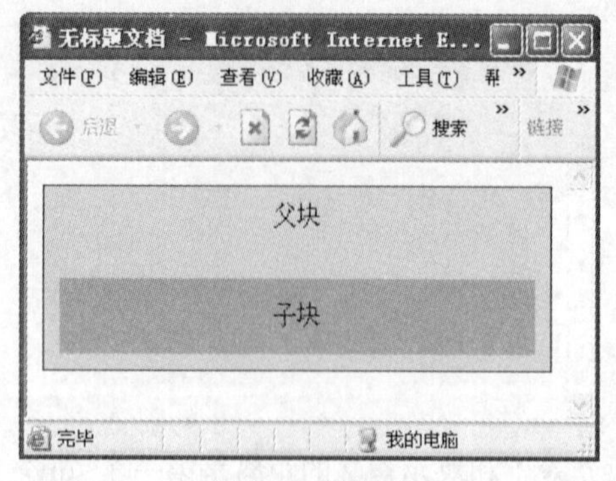

图 6-52　效果图

效果如图 6-52 所示。

外层盒子的宽度会自动延伸，直到浏览器窗口的边界为止，而里面的子盒子的宽度也可以自动延伸，它以父元素的内容部分为限。另外，子<div>的上边框距离父<div>上边框为 40px（父<div>的 padding: 10px + 子<div>的 margin-top: 30px）。其他的 3 条边框的距离都是父<div>的 padding: 10px。

对于高度而言，Div 都是以里面内容的高度来确定的，也就是会自动收缩到能够完全包容内容的最小高度。综上所述，Div 在没有设定 width 和 height 属性的情况下，宽度方向是自动延伸，高度方向是自动收缩。

如果设置了 Div 的 width 和 height 属性的值，盒子的实际宽度和高度会按照 width 和 height 的属性值来确定，即盒子的实际大小是 width（height）+ padding + border + margin。

如果设置了父元素的 height 属性，而此时子元素的高度已超过了父元素的 height 值，当这种情况出现时，对于不同的浏览器会做出不同的处理。我们通过例子进行说明。

CSS 代码：

```
#father {
    background-color: #CCC;
    text-align: center;
    padding: 10px;
    border: 1px solid #030
    height: 50px;
}
#father #son {
    background-color: #999;
    margin-top: 30px;
    padding: 15px;
}
```

HTML 代码：

```
<div id="father">父块
  <div id="son">子块</div>
</div>
```

上面的代码设置的 Div 的高度值小于 Div 的高度加上 margin 的值，此时 IE 浏览器会自动扩大，如图 6-53 所示。而 Firefox 浏览器则不会，它会保证 Div 的高度值的完全吻合，如图 6-54 所示。

图 6-53　IE 效果图

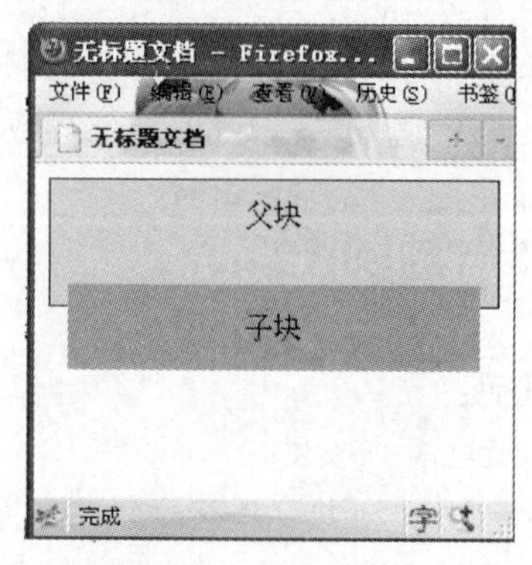

图 6-54　Firefox 效果图

4. margin 可以设置为负值

上面提及 margin 的时候，它的值都是正值。其实 margin 的值还可以设置为负值，通过这种设置可以产生特殊的排版效果，举例如下。

CSS 代码：

```
#father {
    background-color: #CCC;
    text-align: center;
    padding: 10px;
    border: 1px solid #030;
    margin-left: 40px;
}
#father #son {
    background-color: #999;
    margin-top: 30px;
    padding: 15px;
    margin-left: -30px;
}
```

HTML 代码：

```
<div id="father">父块
  <div id="son">子块</div>
</div>
```

通过设置块的 margin 属性值为负，可以将子块从父块“脱离”出来，如图 6-55 所示。

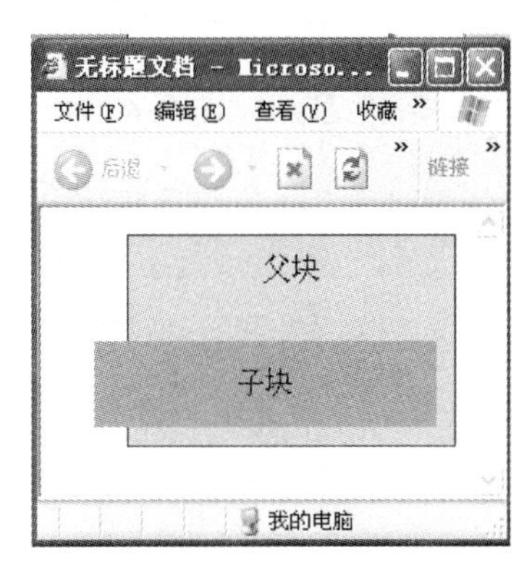

图 6-55 效果图

四、CSS 布局

随着 Web 标准在国内的逐渐普及以及很多业内人士的大力推行，很多网站已经开始重构。Web 标准提出将网页的内容和表现分离，同时要求 HTML 文档具有良好的结构。因此需要抛弃传统的表格（table）布局方式，采用 Div 布局，并且使用 CSS 层叠样式表来实现页面的外观。

传统 table 布局实际上利用了 HTML 中 table 表格元素具有的边框、间距、填充等属性，进行页面的版式设计，将网页中的各个元素按版式划分放入表格的各个单元格中，从而实现复杂的排版组合。

表格布局的代码最常见的是在 HTML 标签<>之间加入一些设计代码，如 width="100%"，border="0"等，表格布局的混合代码就是这样编写的。

大量样式设计代码混杂在表格和单元格之中，使得可读性大大降低，维护成本大大提高。复杂的表格设计使得设计极为不易，修改更加复杂，最后生成的网页代码除了表格本身，还有许多没有意义的冗余代码，文件庞大，最终导致浏览器下载及解析速度变慢。

使用 CSS 布局从根本上改变了这种情况。CSS 布局的重点不再放在 table 元素的设计中，取而代之的是 HTML 中的另一个元素 Div。在设计时，页面首先在整体上进行<div>标签的分块，然后对各个块进行 CSS 定位，最后再在各个块中添加相应的内容。通过 CSS 排版的页面，更新十分容易。

五、将页面用 Div 分块

CSS 排版要求设计者首先对页面有一个整体的框架规划，包括整个页面分为哪些模块，各个模块之间的父子关系等。以简单的页面为例，页面有 LOGO 和 banner（header）、内容部分

（pagebody）和页脚（footer）几个部分组成，各部分分别用不同的 ID 来标识，整个页面如图 6-56 所示。对于每个模块还可以再嵌套各种块元素或行内元素，例如内容部分，可以再划分为边栏和主体内容，如图 6-57 所示。

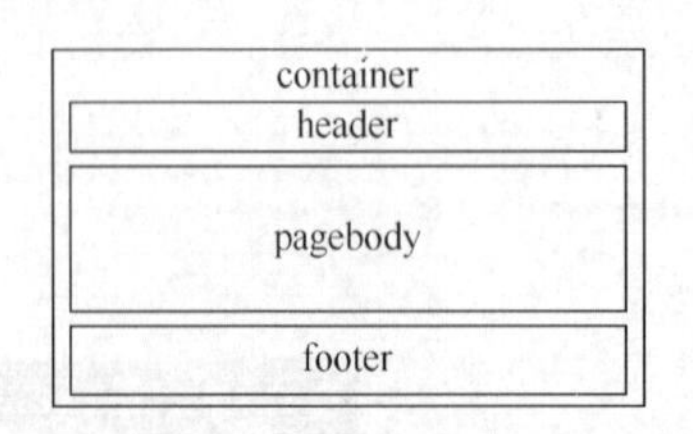

图 6-56　布局结构示意图

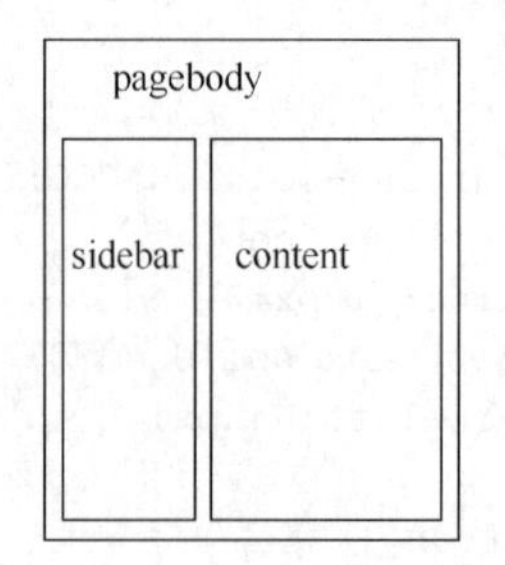

图 6-57　模块嵌套结构示意图

通常采用 Div 将这些结构定义出来，HTML 代码如下。

```
<div id="container">此处显示  id "container" 的内容
  <div id="header">此处显示  id "header" 的内容</div>
  <div id="pagebody">此处显示  id "pagebody" 的内容
    <div id="sidebar">此处显示  id "sidebar" 的内容</div>
    <div id="content">此处显示  id "content" 的内容</div>
  </div>
  <div id="footer">此处显示  id "footer" 的内容</div>
</div>
```

在 Dreamweaver 的设计视图下，显示如图 6-58 所示。

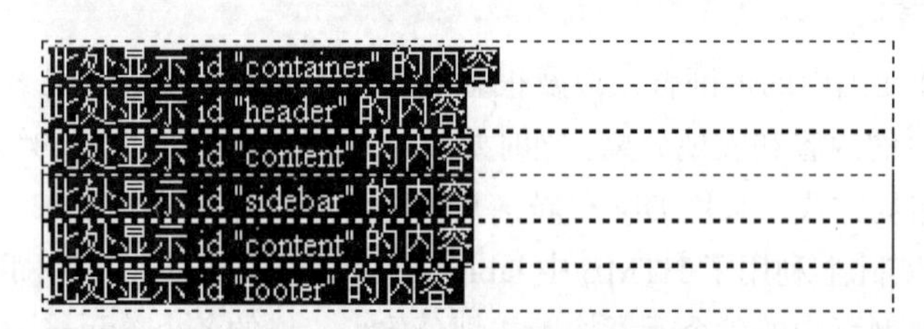

图 6-58　“设计”视图下显示效果

当页面的整体结构确定后，就可以根据内容考虑页面的整体版型。

六、CSS 布局方式

CSS 对网页布局样式的控制相对于传统的 HTML 的简单样式控制来说，CSS 能够对网页中的对象的位置排版控制到像素级。

1. 居中的布局设计

目前居中的布局设计在网页的布局应用中非常广泛，设计居中主要有两种基本方法。

（1）使用自动空白边

假设一个布局，希望其中的 Div 在屏幕上水平居中，可以这样来实现。

页面结构代码：

```
<body>
    <div id="box"></div>
</body>
```

CSS 代码：

```
#box{
    width:720px;
    margin:0 auto;
}
```

（2）使用定位和负值空白边

首先定义 Div 的宽度，然后将 Div 的 position 属性设置为 relative，将 left 属性设置为 50%，就会把 Div 的左边缘定位在页面的中间。

CSS 代码：

```
#box {
    width:720px;
    position:relative;
    left:50%;
    margin-left:-360px;
}
```

2. 浮动的布局设计

（1）两列固定宽度布局

这种布局可以让 2 个 Div 在水平行中并排显示，从而形成两列式布局。

页面结构代码：

```
<div id="left">左列</div>
<div id="right">右列</div>
```

CSS 代码：

```
#left{
    width:200px;
    height:150px;
    background-color:#CCC;
    border:1px solid #999;
    float:left;
}
#right {
    width:200px;
    height:150px;
    background-color:#CCC;
    border:1px solid #999;
    float:left;
}
```

为了实现两列式布局，在这里使用了 float 属性，预览效果如图 6-59 所示。两列固定宽度布局在页面设计中经常用到，无论作为主框架还是作为内容分栏，都同样适用。

（2）两列固定宽度居中布局

这种布局可以适用 Div 的嵌套来完成，用一个居中的 Div 作为容器，将两列分栏的两个 Div 放置在容器中，从而实现两列的居中显示。布局代码非常简单，不再赘述。

（3）两列宽度自适应布局

设置自适应主要通过设置宽度的百分比值,因此在这种布局中也同样采用设置百分比宽度值。这种布局效果如图 6-60 所示，CSS 代码如下：

```
#left{
    width:20%;
    height:150px;
```

```
        background-color:#CCC;
        border:1px solid #999;
        float:left;
    }
    #right {
        width:80%;
        height:150px;
        background-color:#CCC;
        border:1px solid #999;
        float:left;
    }
```

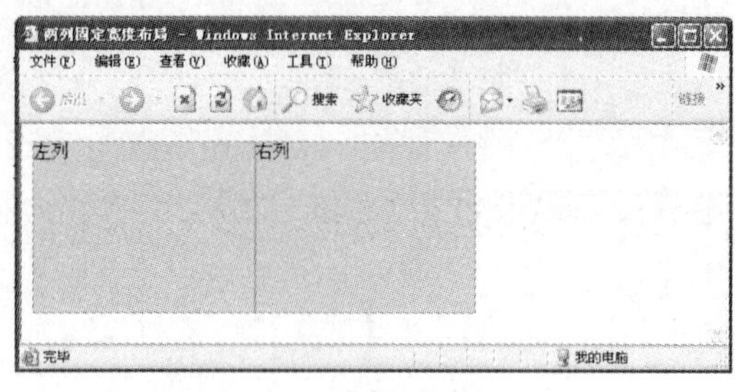

图 6-59　两列固定宽度的布局

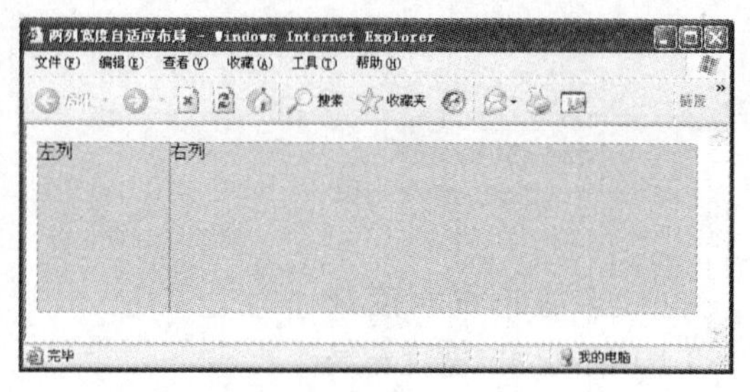

图 6-60　两列宽度自适应布局

（4）两列右列宽度自适应布局

在实际应用中，有时候需要左栏固定宽度，右栏根据浏览器窗口的大小自动适应。在 CSS 中只需要设置左栏宽度，右栏不设置任何宽度值，并且右栏不浮动即可。CSS 代码如下：

```
#left{
    width:200px;
    height:150px;
    background-color:#CCC;
    border:1px solid #999;
    float:left;
}
#right {
    height:150px;
    background-color:#CCC;
    border:1px solid #999;
}
```

左栏呈现 200px 的宽度，而右栏将根据浏览器窗口大小自动适应，浏览效果如图 6-61 所示。

（5）三列浮动中间列宽度自动适应

这种布局就是左栏固定宽度居左显示，右栏固定宽度居右显示，而中间栏则在左右两栏中间显示，并根据左右两栏的间距（浏览器窗口大小）的变化自动适应，效果如图 6-62 所示。

HTML 代码如下：

```
<div id="left"> 左列</div>
<div id="right">右列 </div>
<div id="main"> 中列</div>
```

CSS 代码：

```
#left{
    width:200px;
    height:150px;
    background-color:#CCC;
```

```
        border:1px solid #999;
        float:left;
    }
    #right {
        width:200px;
        height:150px;
        background-color:#CCC;
        border:1px solid #999;
        float:right;
    }
    #main{
        height:150px;
        background-color:#CCC;
        border:1px solid #999;
    }
```

图 6-61　两列右列宽度自适应布局

图 6-62　三列浮动中间列宽度自动适应

这种布局也可以用绝对定位来实现。绝对定位后的 Div，不需要考虑它在页面中的浮动关系，只需要设置对象的 top、right、bottom 及 left 这 4 个方向即可。这种方法在实现时与上一种浮动方法在结构上就有所区别，浮动方法中列在左右列之后，而绝对定位法是正常顺序。HTML 代码如下：

```
<div id="left"> 左列</div>
<div id="main"> 中列</div>
<div id="right">右列 </div>
```

CSS 代码：

```
*{
    margin:0px;
}
#left{
    width:200px;
    height:150px;
    background-color:#CCC;
    border:1px solid #999;
    position:absolute;
    top:0px;
    left:0px;
}
#right {
    width:200px;
    height:150px;
    background-color:#CCC;
    border:1px solid #999;
    position:absolute;
    top:0px;
```

```
        right:0px;
    }
    #main{
        height:150px;
        background-color:#CCC;
        border:1px solid #999;
        margin:0px 202px 0px 202px;
    }
```

3. 高度自适应

高度值同样可以适用百分比进行设置，不过直接使用“height:100%”是不会显示出效果的，这与浏览器的解析方式有一定关系。高度自适应效果如图 6-63 所示，高度自适应的 CSS 代码：

```
    html,body{
        margin:0px;
        height:100%;
    }
    #left{
        width:200px;
        height:100%;
        background-color:#CCC;
        float:left;
    }
```

对#left 设置“height:100%”的同时，也设置了 html 与 body 的“height:100%”。一个对象高度是否可以使用百分比显示，取决于对象的父级对象，#left 在页面中直接放置在 body 中，因此它的父级就是 body。而浏览器默认状态下，没有给 body 一个高度属性，因此直接设置#left 的“height:100%”，不会产生任何效果。给 html 对象设置“height:100%”，是为了更好地兼容 Firefox 浏览器。

七、常见版型设计

在实际应用中网页的布局千变万化，仔细分析，许多网页的布局就是由以上的基本布局嵌套组合而成的，在此我们不能穷举，仅详细介绍两种常见的版型设计。

1. “匡”字形网页

“匡”字形网页结构如图 6-64 所示。

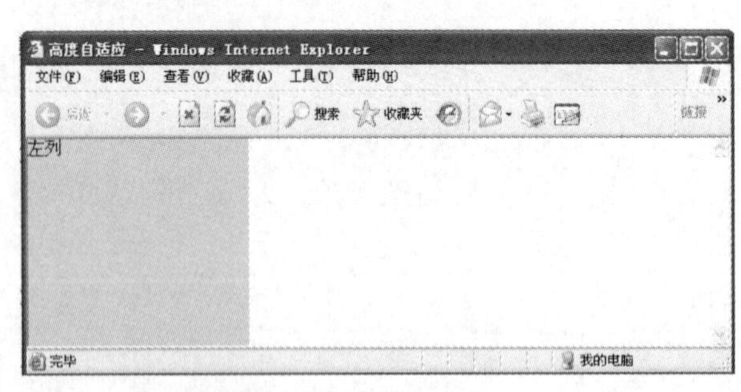

图 6-63 高度自适应

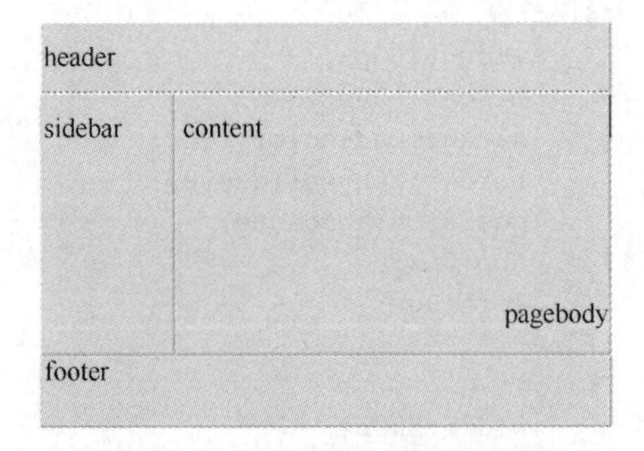

图 6-64 “匡”字形网页结构示意图

根据结构图，编写 HTML 文档，结构图中的每部分都用一个 Div 来实现，Div 可以包含任何内容块，也可以嵌套另一个 Div。下面是图 6-64 结构图所对应的 HTML 代码。

```
<body>          <!–网页主体-->
   <div id="container">   <!--页面层容器-->
        <div id="header"><!--页面头部-->
        </div>
        <div id="pagebody">        <!--页面主体-->
                <div id="sidebar">    <!--侧边栏-->
                </div>
                <div id="content">    <!--主体内容-->
                </div>
        </div>
        <div id="footer">                          <!--页面底部-->
        </div>
    </div>
</body>
```

以上是页面的结构部分，下面用 CSS 定义样式，在此给出的是部分样式代码。

```
#container {
    width:800px;      /*设定宽度*/
    margin:10px auto  /*设定上下边界距，左右居中*/
}
#header {
    background:url(logo.gif) no-repeat /*加入背景图片，不重复*/
}
#pagebody {
    width:730px; /*设定宽度*/
    margin:8px auto; /*设定上下边界距，左右居中*/
}
#sidebar {
    width:160px; /*设定宽度*/
    float:left;    /*浮动居左*/
    clear:left;    /*不允许左侧存在浮动*/
    overflow:hidden; /*超出宽度部分隐藏*/
}
#content {
    width:570px; /*设定宽度*/
    float:right; /*浮动居右*/
    clear:right; /*不允许右侧存在浮动*/
    overflow:hidden   /*溢出隐藏*/
}
```

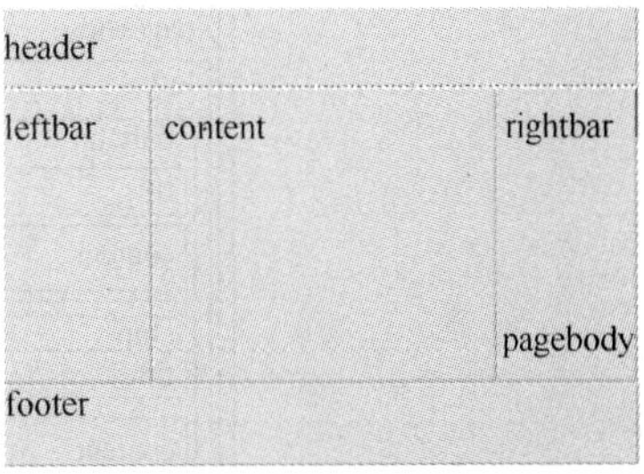

2. “国”字形网页

“国”字形网页结构如图 6-65 所示。

图 6-65 “国”字形网页结构示意图

根据结构图，编写 HTML 文档，代码如下。

```
<body>                              <!–网页主体-->
   <div id="container">                      <!--页面层容器-->
          <div id="header">                  <!--页面头部-->
          </div>
          <div id="pagebody">                        <!--页面主体-->
```

```
            <div id="leftbar"> </div>        <!-左侧边栏-->
            <div id="rightbar"> </div>       <!-右侧边栏-->
            <div id="content"> </div>        <!--主体内容-->
        </div>
        <div id="footer"> </div>                 <!--页面底部-->
    </div>
</body>
```

以上是页面的结构部分。“国”字形和“匡”字形除了页面主体部分有区别外，其他部分的排版是一样的，在这里我们重点介绍 pagebody 子元素和 footer 的部分 CSS 样式代码，其他 Div 元素的 CSS 样式可以参看“匡”字形网页。

```
#leftbar{
    width:160px; /*设定宽度*/
    float:left;    /*浮动居左*/
    }
#rightbar{
    width:160px; /*设定宽度*/
    float:right;   /*浮动居右*/
    }
#content {
    padding:10px;
     }
#footer{
   clear:both;     /*不允许左右两侧存在浮动*/
   }
```

【任务实施】

在制作页面之前，首先对页面有一个整体的框架规划，该页面的布局结构如图 6-66 所示。

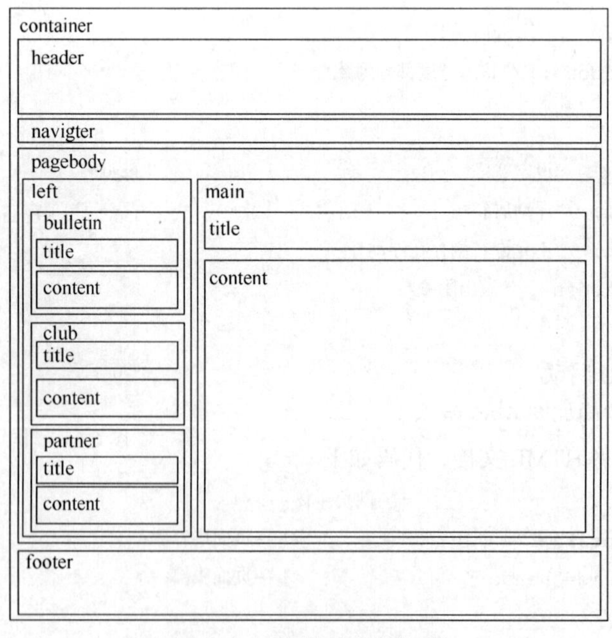

图 6-66　网页的布局结构图

Step1　在“插入”面板中单击“插入 Div 标签”，弹出“插入 Div 标签”对话框，在 ID 列表框中输入 container，如图 6-67 所示。

Step2　将光标定位在 container 块中，单击“插入 Div 标签”，在 container 块中嵌套 Div 标签，并命名为 header，使用此方法，继续在 container 块中插入 3 个并列关系的 Div 标签，分别命名为 navigate、pagebody 和 footer。HTML 代码如图 6-68 所示。

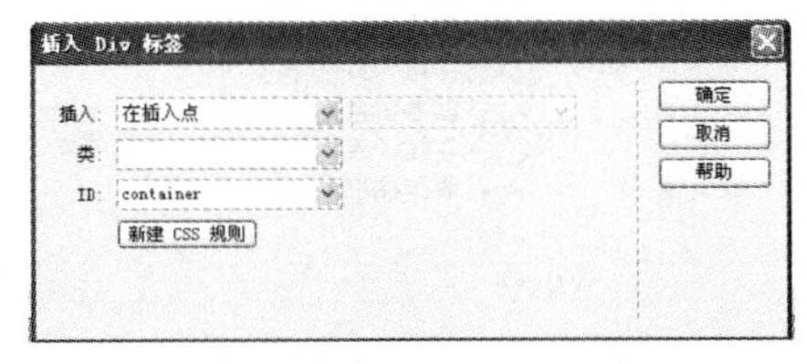

图 6-67　“插入 Div 标签”对话框

```
<body>
<div id="container">此处显示  id "container" 的内容
  <div id="header">此处显示  id "header" 的内容</div>
  <div id="navigate">此处显示  id "navigate" 的内容</div>
  <div id="pagebody">此处显示  id "pagebody" 的内容</div>
  <div id="footer">此处显示  id "footer" 的内容</div>
</div>
</body>
```

图 6-68　HTML 代码

如果光标在“设计”视图中无法准确定位，可以进入“代码”视图，将光标定位在 container 块中，再回到“设计”视图。

Step3　在 pagebody 块中嵌套两个并列关系的 Div 标签，分别命名为 left 和 main。HTML 代码如图 6-69 所示。

Step4　在 left 块中嵌套三个并列关系的 Div 标签，分别命名为 bulletin、club、partner。然后在这三个标签中继续嵌套两个 Div 标签，都分别命名为 title 和 content。局部的 HTML 代码如图 6-70 所示。

```
<body>
<div id="container">此处显示  id "container" 的内容
  <div id="header">此处显示  id "header" 的内容</div>
  <div id="navigate">此处显示  id "navigate" 的内容</div>
  <div id="pagebody">此处显示  id "pagebody" 的内容
    <div id="left">此处显示  id "left" 的内容</div>
    <div id="main">此处显示  id "main" 的内容</div>
  </div>
  <div id="footer">此处显示  id "footer" 的内容</div>
</div>
</body>
```

图 6-69 在 pagebody 块中嵌套两个并列 Div 标签

```
<div id="left">
  <div id="bulletin">
    <div id="title"></div>
    <div id="content"></div>
  </div>
  <div id="club">
    <div id="title"></div>
    <div id="content"></div>
  </div>
  <div id="partner">
    <div id="title"></div>
    <div id="content"></div>
  </div>
</div>
```

图 6-70　在 left 块中嵌套三个并列 Div 标签

Step5　在 main 块中嵌套两个 Div 标签，分别命名为 title 和 content。

以上是用 Div 标签搭建页面的框架，下面开始设置 CSS 规则和向页面添加内容。

Step6　首先创建 Div 标签 container 的规则。光标定位在 container 中，打开“CSS 样式”面板，单击“新建 CSS 规则”按钮，打开“新建 CSS 规则”对话框。系统自动将“选择器类型”定义到“ID（仅应用于一个 HTML 元素）”选项，并自动为“选择器名称”命名为#container，如图 6-71 所示，单击“确定”按钮。

Step7　在“#container 的 CSS 规则定义”对话框中，设置“类型”分类中的“Font-size”为 12px，“方框”分类中的“Width”为 768px，“Margin-Right”和“Margin-left”为 auto。

Step8　在 Div 标签 header 中，执行“插入”→“媒体”→“SWF”命令，然后选择 flash 文件“swf\banner.swf”。

Step9　在 Div 标签 navigate 中插入无序列表。HTML 代码如图 6-72 所示。

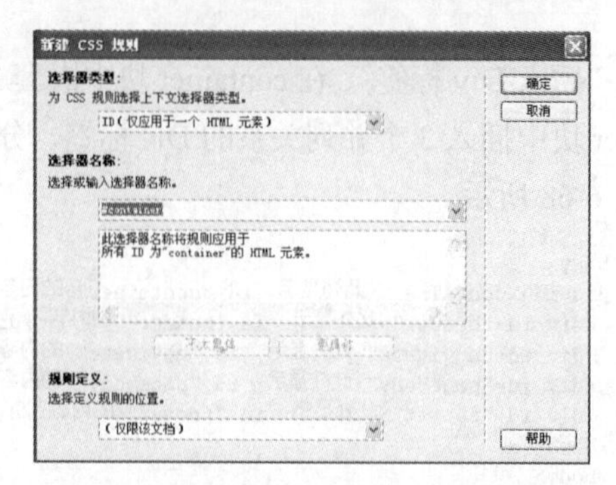

图 6-71　新建“#container”的 CSS 规则

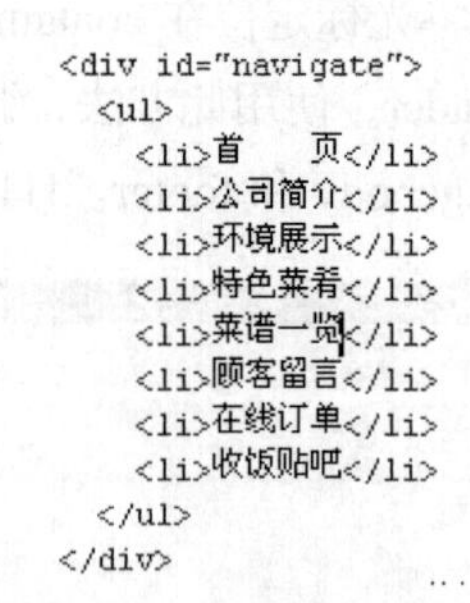

图 6-72　插图无序列表

Step10　定义 Div 标签 navigate 的规则。将光标定位在该标签中，单击“CSS 样式”面板中的“新建 CSS 规则”按钮，系统自动生成一个“选择器类型为”ID，名为#container #navigate 的规则。设置“背景”分类中的“Background-image”的背景图片“images/button-bj.gif”，“Background-repeat”为“repeat-x”，如图 6-73 所示。“方框”分类中通过“Height”设置高度为 22px。

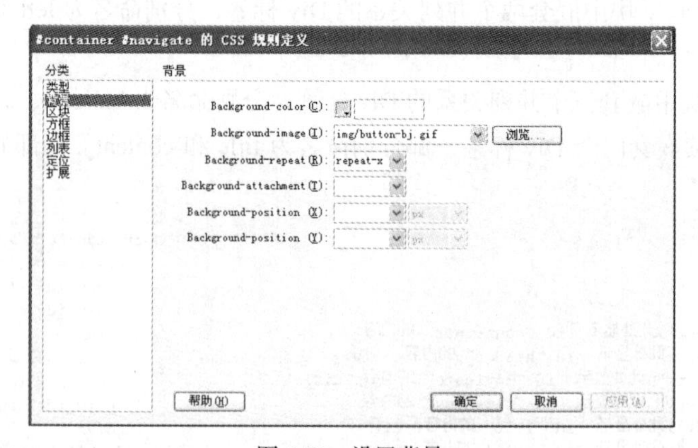

图 6-73　设置背景

导航的背景图事先已经做好，图片尺寸为 96×22。

Step11　在标签选择器中选择 navigate 中的 ul 标签，单击“CSS 样式”面板中的“新建 CSS 规则”按钮，定义#container #navigate ul 规则，设置“类型”分类中的“Font-size”为 14px，“方框”分类中的“Margin-Top”为 4px，“Margin-Left”为 – 42px。

Step12　定义#container #navigate ul li 规则。设置“区块”分类中的“Text-align”为 center，“方框”分类中的“Width”为 96px，“Float”为 left，“列表”分类中的“List-Style-type”选择 none。

下面的制作方法雷同，就不再一一介绍，参考如下 HTML 代码。

```
<body>
<div id="container">
  <div id="header">
    <object id="FlashID" classid="clsid:D27CDB6E-AE6D-11cf-96B8-444553540000" width=
"768" height="190">
```

```
        <param name="movie" value="img/banner.swf" />
        <param name="quality" value="high" />
        <param name="wmode" value="opaque" />
        <param name="swfversion" value="8.0.35.0" />
        <param name="expressinstall" value="Scripts/expressInstall.swf" />
        <object type="application/x-shockwave-flash" data="img/banner.swf" width="768"
height="190">
          <param name="quality" value="high" />
          <param name="wmode" value="opaque" />
          <param name="swfversion" value="8.0.35.0" />
          <param name="expressinstall" value="Scripts/expressInstall.swf" />
          <div>
            <h4>此页面上的内容需要较新版本的 Adobe Flash Player。</h4>
            <p><a href="http://www.adobe.com/go/getflashplayer"><img src="http://www.
adobe.com/images/shared/download_buttons/get_flash_player.gif" alt="获取 Adobe Flash
Player" width="112" height="33" /></a></p>
          </div>
        </object>
      </object>
    </div>
    <div id="navigate">
      <ul>
        <li>首    页</li>
        <li>公司简介</li>
        <li>环境展示</li>
        <li>特色菜肴</li>
        <li>菜谱一览</li>
        <li>顾客留言</li>
        <li>在线订单</li>
        <li>收饭贴吧</li>
      </ul>
    </div>
    <div id="pagebody">
      <div id="left">
        <div id="bulletin">
          <div id="title"></div>
          <div id="content"></div>
        </div>
        <div id="club">
          <div id="title"></div>
          <div id="content"></div>
        </div>
        <div id="partner">
          <div id="title"></div>
          <div id="content"></div>
        </div>
      </div>
      <div id="main">
       <div id="title">公司介绍</div>
       <div id="content">
       <p>想成为正统维多利亚下午茶文化专业人士？！！！</p>
```

```
        <p>想成为英国茶专门店高级管理人才？！！！        </p>
        <p>想成为浪漫文化的代言人？！！！        </p>
        <p>就在古典玫瑰园！</p>
    <p>我们经营的品项有：
    英国茶/花草茶/英国百年骨瓷及下午茶周边商品/正统英式下午茶/玫瑰油画及艺术品
    我们在台湾和大陆拥有 50 家分店，是台湾最大的英国茶连锁体系之一……
    人才，是我们重视与培育的资源！！
    正在壮大中的古典玫瑰园，需要优秀、有企图心、具备外语沟通能力更佳、外型良好、热爱优雅精致艺术文化的您加入！
    我们将提供最专业和严格的培训，
    让您成为专业、优雅、浪漫、精致的英国茶人士 </p>
        <p>地址：碧海市玫瑰路与雪花街交叉口向西 50 米    电话：0055-36515092  </p>
        </div>
      </div>

    </div>
    <div id="footer">
     地    址：碧海市玫瑰路与雪花街交叉口向西 50 米<br />
        联 系 人： 郜小姐
        电    话：0371-36515092  <br />
      电子邮箱： rose123@163.com
  </div>
  </div>
  </body>
```

CSS 样式代码如下：

```
<style type="text/css">
#container {
    width: 768px;
    margin-right: auto;
    margin-left: auto;
    font-size: 12px;
}
#container #pagebody {
    background-image: url(img/bg1.gif);
    background-repeat: repeat-y;
    padding: 9px;
    width: 750px;
}
#container #pagebody #main {
    float: right;
    width: 540px;
}
#container #pagebody #main #content {
    padding-left: 5px;
}
#container #pagebody #left #bulletin #title {
    background-image: url(img/title1-zxgg.gif);
    height: 35px;
    background-repeat: no-repeat;
}
```

```
#container #pagebody #left #club #title {
    background-image: url(img/title2-hydl.gif);
    height: 35px;
    background-repeat: no-repeat;
}
#container #pagebody #left #content {
    height: 80px;
}
#container #footer {
    clear: both;
    height: 60px;
    background-color: #DCB162;
    text-align: center;
    padding-top: 8px;
}
#container #pagebody #main #title {
    background-image: url(img/title4-bj.gif);
    height: 22px;
    padding-top: 8px;
    padding-bottom: 5px;
    padding-left: 40px;
    font-size: 20px;
    font-weight: bold;
}
#container #pagebody #left {
    float: left;
    width: 180px;
}
#container #pagebody #left #partner #title {
    background-image: url(img/title3-hzhb.gif);
    background-repeat: no-repeat;
    height: 35px;
}
#container #navigate {
    background-image: url(img/button-bj.gif);
    background-repeat: repeat-x;
    height: 22px;
}
#container #navigate ul li {
    display: block;
    width: 96px;
    float: left;
    list-style-type: none;
    text-align: center;
}
#container #navigate ul {
    margin-left: -43px;
    margin-top: 3px;
    font-size: 14px;
}
#container #pagebody #main p {
    text-indent: 2em;
}
</style>
```

习　题

一、填空题

1. CSS 规则由两个主要的部分构成：__________，__________。
2. 按__________组合键，可以打开“CSS 样式”面板。
3. CSS 样式表文件的扩展名是__________。
4. 定义 id 选择符要在 id 名称前加上一个__________号。

二、选择题

1. 下列不属于 CSS 中 BOX 属性的是_______。

   A.margin　　B.visibility　　C.padding　　D.border

2. 设置表格单元格边框样式时，应该在“CSS 样式定义”对话框的_______选项中进行。

   A. 边框　　B. 盒子　　C. 列表　　D. 定位

3. 在 HTML 文档中，引用外部样式表的正确位置是_______。

   A. 文档的末尾　　B. <head>部分

   C. 文档的顶部　　D. <body>部分

4. 链接到外部样式表应该使用的标记是_______。

   A. style　　B. link　　C. object　　D. head

5. 下列 CSS 的应用方式中优先级最高的是_______。

   A. 行内样式　　B. 默认样式　　C. 内部样式　　D. 外部样式

6. 当对一条 CSS 定义进行单一选择符的复合样式声明时，不同属性应该用_______分割。

   A. #　　B. ,（逗号）　　C. ;（分号）　　D. :（冒号）

模块七

制作特效网页

【引言】

通过前面的学习，已可以制作出布局美观、图文并茂的页面了，但这种页面缺乏与用户的交互，Dreamweaver CS5 提供了功能强大、操作简单的交互功能，本章将对此内容进行介绍。表单与行为是动态 HTML 的重要组成部分，交互式动态 Web 页面主要采用表单以及行为实现。通过本模块的学习，应能够在网页中添加适当的交互与动态效果。

任务一　使用 JavaScript 制作网页特效

【任务导入】

本任务是使用简单的 JavaScript 语句制作一个网页特效，实现能够控制网页文字显示的大小，效果如图 7-1 所示。

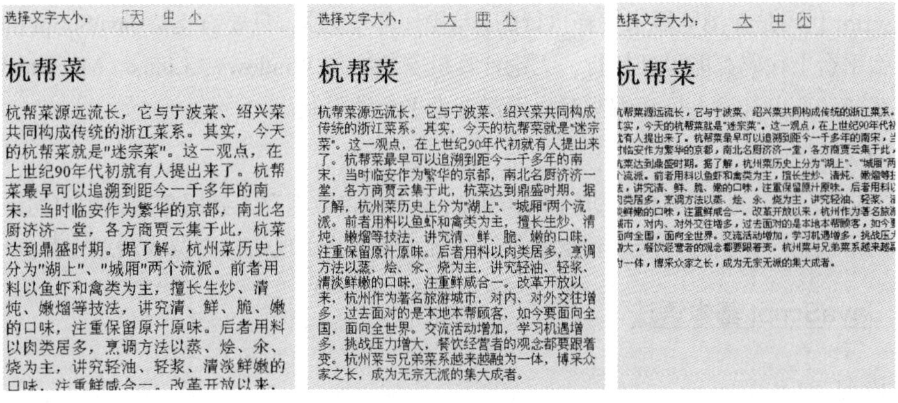

图 7-1　网页文字可以变化大小的效果图

【知识执导】

当用户浏览网页时，页面文字可以调整大小和颜色；用户在填写表单时，页面上的表单常常会对用户的输入进行判断，提示用户输入的信息格式是否正确，哪些项目没有填写；实现站内信息的搜索等，这些都可以使用 JavaScript 实现。

JavaScript 是一种面向对象的解释性脚本语言，使用它可以开发 Internet 客户端的应用程序。JavaScript 在 HTML 页面中以语句的方式出现，在浏览器中执行，与平台无关。实际上 JavaScript 并非 Java 语言的子集，也与 Java 没有直接关系。

一、JavaScript 的特点

JavaScript 作为可以直接在客户端浏览器上运行的脚本程序，有着自身独特的功能和特点，具体归纳如下。

1. 基于对象的编程语言

JavaScript 是一种基于对象的编程语言，并非面向对象的编程语言，因为对象性的特征在 JavaScript 中并不像 Java 语言那么纯正。JavaScript 中有内置的对象，同时用户也可以创建并使用自己的对象。

2. 解释执行的脚本语言

JavaScript 是一种脚本语言，可以在 HTML 代码中创建 JavaScript 代码，同时 JavaScript 是在浏览器中解释执行的，也就是说执行过程不需要编译成与机器相关的二进制代码。

3. 简单性

JavaScript 采用小程序段的方式实现编程。它的基本结构形式与 C、C++十分类似，并且是一种弱类型语言，其变量并没有严格的数据类型。

4. 动态性

相对于 HTML 和 CSS 的静态而言，JavaScript 是动态的，它可以直接对用户输入做出响应，而无需经过服务器端程序。它对用户的响应，是以事件驱动的方式进行的。所谓事件驱动就是触发一定的操作而引起某些动作。例如，单击鼠标、页面加载完毕等都是事件。当事件发生后，可能会引起相应的事件响应，这样就可以实现和用户的动态交互。

5. 跨平台性

JavaScript 代码是在浏览器中解释执行的，与操作环境无关。只要有支持 JavaScript 的浏览器，无论在什么平台上代码都能得到执行，无论计算机安装的是 Windows、Linux、Macintosh 或者其他的操作系统，所以开发人员在编写时也无需考虑平台的限制。

6. 安全性

JavaScript 是安全的，其不允许访问本地硬盘，也不能将数据存入到服务器或用户的计算机上，更不能对网络或用户文档进行修改和删除，只能通过浏览器实现信息浏览或动态交互。

二、JavaScript 基本语法

1. 语句

语句是 JavaScript 代码执行的最基本单元。通常一行代码被认为是一个语句，在结尾可以加

一个分号“;”(是 JavaScript 语言作为一个语句结束的标识符)，有时候也可以不加。但如果多条语句写在一行上就必须在每个语句的结尾处加上分号，否则这一行就会被当成一个语句来执行，从而产生错误。

2. 语句块

语句块是用大括号“{ }”括起来的一个或 n 个语句。在大括号里边是若干个语句，但是在大括号外边，语句块是被当做一个整体。语句块是可以嵌套的，也就是说，一个语句块里边可以再包含一个或多个语句块。

3. 注释

像其他所有语言一样，JavaScript 的注释在运行时也是被忽略的。注释只给程序员提供消息。JavaScript 注释有两种：单行注释和多行注释。

单行注释就是在一行的开头加上“//”，如下面的代码：

```
<script language="JavaScript" type="text/javascript">
//这是单行注释
</script>
```

多行注释就是在代码的开头使用“/*”，在代码的结尾使用“*/”，如下面的代码：

```
<script language="JavaScript" type="text/javascript">
/*注释第一行
 ……
注释最后一行*/
</script>
```

4. 区分大小写

JavaScript 是大小写敏感的，也就是说大写字母和小写字母被认为是不同的字母。例如，“java”和“Java”是不同的。在 JavaScript 语言中，关键字如“if”和“while”等都是小写的；内置对象如“Data”和“Math”等的第一个字母是大写的。在开发过程中一定要注意 JavaScript 的大小写。

5. 代码执行顺序

一个 HTML 文档中可以有多段 JavaScript 代码，代码的执行按照以下顺序：首先执行的代码是<head>和</head>之间的代码，所以可以在这里定义变量或者函数供其他代码引用。之后<body>和</body>之间的代码按照出现的先后顺序由上而下执行。

三、在网页中使用 JavaScript

在网页中以 3 种方式嵌入 JavaScript 代码：创建 JavaScript 代码片段、使用单独 JavaScript 文件和在属性值中使用 JavaScript。

1. 创建 JavaScript 代码片段

通过将 JavaScript 脚本放在<script></script>标记之间嵌入 HTML 代码中，其基本格式为：

```
<script language="JavaScript" type="text/javascript">
JavaScript 脚本代码
</script>
```

其中 language 属性是用来指定脚本语言的。

<script></script>可以放在<head></head>之间，也可以放在<body></body>之间，但两者是有

区别的。放在<body></body>之间的脚本代码会作为页面内容的一部分被加载，可以向页面输出内容。而放在<head></head>之间的代码不可以向页面输出内容，通常用于定义变量或函数。页面不同位置的 JavaScript 脚本代码可以相互引用。

2. 使用单独的 JavaScript 文件

可以将大量的 JavaScript 脚本放入一个外部文件中，在需要的页面中加以引用。这样一方面实现了代码的重用性，另一方面提高了页面的加载速度。

使用下面的方法将外部 JavaScript 文件引入到当前页面：

```
<head>
...
<script language="JavaScript" type="text/javascript" src="tx.js"></script>
...
</head>
```

属性 src 是用来指定外部 JavaScript 文件的路径， JavaScript 文件的扩展名为“js”。

3. 在属性值中使用 JavaScript

还可以将 JavaScript 代码作为属性值使用，这通常用来响应某个事件，实现和用户的交互，如：

```
<input type="button" name="button" value="按钮" onclick="alert('welcome!')" />
```

当用户点击按钮时，就会执行在 onclick 属性指定的 JavaScript 脚本。

【任务实施】

Step1　新建文档，在文档中输入“大中小”，并为其分别建立虚拟链接。

Step2　在文档中插入一个水平线。执行“插入”→“HTML”→“水平线”命令。

Step3　执行“插入”→“标签”命令，选择 HTML 标签中的 span，并定义 ID，如图 7-2 所示。然后再在“代码”视图的<span></span>之间输入文本内容。

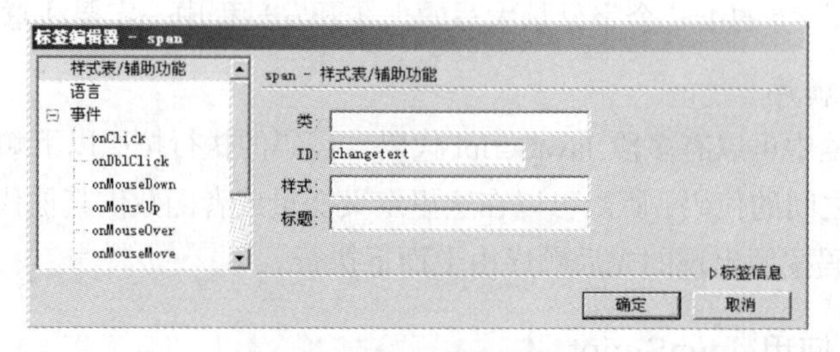

图 7-2　为 span 标签定义 ID

Step4　在<head>和</head>中输入 JavaScript 代码，并将<body>中的“大中小”的虚拟链接改为"href="javascript: doChange (20)""等。该文档的代码如下。

```
<html>
  <head>
      <meta http-equiv="Content-Type" content="text/html; charset=utf-8" />
      <script type="text/javascript">
          function doChange(size)
              {document.getElementById('changeText').style.fontSize=size+'px';}
      </script>
  </head>
  <body>
      <p>请选择文字大小：
```

```
        <a href="javascript: doChange (20)">大</a>
        <a href="javascript: doChange (16)">中</a>
        <a href="javascript: doChange (12)">小</a>
    </p>
    <hr />
        <span id="changeText">******(能够改变大小的文字内容)******</span>
  </body>
</html>
```

Step5　保存网页，按“F12”键，预览网页。

任务二　使用 Dreamweaver 内置行为制作网页特效

【任务导入】

本任务是制作一个展示餐厅招牌菜的一个网页，当打开网页时，显示的是菜谱封面图片，当鼠标经过菜品名称时，会在右边显示相应的图片，如图 7-3 所示。

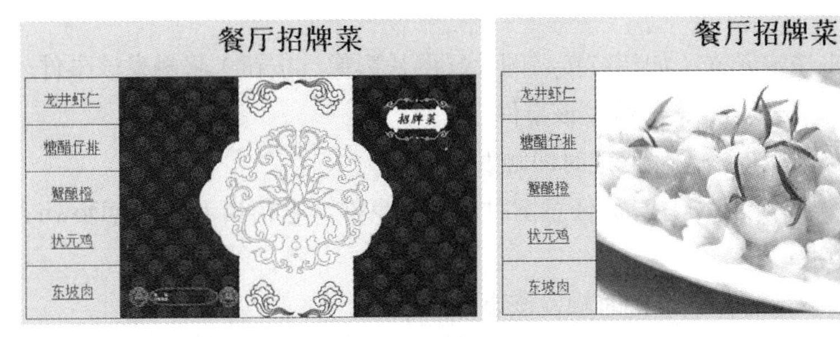

图 7-3　效果图

【知识指导】

一、行为概述

所谓的行为就是在网页中进行一系列的动作，通过这些动作，可以实现用户与网页的交互，也可以通过动作使某个任务被执行。在 Dreamweaver 中利用行为，不需要书写代码，就可以实现丰富的动态页面效果，达到用户与页面的交互。

一个行为由事件和动作组成。事件用于指明执行某项动作的条件，如鼠标移到对象上方、离开对象、单击对象、双击对象、定时等都是事件；动作通常由一段 JavaScript 代码组成，利用这段代码可以完成相应的任务，例如打开浏览器、播放声音等。例如，当用户将鼠标移动到一幅图像上，这就产生了一个事件，如果这时候图像变化（这就是我们前面介绍过的鼠标经过图像），则就导致了一个动作发生。

事件是触发动态效果的条件。网页事件分为不同的种类。有的与鼠标有关，有的与键盘有关，如鼠标单击、键盘某个键按下。有的事件还和网页相关，如网页下载完毕，网页切换等。不同版本的浏览器支持的事件种类和个数也不相同。

对象是产生行为的主体。网页中的很多元素都可以成为对象，例如：整个 HTML 文档、一个图片、一段文字、一个媒体文件等，行为被附加到这些对象上。例如，当鼠标单击超级链接时，窗口关闭，在这个例子中，超级链接是对象，鼠标单击是事件，关闭窗口是动作。用户可以为同一个对象指定多个动作，动作按照它们在行为面板的动作列表中列出的顺序发生。

不同的浏览器支持的行为事件是不一样的。

行为代码是 JavaScript 代码，在 Dreamweaver 中，内置了很多动作，即使用户不熟悉 JavaScript 代码，也可以通过 Dreamweaver 提供的“行为”面板方便的构建行为。

二、事件、动作与行为面板

1. 主要的事件

事件由浏览器定义、产生与执行，例如，onMouseOut、onMouseOver、onClick 在大多数浏览器中都用于与某个链接关联，而 onLoad 则用于与图片及文档的 body 关联。下面列出了一些常见的事件。

- onClick：单击选定元素（如超链接、图片、图片影像、按钮）将触发该事件。
- onDbClick：双击选定元素将触发该事件。
- onKeyDown：当用户按下任何键时即触发该事件。
- onKeyPress：当用户按下并释放任意键时触发该事件。它相当于 onKeyDown 与 onKeyUp 事件的联合。
- onKeyUp：按下键后释放该键时触发该事件。
- onLoad：当图片或页面完成装载后触发该事件。
- onMouseDown：当用户按下鼠标键（不必释放鼠标键）时触发该事件。
- onMouseMove：当鼠标指针停留在对象边界内时触发该事件。
- onMouseOut：当鼠标指针离开对象边界时触发该事件。
- onMouseOver：当鼠标首次移动指向特定对象时触发该事件。该事件通常用于链接。
- onMouseUp：当按下的鼠标键被释放时触发该事件。
- onSubmit：确认表单时触发该事件。
- onUnload：离开页面时触发该事件。

2. 主要的动作

下面列出了 Dreamweaver 支持的动作。

- 交换图像：通过改变 img 标记的 src 属性，改变图像。利用该动作可创建活动按钮或其他图像效果。
- 弹出信息：显示带指定信息的 JavaScript 警告。用户可在文本中嵌入任何有效的 JavaScript 功能如调用、属性、全局变量或表达式（需用“{}”括起来）。例如，“本页面的 URL 为 {window. location}，今天是{new Date（）}”。
- 恢复交换图像：恢复交换图像至原图。
- 打开浏览器窗口：在新窗口中打开 URL，并可设置新窗口的尺寸等属性。

- 拖动 AP 元素：利用该动作可允许用户拖动 AP 元素。
- 改变属性：改变对象属性值。
- 效果：Spry 效果是视觉增强功能。
- 时间轴：播放或停止时间轴动画。
- 显示-隐藏元素：指定一个或多个元素窗口，显示、隐藏恢复其默认属性。
- 检查插件：利用该动作可根据访问者所安装的插件，发送给其不同的页面。例如，可根据访问者的计算机中是否安装了 Shockwave，而发送给其不同的网页。
- 检查表单：检查文本框内容，以确保用户输入的数据格式正确无误。
- 设置导航条图像：将图片加入导航条或改变导航条图片显示。
- 设置文本：利用指定内容设置容器、文本域、框架、状态栏文本。
- 调用 JavaScript：执行 JavaScript 代码。
- 跳转菜单：当用户创建了一个跳转菜单时，可以使用其为菜单附加行为。
- 转到 URL：在当前窗口或指定框架打开一个新页面。
- 预先载入图像：装入图片，但该图片在页面进入浏览器缓冲区之后不立即显示。它主要用于时间线、行为等，从而防止因下载引起的延迟。

另外，Dreamweaver 还可以从网上获取其他更多动作。

3. 行为面板

“行为”面板用于设置和编辑行为。执行“窗口”→“行为”命令，可以打开“行为”面板，如图 7-4 所示。该面板中各项功能如下。

- 按钮：显示设置事件，显示添加到当前文档的事件，是默认的视图。
- 按钮：显示所有事件，按字母的降序显示给定类别的所有事件。
- +按钮：单击该按钮，可以弹出行为列表，选择一个行为后，会弹出该行为的对话框。
- −按钮：删除当前选择的行为。
- ▲ ▼按钮：改变行为的顺序。

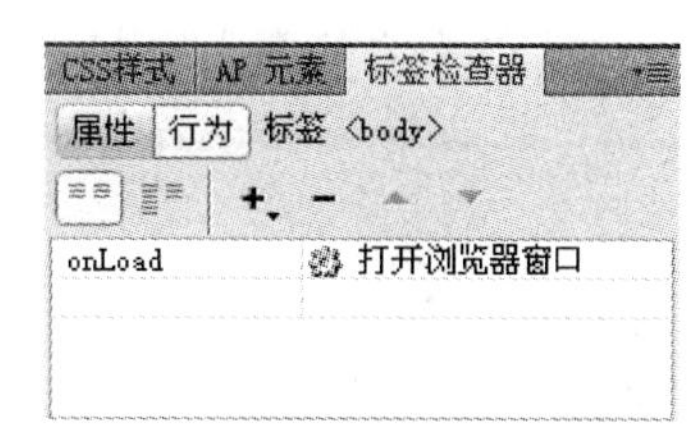

图 7-4　“行为”面板

三、添加行为

可以将行为添加给整个文件，也可以添加给链接、图像、表单对象或任何其他的 HTML 对象。添加行为的步骤如下。

Step1　选取一个特定的元素，行为将被加到此特定元素上。

Step2　在行为面板点击+按钮，在弹出的列表中选择一个希望执行的动作，如图 7-5 所示。

Step3　系统将打开一个相对于该行为的对话框，用户为动画设定具体的参数。

Step4　添加行为结束后，系统会自动添加一个相应的缺省事件，根据需要做相应的修改。

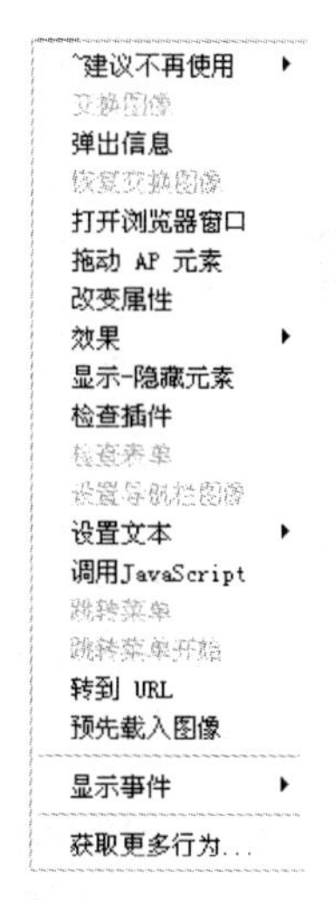

图 7-5　添加行为菜单

四、第三方 JavaScript 库的支持

Dreamweaver 最有用的功能之一就是它的扩展性，它提供了对多种 JavaScript 的第三方类库，如 Prototype、jQuery、YUI、ExtJS 等的支持。单击“行为”面板上的+按钮，选择“获取更多行为”，随后打开一个浏览器窗口，可以进入 Exchange 站点，在该站点可以浏览、搜索、下载并安装更多更新的行为。

【任务实施】

Step1 新建一个网页文档。

Step2 将光标定位于网页的空白处，单击“插入”面板的“表格”按钮，在当前位置插入一个 5 行 2 列的表格，将第 2 列的 5 个单元格合并。

Step3 在表格的第 1 列的 5 个单元格中分别输入文本菜品名称，并分别为其设置虚拟链接，方法是在“属性”面板的“链接”文本框中输入一个“#”号。

Step4 在表格的第 2 列单元格中，插入系列图片 zhaopai*.jpg，图片文件在“food\image”文件夹，并在“属性”面板中为图像命名 zhaopai。

Step5 选择链接文本“龙井虾仁”，在“行为”面板中为其添加“交换图像”行为，在弹出的对话框中，选择图像“zhaopai”，然后单击“设定原始档为”后的“浏览”按钮，选择鼠标经过图像，并选择“预先载入图像”和“鼠标滑开时恢复图像”复选项。对话框的设置如图 7-6 所示。单击“确定”按钮后，“行为”面板的显示如图 7-7 所示。

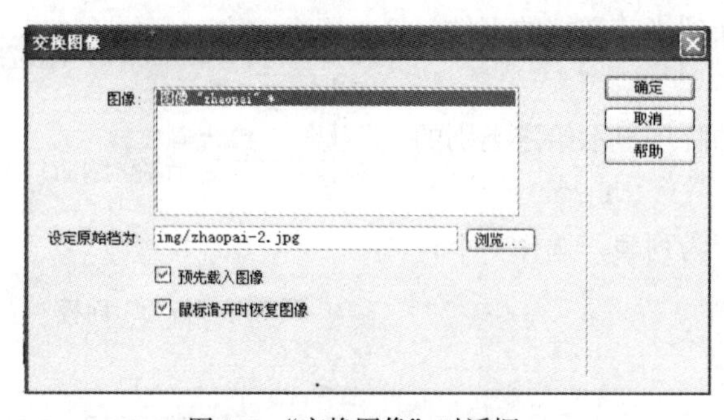

图 7-6 “交换图像”对话框

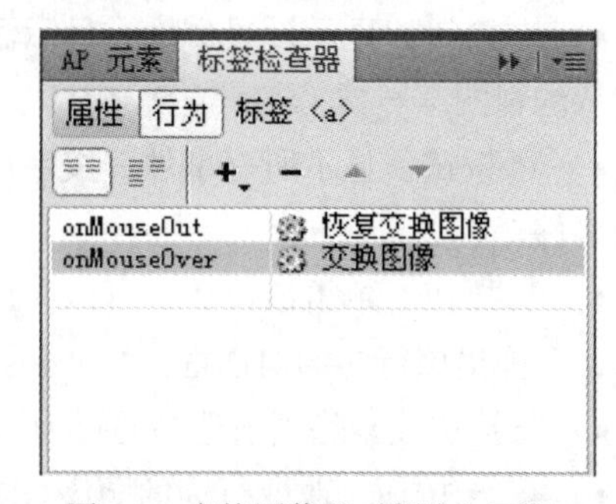

图 7-7 交换图像的“行为”面板

“恢复交换图像”行为主要用于把在“交换图像”行为中设置的后一张图像恢复为前一张图像。在“交换图像”对话框中，若勾选“鼠标滑开时恢复图像”复选框，则该动作会自动添加到添加“交换图像”行为的对象上。

若在图 7-6 的“交换图像”对话框中勾选“预先载入图像”复选框，则为<body>自动添加一个“预先载入图像”行为，该行为能够提前将那些不显示的图片下载到访问者的本地硬盘上，存储在浏览器的调整缓存中，这样可以提高图像的显示速度。

Step6 按照 Step5 的方法，为其他文字添加“交换图像”行为。

Step7 保存网页，按“F12”键，预览网页。

【任务拓展】

在浏览器载入主页的同时会自动打开另外一个播放广告的浏览器窗口，并在网页的状态栏显示欢迎文字，在关闭网页时能弹出消息框；单击广告网页上的按钮能关闭网页，效果如图 7-8 所示。

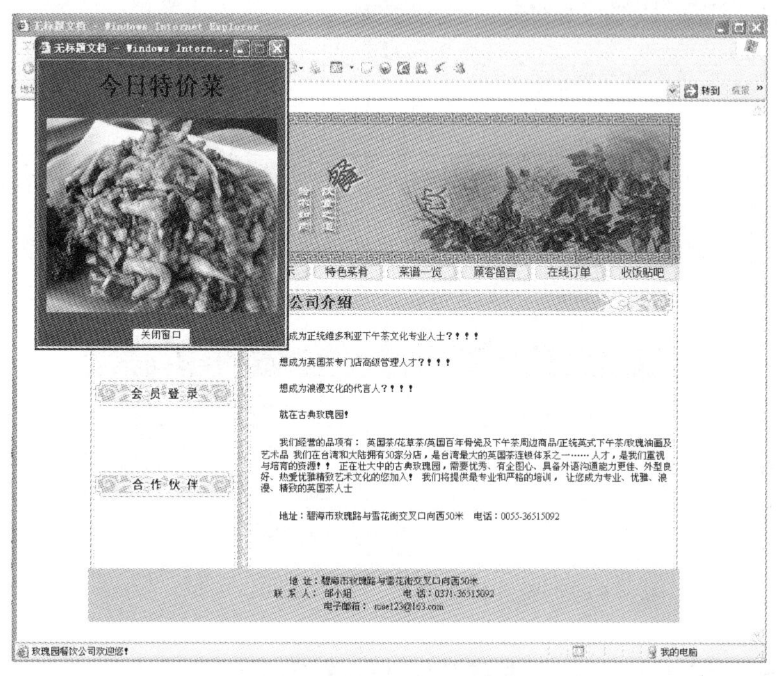

图 7-8　网页效果图

操作步骤。

Step1　打开文档，从“标签选择器”中选择<body>标签。

Step2　在“行为”面板上，单击其中的+按钮，从弹出的菜单中选择“打开浏览器窗口”命令。系统弹出对话框，如图 7-9 所示，为“要显示的 URL”选择一个广告文件，并根据文件的大小设置窗口的宽度、高度和窗口属性。

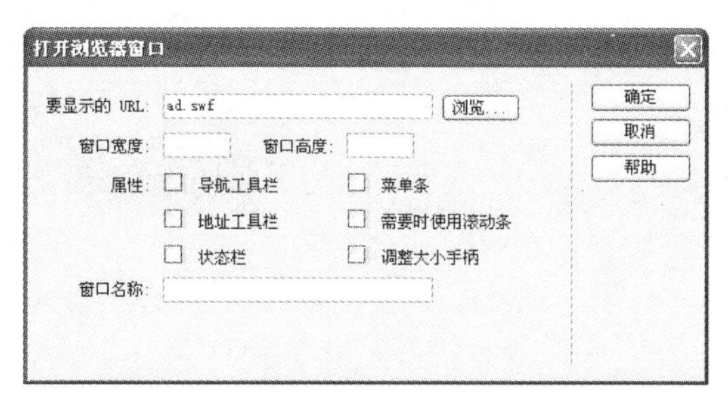

图 7-9　设置“打开浏览器窗口”对话框

Step3　设置完毕后，单击“确认”按钮，这时在“行为”面板中将出现刚添加的行为，确定行为的事件为 onLoad。

Step4　采用同样的方法，为<body>添加“设置文本”→“设置状态栏文本”，在弹出的对话框中输入要显示的文本，如图 7-10 所示。再添加一个“弹出信息”行为，在“弹出信息”对话框中，输入要显示的文字，并在“行为”面板中将该行为的事件改为 onUnLoad。“行为”面板如图 7-11 所示。

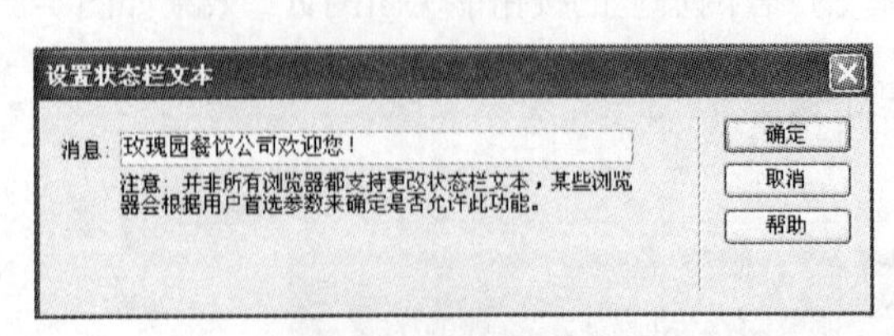

图 7-10　设置状态栏文本

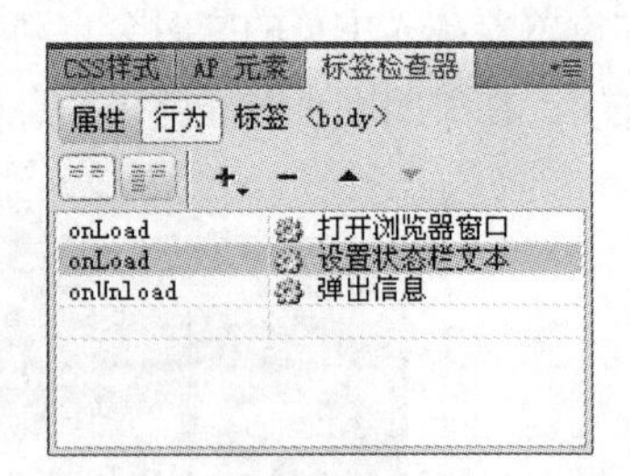

图 7-11　设置后的“行为”面板

Step5　在广告页面中添加一个按钮，设置属性动作为“无”，值为：“关闭窗口”。选择按钮添加行为“调用 JavaScript”，如图 7-12 所示。

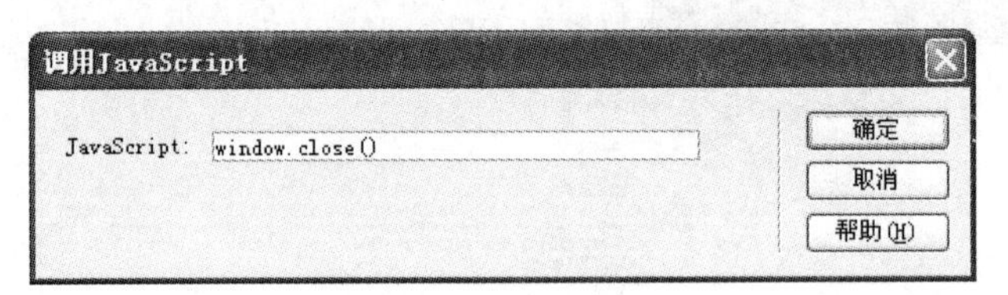

图 7-12　调用 JavaScript

Step6　保存网页，按“F12”键，预览网页。

任务三　使用 Spry 框架制作动态导航菜单

【任务导入】

本任务是使用 Spry 框架中的 Spry 菜单栏制作网页导航中的下拉菜单，并且当鼠标经过菜单选项时，菜单背景颜色发生变化，效果如图 7-13 所示。

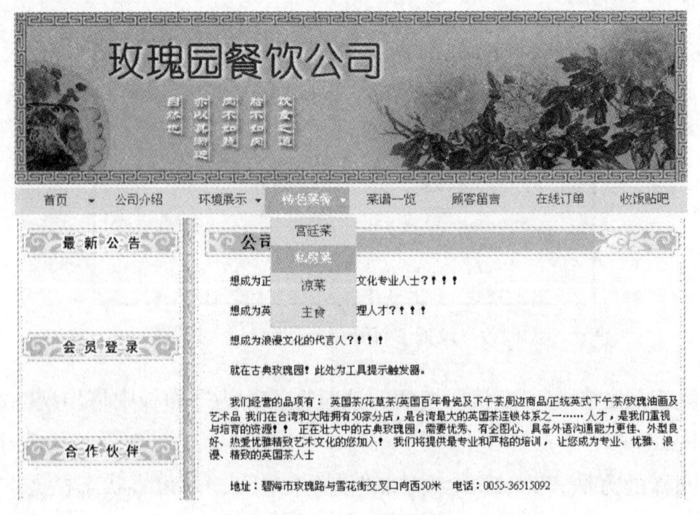

图 7-13　网页效果图

【相关知识】

一、Spry 框架概述

Spry 框架是一个 JavaScript 库。使用 Spry 框架可以为网页增加交互功能和各种样式，如导航菜单、可折叠栏目显示和工具提示等，以此达到完善网页功能和优化网页的目的。有了 Spry，就可以使用 HTML、CSS 和极少量的 JavaScript 将 XML 数据合并到 HTML 文档中，创建构件（如折叠构件和菜单栏），向各种页面元素中添加不同种类的效果。在设计上，Spry 框架的标记非常简单且便于那些具有 HTML、CSS 和 JavaScript 基础知识的用户使用。

Spry 构件是一个页面元素，通过启用用户交互来提供更丰富的用户体验。Spry 构件由以下几个部分组成。

- 构件结构：用来定义构件结构组成的 HTML 代码块。
- 构件行为：用来控制构件如何响应用户启动事件的 JavaScript。
- 构件样式：用来指定构件外观的 CSS。

二、Spry 框架中的构件

在 Dreamweaver CS5“插入”面板的“布局”选项组中，Spry 构件主要包括 Spry 菜单栏、Spry 选项卡式面板、Spry 折叠式和 Spry 可折叠面板等，如图 7-14 所示。

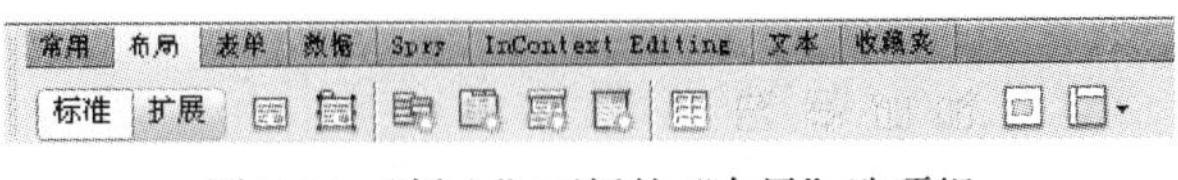

图 7-14　“插入”面板的“布局”选项组

1. 插入 Spry 菜单栏

菜单栏构件是一组可导航的菜单按钮，当站点访问者将鼠标悬停在其中的某个按钮上时，将显示相应的子菜单。使用菜单栏可在紧凑的空间中显示大量可导航信息，并使访问者无需深入浏览站点即可了解网站上提供的内容。

Dreamweaver 允许插入两种菜单栏构件：垂直菜单栏和水平菜单栏。本节任务就是制作一个水平菜单栏，制作的详细步骤，参看本节的任务实施。

2. 插入 Spry 选项卡式面板

Spry 选项卡式面板构件是一组面板，用来将内容存储到紧凑空间中。站点访问者可通过单击他们要访问的面板上的选项卡来隐藏或显示存储在选项卡式面板上的内容。当访问者单击不同的选项卡时，构件的面板会相应的打开。在较早版本的 Dreamweaver 中，在页面中制作选项卡需要编写代码，但是在 Dreamweaver CS5 中，借助 Spry 选项卡式面板制作选项卡非常方便。

插入 Spry 选项卡式面板的操作步骤如下。

Step1　将光标定位到需要插入 Spry 选项卡式面板的位置，执行“插入”→“布局对象”→“Spry 选项卡式面板”命令，即可在网页的相应位置插入选项卡，效果如图 7-15 所示。

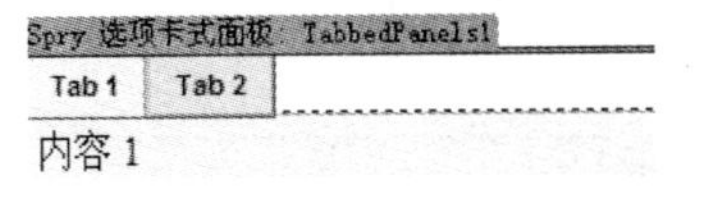

图 7-15　插入的 Spry 选项卡

Step2　将光标定位在插入的选项卡内部，然后在显示的“Spry 选项卡式面板：TabbedPanels1”标题上单击，选中 Spry

选项卡，即可打开选项卡的属性面板，如图 7-16 所示。

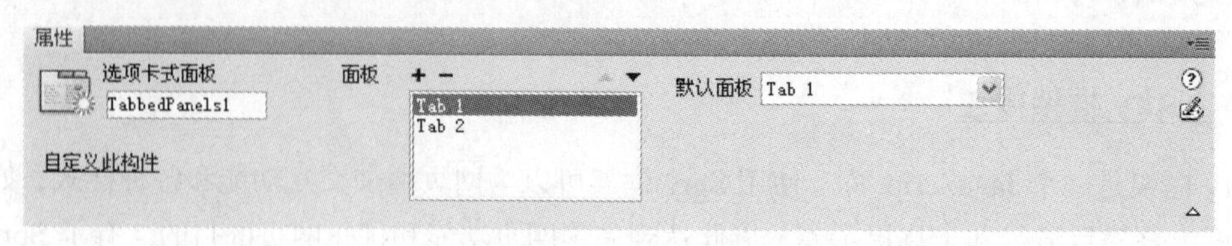

图 7-16　Spry 选项卡的属性面板

Step3　在 Spry 选项卡的属性面板中，单击“+”和“−”按钮可以添加和删除选项卡项目；单击“▲”和“▼”按钮可以调整项目的排列顺序。

Step4　如果修改选项卡项目的名称，需要在设计窗口中选中选项卡项目的名称进行修改；如果编辑选项卡的内容，可以将光标放在选项卡项目名称上，使选项卡项目名称上显示![eye icon]，然后单击![eye icon]，切换到相应选项内编辑内容即可。编辑后的选项卡如图 7-17 所示。

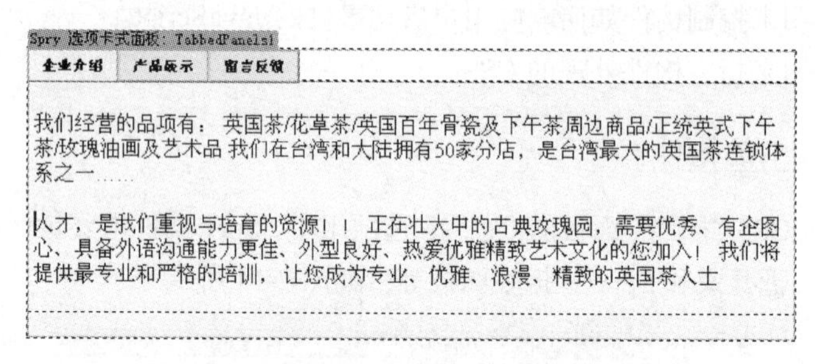

图 7-17　编辑 Spry 选项卡

Step5　所有操作完成后，按【F12】键进行预览，这时系统自动弹出“复制相关文件”对话框，同样，这是 Dreamweaver 自动生成的脚本文件和 CSS 文件。

Step6　单击“确定”按钮即可。

3. 使用 Spry 折叠式控件

Spry 折叠式控件是一组可折叠的面板，单击其中的一个选项时，只有这个选项的内容会显示，其他选项中的内容都被隐藏，从而实现比较好的网页效果。

插入 Spry 折叠式控件的操作步骤如下。

Step1　将光标定位到需要插入 Spry 折叠式控件的位置，执行“插入”→“布局对象”→“Spry 折叠式”命令，或单击“插入”面板的“布局”选项组中的“Spry 折叠式”按钮，即可在网页的相应位置插入 Spry 折叠式控件，效果如图 7-18 所示。

Step2　将光标定位在插入的 Spry 折叠式控件内部，然后在显示的“Spry 折叠式：Accordion1”标题上单击，选中 Spry 折叠式控件，即可打开折叠式控件的属性面板，如图 7-19 所示。

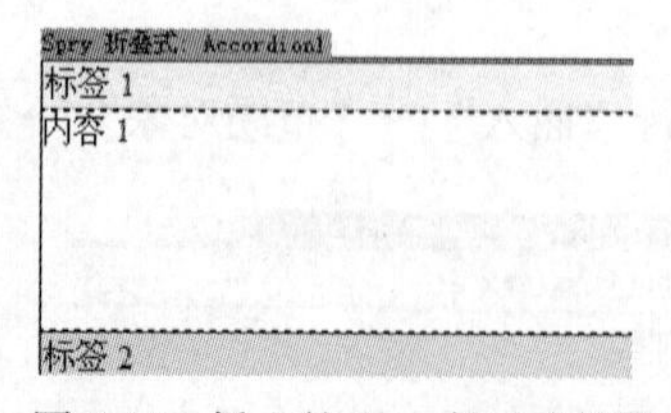

图 7-18　插入的 Spry 折叠式控件

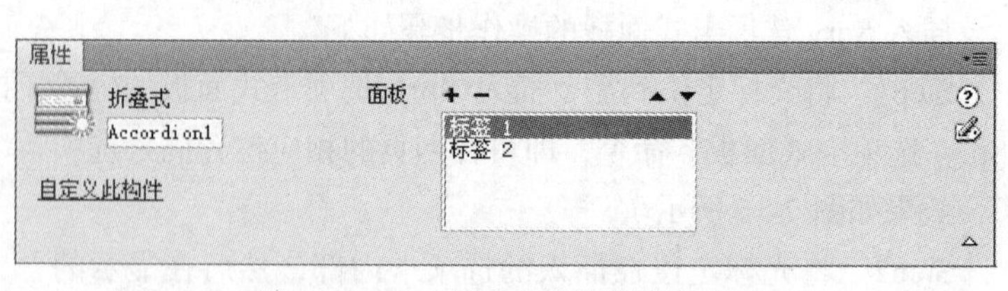

图 7-19　Spry 折叠式控件的属性面板

Step3　在 Spry 折叠式控件的属性面板中，单击“+”和“−”按钮可以添加和删除选项卡项目；单击“▲”和“▼”按钮可以调整项目的排列顺序。

Step4　如果需要修改折叠式选项卡的名称，需要在设计窗口中选中选项卡项目的名称进行修改；如果需要编辑选项卡的内容，可以将光标放在选项卡项目名称上，同样在选项卡项目名称的右侧会显示，单击切换到相应选项内编辑内容即可。编辑后的效果如图 7-20 所示。

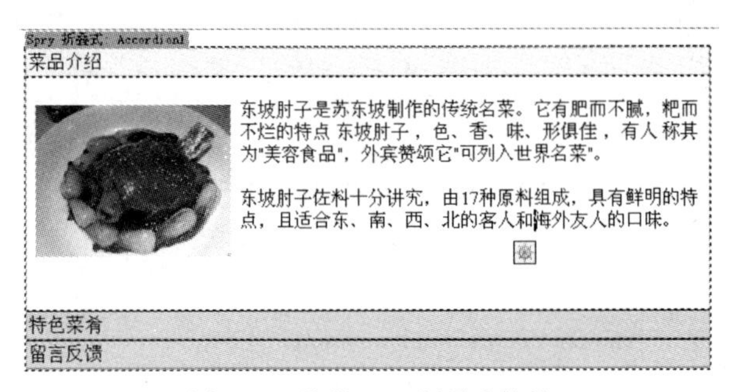

图 7-20　编辑 Spry 折叠式控件

Step5　所有操作完成后，按“F12”功能键进行预览，这时系统自动弹出“复制相关文件”对话框，单击对话框中的“确定”按钮后，即可看到网页的预览效果。

4. 使用 Spry 可折叠面板

Spry 折叠面板中的内容也可以折叠，但是与 Spry 折叠式控件不同的是：Spry 折叠式控件中必须有一个选项被显示，其他选项都被隐藏；而 Spry 折叠面板中的内容可以自由地设置显示或折叠状态。

插入 Spry 可折叠面板的操作步骤如下。

Step1　将光标定位到需要插入 Spry 可折叠面板的位置，执行“插入”→“布局对象”→“Spry 可折叠面板”命令，或单击“插入”面板的“布局”选项组中的“Spry 可折叠面板”按钮，即可在网页的相应位置插入 Spry 可折叠面板，效果如图 7-21 所示。

Step2　将光标定位在插入的 Spry 可折叠面板内部，然后在显示的“Spry 可折叠面板：CollapsiblePanel1”标题上单击，选中 Spry 可折叠面板，即可打开可折叠面板的属性面板，如图 7-22 所示。

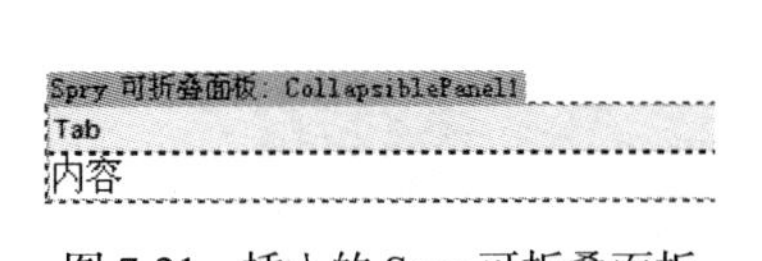

图 7-21　插入的 Spry 可折叠面板

图 7-22　Spry 可折叠面板的属性面板

Step3　在其属性面板中，通过“显示”列表框可以设置折叠面板的编辑区是否打开；通过“默认状态”列表框可以设置在网页预览时折叠式面板是否为打开的状态；选中“启用动画”复选框可以在网页预览时显示面板折叠或展开的动画效果。

Step4　若要添加多个可折叠选项，可以继续插入 Spry 可折叠面板。

Step5　在设计窗口中可以修改选项卡项目的名称，并编辑相应的选项内容。

Step6　所有操作完成后，按“F12”键进行预览，同样弹出“复制相关文件”对话框，单击“确定”按钮后，即可看到网页的预览效果，如图 7-23 所示。

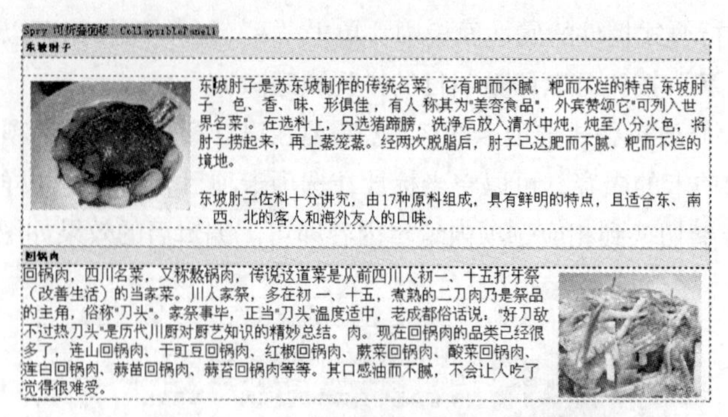

图 7-23　Spry 可折叠面板的预览效果

【任务实施】

Step1　打开模块六中任务三的例子，将 navigate 块中的内容删除，在此将插入一个 Spry 菜单栏代替。

Step2　光标定位到需要插入 Spry 菜单栏的位置，执行“插入”→“布局对象”→“Spry 菜单栏”命令，或单击“插入”面板的“布局”选项组中的“Spry 菜单栏”按钮，程序将打开“Spry 菜单栏”对话框，如图 7-24 所示。

Step3　根据菜单的显示方式，用户可以自行在对话框中选择 Spry 菜单栏的布局方向为“水平”或者“垂直”，一般情况下，如果要制作网页的导航栏效果，选择“水平”方向的情况居多。

Step4　单击“确定”按钮，即可在网页的相应位置插入菜单栏，效果如图 7-25 所示。

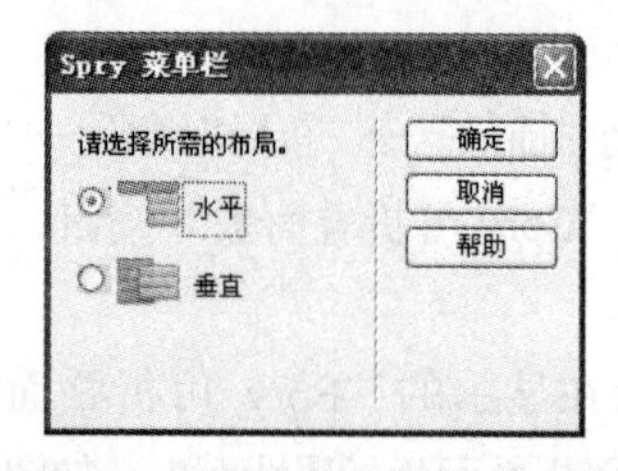

图 7-24　“Spry 菜单栏”对话框

图 7-25　插入的 Spry 菜单栏

Step5　将光标定位在插入的菜单栏内部，然后在显示的“Spry 菜单栏：MenuBar1”标题上单击，选中 Spry 菜单栏，即可打开菜单栏的属性面板，如图 7-26 所示。

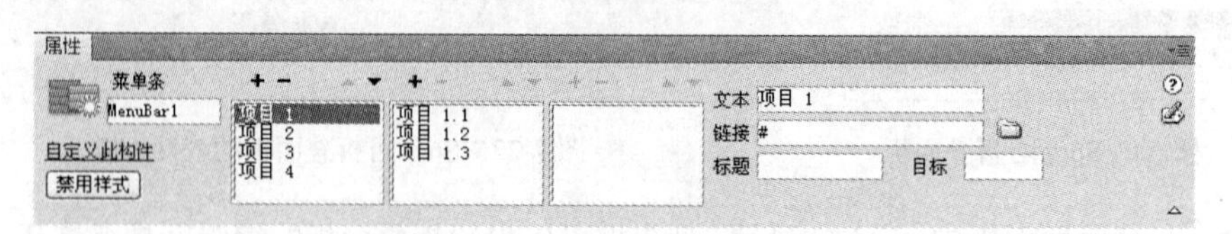

图 7-26　Spry 菜单栏的属性面板

Step6　在 Spry 菜单栏的属性面板中，单击“+”和“−”按钮可以添加和删除菜单项目以及子菜单项目；单击“▲”和“▼”按钮可以调整项目的排列顺序；在“文本”选项后面的文本框中可以修改菜单项目的名称；如果菜单项目有超级链接，可以在选中项目之后，在“链接”文本框中编辑超级链接地址；同样还可以在“目标”文本框中设置超级链接目标打开的方式。设置完成后的属性面板如图 7-27 所示。

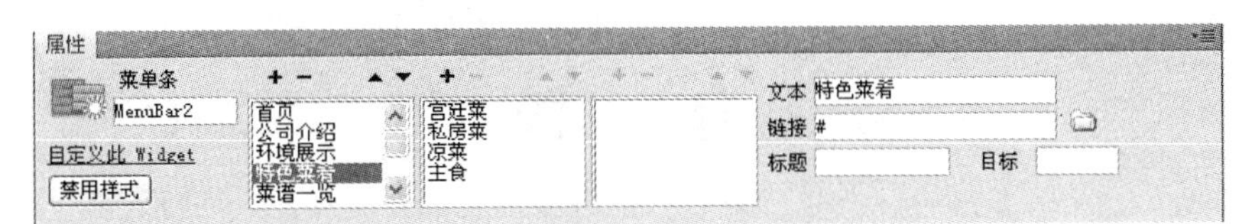

图 7-27　设置后的 Spry 菜单栏属性面板

在 Spry 菜单栏的属性面板中有 3 组"+"、"—"、"▲"和"▼"按钮，第 1 组按钮用来编辑主菜单，第 2 组按钮用来编辑二级子菜单，第 3 组按钮编辑三级子菜单，在 Dreamweaver CS5 中，最多可以添加三级菜单。

Step7　在属性面板设置完成后，设计窗口中原来的菜单栏会显示属性面板上的菜单项目，所有操作完成后，按"F12"功能键进行预览，这时系统自动弹出"复制相关文件"对话框，如图 7-28 所示，这是 Dreamweaver CS5 自动生成的脚本文件和 CSS 文件。单击"确定"按钮，在保存网页文件的文件夹下自动创建"SpryAssets"文件夹，文件夹中包括 JS 文件和 CSS 文件。

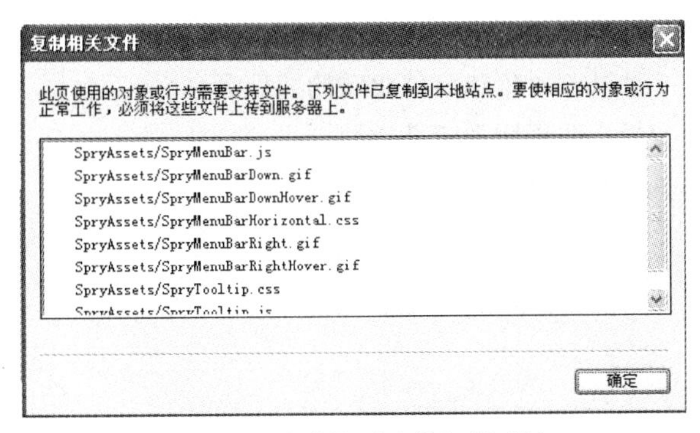

图 7-28　"复制相关文件"提示框

Step8　如果要编辑菜单的背景色，在"CSS 样式"面板，修改"ul.MenuBarHorizontal a"、"ul.MenuBarHorizontal a:hover, ul.MenuBarHorizontal a:focus"和"ul.MenuBarHorizontal a.MenuBarItemHover, ul.MenuBarHorizontal a.MenuBarItemSubmenuHover, ul.MenuBarHorizontal a.MenuBarSubmenuVisible"样式，如图 7-29 所示。

图 7-29　编辑菜单背景色的样式

Step9　保存网页，按"F12"键预览网页。

习　题

一、填空题

1. 引用外部脚本文件时，需要通过<script>标记中的__________属性来指定文件的路径。
2. JavaScript 中定义函数所使用的关键字是__________。

二、选择题

1. 在 HTML 中嵌入 JavaScript 应该使用的标记是_______。

   A. <script></ script>　　B. <head></ head>

   C. <body></body>　　D. <!--...//-->

2. 下列_______不是浏览器事件。

   A. load　　B. unload　　C. submit　　D. update

3. 下列描述正确的是_______。

   A. JavaScript 是一种编译型语言

   B. JavaScript 是一种基于对象和事件驱动的编程语言

   C. JavaScript 中变量声明采用强定义类型

   D. JavaScript 不具有跨平台性

模块八

使用模板和库提高制作效率

【引言】

在 Dreamweaver CS5 中有两种简便的功能：模板和库，可以提高网页的制作效率。模板用来生成一个网页样板，可以使用模板创建风格相似、结构相同的网页，以便减少重复操作。库的功能和模板相似，可以将同一内容用于不同的网页中，库通常应用于一些简单的网页元素。

任务一 使用模板简化相似网页的制作

【任务导入】

创建玫瑰园餐饮公司网站的模板页。一个网站中虽然可以包含成百上千个网页，但是许多网页的布局相似，甚至网页中部分区域的内容相同，我们可以通过 Dreamweaver 中模板这个功能，创建一个样板页，通过这个样板页制作多个相似的页面，效果如图 8-1 所示。

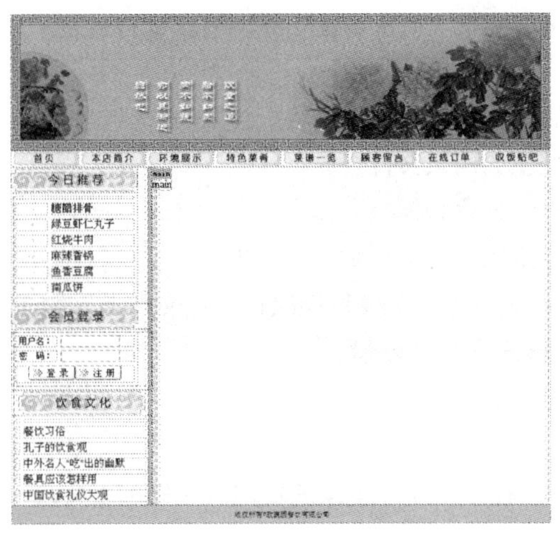

图 8-1　模板效果图

【知识执导】

一、模板的概念

模板是用来产生带有固定特征和共同格式的文档基础，是用户进行批量生产文档的工具。如果用户要求网站和网页具有统一的结构和外观，或者希望编写某种带有共同格式和特征的文档用于多篇网页，则可以将这些共同的格式存为模板，再通过模板产生出新的文档，所生成的新文档会自动出现这些共同的内容。通过 Dreamweaver 提供的模板功能，在创建或更新网页时可以大大提高工作效率，模板实际上就是作为创建特定文件的基础文件。

使用模板可以带来如下优点。

- 风格一致，看起来比较统一，也省去了制作相同风格页面的麻烦。
- 如果要修改共同的页面，不必逐个修改，只需要更改应用于它们的模板即可。
- 基于模板建立起来的网页具有统一的页面风格，如果改变模板文件，系统将会自动更新网页，达到事半功倍的效果。

二、创建模板

用户可以由一个空白的 HTML 文件生成一个模板，也可以把现有的 HTML 文件另存为模板，并做适当的修改以满足需要。

1. 创建一个新的空白模板

Step1 执行“窗口”→“资源”命令，打开“资源”面板。

Step2 在“资源”面板中单击左侧的“模板”按钮，显示“模板”窗口，如图 8-2 所示。

Step3 单击模板窗口中右下角的“新建模板”按钮，即可在模板窗口中显示一个模板页面的图标，单击图标可以更改模板的名称，双击图标可以打开模板页面进行编辑。

图 8-2 模板窗口

也可以通过执行“文件”→“新建”→“空模板”菜单命令，或者单击“插入”面板中“常用”选项下的“创建模板”命令创建空白模板。

2. 将一个已经存在的文件另存为模板

Step1 打开一个已经存在的网页文件。

Step2 执行“文件”→“另存为模板”命令。

Step3 在弹出的“另存模板”对话框输入模板的名称。

创建模板后，Dreamweaver 自动会将模板存储在站点文件夹下的 Templates 子文件夹中，如果此文件夹不存在，Dreamweaver 会自动创建。

三、编辑模板

建立一个模板后，就可以在编辑窗口中像编辑网页一样编辑模板。当然，模板也有自己独特的特点，如锁定区和可编辑区等。

模板中的锁定区是不可编辑的部分，可编辑区对应网页中的可编辑部分，默认情况下，Dreamweaver 将新模板的所有区域均设置为锁定区。如果一个模板没有定义可编辑区，则在保存时系统会进行提示。

1. 设置可编辑区域

设置可编辑区域的步骤如下。

Step1　在“模板”窗口中选择一个模板，然后单击“资源”面板上的“编辑”按钮。

Step2　在出现的模板编辑窗口中，按照网页编辑的方法对模板进行修改。

Step3　将光标定位在要插入可编辑区的地方，单击“插入”面板的“常用”选项组中的“模板”按钮，在下拉列表中选择“可编辑区域”按钮，如图 8-3 所示。

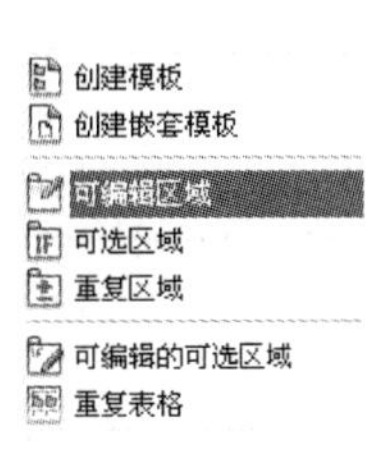

图 8-3　模板按钮选项

Step4　在弹出的“新建可编辑区域”对话框中输入可编辑区域的名称，如图 8-4 所示。

Step5　在模板中相应区域的左上角即可显示这个可编辑区域的名称，如图 8-5 所示。

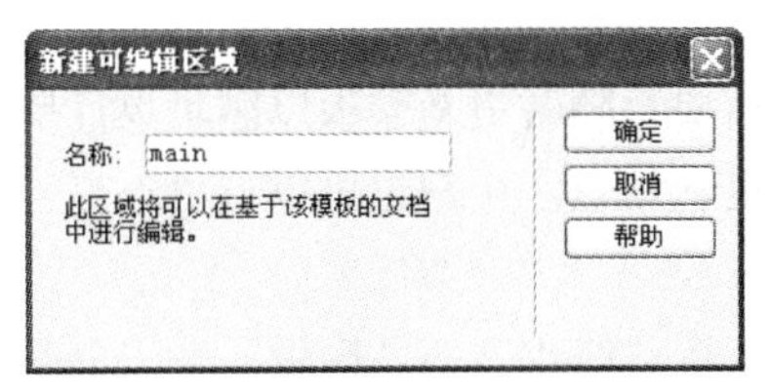

图 8-4　“新建可编辑区域”对话框

图 8-5　可编辑区域

2. 删除可编辑区域

若要删除可编辑区域，操作步骤如下。

Step1　将光标移至要删除的可编辑区域内。

Step2　执行“修改”→“模板”→“删除模板标记”命令，光标所在的可编辑区域即被删除。

四、应用模板

1. 应用模板新建网页

使用模板新建网页的具体操作步骤如下。

Step1　打开“模板”面板，在要应用的模板上单击鼠标右键，在弹出的快捷菜单中选择“从模板新建”命令。

Step2　系统即可创建一个基于该模板的网页，在编辑窗口中对该页面的可编辑区域进行编辑即可。

2. 将模板应用于已存在的网页

可以将模板套用在已有的网页上，具体操作步骤如下。

Step1　打开要应用模板的网页，执行“修改”→“模板”→“应用模板到页”命令，弹出如图 8-6 所示的“选择模板”对话框，在对话框中选择需要应用的模板。

- 站点：选择模板的来源站点，可以套用不同站点的模板。
- 模板：站点中可用来应用的模板列表。

Step2　选择模板后，单击“选定”按钮。

Step3　如果在要应用模板的页面中存在尚未分配可编辑区域的内容，将弹出如图 8-7 所示的“不一致的区域名称”对话框。在对话框中选择尚未分配可编辑区域的内容，在“将内容移到新区域”列表中选择对应的可编辑区域。

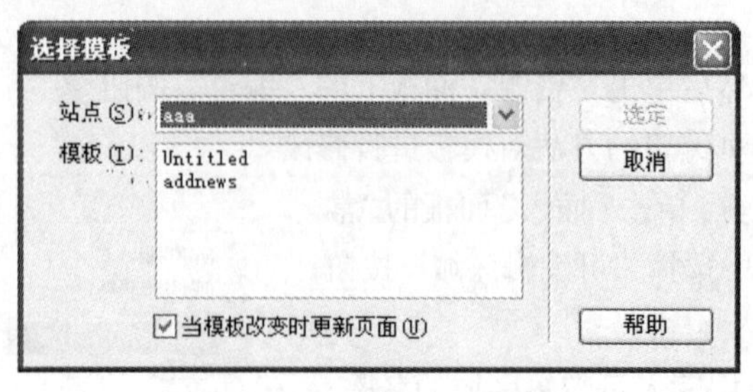

图 8-6　“选择模板”对话框

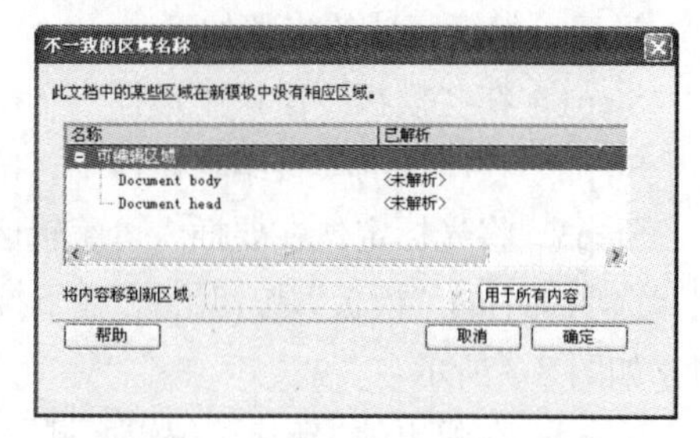

图 8-7　“不一致的区域名称”对话框

Step4　最后单击“确定”按钮，网页即应用了选择的模板。

五、更新站点

模板并不是一成不变的，网页设计者可以根据实际需要，随时更新模板以满足设计要求。当对模板修改后，Dreamweaver 会提示用户是否使用模板更新站点。用户也可以自己选择“更新页面”命令来更新站点的网页。具体操作步骤如下。

图 8-8　“更新页面”对话框

Step1　执行“修改”→“模板”→“更新页面”命令，弹出“更新页面”对话框，如图 8-8 所示。

Step2　在“更新页面”对话框中可以选择部分应用模板的网页文件进行更新，也可以选择整个站点文件更新。

Step3　单击“开始”按钮，进行更新。

Step4　更新操作完成后，Dreamweaver 会显示操作的统计信息。

【任务实施】

Step1　执行“文件”→“新建”→“空模板”→“ASP JavaScript 模板”命令，新建一个空白的网页模板。

Step2　在页面中插入一个 1 行 1 列，宽度为 768 像素的表格，表格“填充”、“间距”和“边框”均为 0（本任务中插入的所有表格“填充”、“间距”和“边框”均为 0，以下不再赘述），并且在单元格中插入网站的 banner。

Step3　将光标定位在第一个表格的后面，再次插入一个和 Step 2 步骤中相同的 1 行 1 列，宽度为 768 像素的表格，在该表格的单元格中插入一个 1 行 8 列的嵌套表格，“表格宽度”设为 100%，并且依次在嵌套表格的每个单元格内部插入合适的图片，制作如图 8-1 所示的导航栏。

Step4　将光标定位在导航栏所在的外部表格之后，再次插入一个 1 行 2 列，宽度为 768 像素的表格，设置两个单元格的“垂直”属性均为“顶端”，并且左侧单元格的“宽”设为 200，右侧单元格的“宽”设为 568。

Step5　将光标定位新插入表格左侧的单元格中，在代码窗口的<td>标签中输入代码“background="images/bg1.gif"”为其设置“背景图像”，并且在该单元格中插入一个 3 行 1 列的嵌套表格，“表格宽度”设为 100%。

Step6　在新插入的 3 行 1 列表格的单元格中再次嵌套表格，并且插入合适的图片和文字，效果如图 8-9 所示。

Step7　将光标定位在 Step 4 步骤中插入的 1 行 2 列表格的右侧单元格中，单击“插入”面板的“常用”选项组中的“模板”按钮，在下拉列表中选择“可编辑区域”，弹出 “新建可编辑区域”对话框，在对话框中输入可编辑区域区域的名称为“main”。

Step8　执行“文件”→“保存”命令，设置模板的名称为 default.dwt 和保存位置，保存模板（该模板将在后面模块使用）。

Step9　打开“资源”面板，切换到“模板”子面板，在 default.dwt 上右击鼠标，在弹出的快捷菜单中选择“从模板中新建”命令，即可创建一个基于该模板的网页。

图 8-9　嵌套表格效果

任务二　使用库简化相似网页的制作

【任务导入】

使用库简化相似网页的制作。将如图 8-10 所示页面中的每个区域创建为库项目，并且根据库项目创建新的网页。

图 8-10　页面效果图

【知识指导】

一、库的概念

库是一种用来存储在整个网站上经常重复使用或更新的页面元素（如图像、文本、表格和其他对象）的方法，这些元素统称为库项目。

使用库项目，可以通过修改库更新所有采用库的网页，而不用逐个修改网页元素或者重新制作网页；使用库项目还可以对远程站点进行更新，而不用将每个网页文件上传到远程服务器上。总之，通过 Dreamweaver 提供的库功能，和使用模板一样，可以在创建或更新网页方面，大大提高工作效率。

Dreamweaver 将库项目存储在站点根文件夹的 Library 文件夹中，如果此文件夹不存在，Dreamweaver 会自动创建。库文件的扩展名为 lbi。

二、创建库项目

在创建站点之后，用户可以将重复使用的网页元素建立一个库项目，以便更容易将网页元素插入到网页中，进行管理和更新操作。用户可以直接创建一个库项目，也可以把现有的网页元素创建为库项目，并做适当的修改以满足需要。

1. 创建一个新的库项目

Step1 执行“窗口”→“资源”命令，打开“资源”面板。

Step2 在“资源”面板中单击左侧的“库”按钮，显示“库”窗口，如图 8-11 所示。

Step3 单击库窗口中右下角的“新建库项目”按钮，即可在库窗口中显示一个库项目页面的图标，单击图标可以更改库项目的名称，双击图标可以打开库项目页面进行编辑。

也可以通过执行“文件”→“新建” →“空白页”→“库项目”菜单命令新建库项目。

2. 将已有内容创建为库项目

Step1 打开一个已经存在的网页文件，在网页中选择需要创建库项目的页面元素。

Step2 执行“修改”→“库”→“增加对象到库”命令，系统将弹出如图 8-12 所示对话框，提示样式信息没有被复制。

图 8-11 库窗口

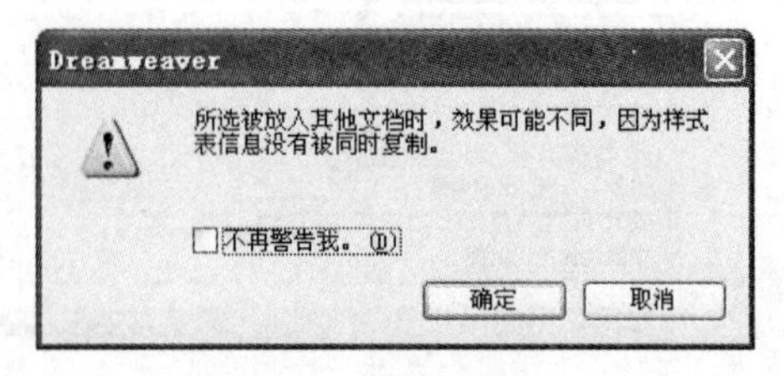

图 8-12 提示对话框

（a）可以通过在资源面板上单击“新建库项目”按钮 ，将选中元素创建为库项目；

（b）css 样式表信息和行为在编辑库项目时是不可用的，因为库项目只能包括网页正文（即<body>和</body>标签内）的元素;页面属性对话框也不可用，因为库项目不能包含<body>标签属性。

Step3　在对话框中单击“确定”按钮，即可将选中的网页元素以库项目的形式添加到资源面板的库窗口中。

三、编辑库项目

对于网页中统一应用的库项目，会经常需要进行编辑。编辑完成后，保存库项目，所有应用库项目的网页会自动更新，如果想针对某一个网页的库项目进行编辑，需要将库项目从源文件中分离，分离后可以按照正常网页内容进行编辑。

1. 编辑库项目

编辑库项目步骤如下。

Step1　在“资源”面板的库窗口中选择一个库项目，然后单击“窗口右下角的“编辑”按钮；或者双击库项目名称；也可以右击库项目名称，在弹出的快捷菜单中选择“编辑”命令。

Step2　在出现的库项目编辑窗口中，按照网页编辑的方法对库项目进行修改。

Step3　修改完成后保存网页，将弹出如图 8-13 所示的“更新库项目”对话框，在对话框的列表中会显示所有应用库项目的网页文件。

Step4　在对话框中单击“更新”按钮，打开“更新页面”对话框，在“状态”列表中自动显示更新页面的情况，如图 8-14 所示。

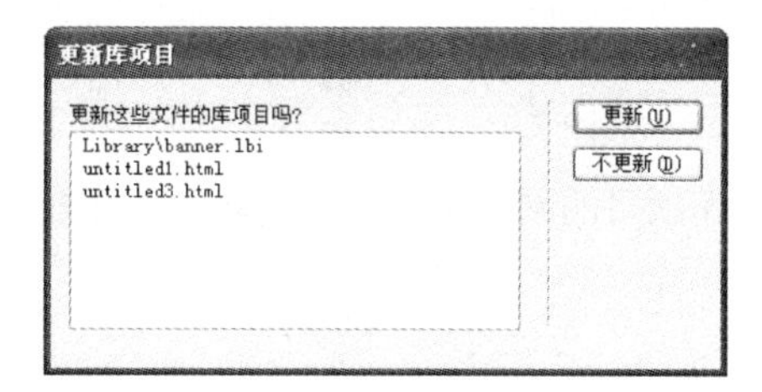

图 8-13　“更新库项目”对话框

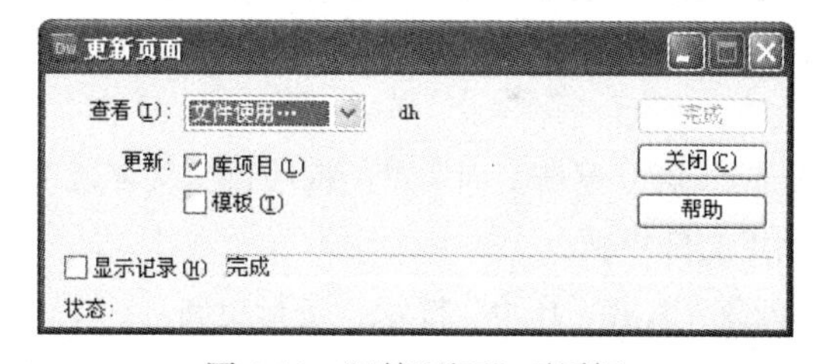

图 8-14　“更新页面”对话框

当编辑库项目时，如果选择不更新，那么文档将保持与库项目的关联，并允许用户在以后更新它们。

Step5　更新完成后，单击“关闭”按钮即可。

2. 将库项目从源文件中分离

如果需要将库项目从源文件分离，操作步骤如下。

Step1　打开需要单独编辑的网页文件。

Step2　单击选中网页文件中的库项目文件，在“属性”面板中单击“从源文件中分离”按钮 从源文件中分离 ，弹出如图 8-15 所示的对话框，提示如果进行此操作，以后修改库项目时，该网页不会自动更新。

单击“属性”面板中的“重新创建”按钮[重新创建]，可以重新创建一个库项目代替原有的库项目。

Step3　在对话框中单击“确定”按钮，网页中的库项目即被分离，网页文件可以任意进行编辑。

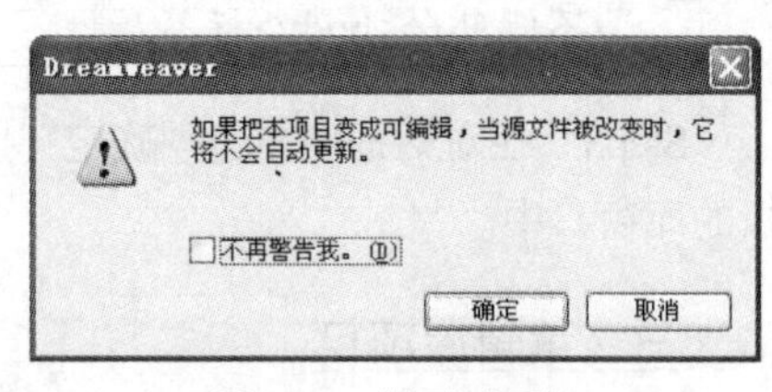

图 8-15　提示对话框

四、应用库项目

库项目是网页元素的组合，将库项目应用到网页中的具体操作步骤如下。

Step1　新建一个网页文件，将光标定位在要应用库项目的位置。

Step2　打开“库”面板，选中要应用的库项目，单击面板左下角的“插入”按钮[插入]；或者在库项目文件上单击右键，在弹出的快捷菜单中选择“插入”命令；也可以直接将库项目从资源面板中拖出到网页中，即可将库项目应用到网页。

如果要在网页中插入库项目的内容但不包括对库项目的引用，可以在将库项目从“库”面板拖出时按住“Ctrl”键，这样插入库项目后，用户可以在网页文档中编辑该库项目，但在更新库项目时，该网页文档不会同步更新。

五、更新站点

当对库项目修改后，Dreamweaver 会自动提示用户是否同步更新应用库项目的网页，用户也可以自己选择“更新页面”命令来更新网页。具体操作步骤如下。

Step1　执行“修改”→“库”→“更新页面”命令，弹出如图 8-14 所示的“更新页面”对话框。

Step2　在“更新页面”对话框中可以选择部分应用库项目的网页文件进行更新，也可以选择整个站点文件更新。

Step3　单击“开始”按钮，进行更新。

Step4　更新操作完成后，Dreamweaver 会显示操作的统计信息。

【任务实施】

Step1　新建网页，使用嵌套表格布局如图 8-10 所示的网页。

Step2　选中网页顶部 banner 区域的外层表格，在属性面板中为该表格设置“id”编号为 banner。。

Step3　在“资源”面板的“库”窗口中，单击面板右下角的“新建库项目”按钮[新建库项目图标]，弹出如图 8-12 所示的提示对话框，单击“确定”按钮，即可在“库”窗口中新建一个库项目，将该库项目命名为 banner。

Step4　同样的方法，依次选中导航栏区域所在的表格、主体区域左边栏目所在的表格和版权区域所在的表格，分别创建 dh、left 和 bq 库项目，如图 8-16 所示。

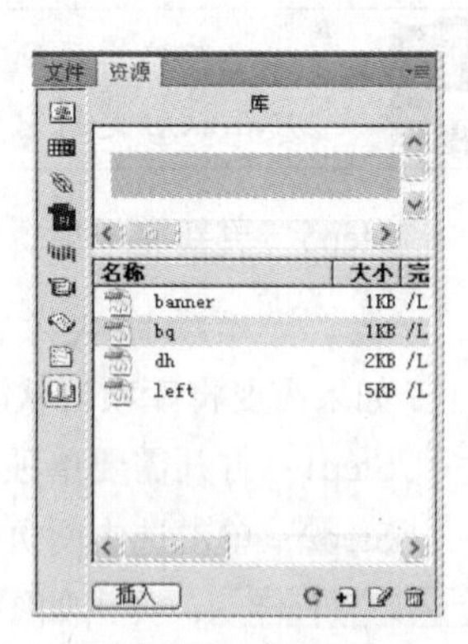

图 8-16　库窗口

Step5　新建网页，将“库”窗口中的 banner、dh、left 和 bq 库项目依次拖动到新建网页中的合适位置，创建采用库项目的新网页。

习　题

一、填空题

1. Dreamweaver CS5 中模板最强大的用途之一在于__________。

2. Dreamweaver CS5 中模板文件的扩展名是__________，资源库文件的扩展名是_________。

二、选择题

1. 用户在用模板创建的页面无法插入 AP 元素，其原因可能是_______。

A. AP 元素不可能插入使用模板创建的页面

B. 该用户没有定义可编辑区域

C. 只能先插入表格，再将表格转换成 AP 元素

D. 该用户没有定义锁定区域

2. 通过对模板的设置，将已有内容定义为可编辑区域，以下_______选项不正确。

A. 既可以标记整个表格，也可以标记表格中的某个单元格作为可编辑区域

B. 一次可以标记若干个单元格

C. AP 元素被标记为可编辑区域后可以随意改变其位置

D. AP 元素的内容被标记为可编辑区域后可以任意修改 AP 元素的内容

模块九

制作动态网页

【引言】

随着 Internet 的迅猛发展，网站开发逐步以动态网页来替代静态网页。这样浏览者不再是被动的接受信息，而是可以更进一步地对网页提供意见，参与讨论。本模块将介绍有关动态网页制作的基础知识，体会 Dreamweaver CS5 在编辑动态网页方面的优势，为系统地学习动态网页打下基础。

任务一 动态网站开发环境和数据库

【任务导入】

在整个模块中我们将完整地介绍一个餐饮网站的留言系统，本节任务是搭建系统的运行环境和创建数据库。

【知识指导】

一、静态网页与动态网页

按网页的表现方式可将网页分为动态网页和静态网页。这里所说的静态网页和动态网页并不是以网页中是否包含动态元素来区分的，而是针对客户端与服务器端是否发生交互而言的，发生交互的是动态网页，不发生交互的是静态网页。

1. 静态网页

静态网页是指网页内容“固定不变”，当客户端浏览器通过 Internet 的 HTTP 向 Web 服务器发出浏览网页内容的请求时，服务器仅仅是将已经设计好的静态 HTML 文件（即静态网页）传送给客户端浏览器。若网站维护者要更新网页的内容，就必须手动来更新其中所有的 HTML 代码及相关文档。

2. 动态网页

动态网页指的是客户端和服务器可以进行信息的交流，即服务器根据浏览者的请求在服务器端的应用程序中执行网页，并将执行结果——纯粹的 HTML 文件传送给客户端浏览器。动态表现在根据客户端的请求不同，执行后相应的结果就不同。Web 应用程序是一个包含多个网页的网站，这些网页的部分内容或全部内容是未确定的。只有当访问者请求 Web 服务器中的某个页时，才确定该网页的最终内容。由于页面最终内容根据访问者操作请求的不同而变化，因此这种网页称为动态网页。静态网页和动态网页的工作原理如图 9-1 所示。

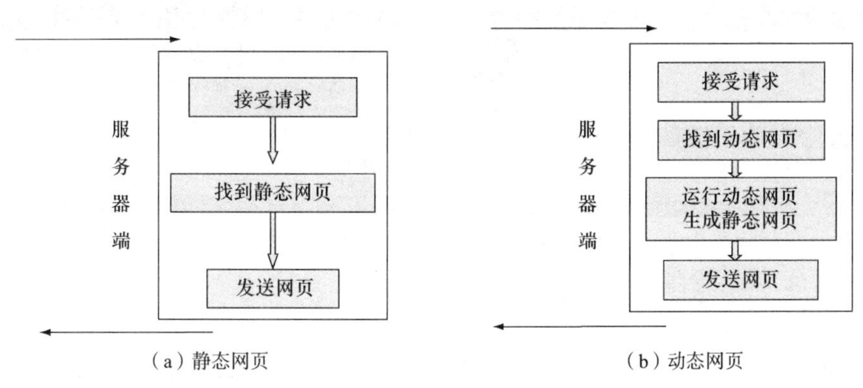

图 9-1 静态网页和动态网页的工作原理

常见的动态网页有 ASP、ASP.NET、PHP、CGI 和 JSP，其中 ASP 和 ASP.NET 是微软公司用来建立动态网页的解决方案。ASP 是一种服务器端的应用程序，用来建立并执行交互式的 Web 服务。ASP 程序包含脚本语言、嵌入 HTML、COM 组件调用 3 个部分。通常的 ASP 程序是嵌入 HTML 中的，因此普通的 HTML 文件可以方便地转换成 ASP 页面。

二、运行方式

ASP 脚本程序运行于服务器端，并通过 Web 服务器的解释动态地向客户端传送 HTML 文件。当客户端浏览器向服务器端请求一个.asp 的文件（ASP 文件的扩展名为.asp）时，服务器会将这个 ASP 文件在应用程序中进行解释执行，最后向客户端传送 HTML 格式的文件。由于传送给客户端的是标准的 HTML 文件，所以可以克服浏览器不兼容的问题，客户端完全不必考虑自己的机器能否执行 ASP 文件的问题。

在实际工作中，服务器和客户机不一定要处于 Internet 的两端，它们可以是同一局域网中的两台机器，甚至可以是同一台计算机，既做服务器又做客户机。

三、搭建服务器平台

要建立具有动态的 Web 应用程序，就必须建立一个 Web 服务器，选择一种 Web 应用程序开发技术和开发语言（在这里我们采用的 ASP 技术，JavaScript 脚步语言），为了应用的深入还需要选择一款数据库管理软件。同时，因为是在 Dreamweaver 中开发，还需要建立一个 Dreamweaver 的站点。

1. 安装 IIS

IIS（Internet Information Server，Internet 信息服务）是由微软公司开发的 Web 服务器，其提供了强大的 Internet 和 Intranet（企业内部互联网）服务功能。该服务器同样支持 ASP，并且都应用在 Windows NT 系统以上的机器中。

下面以 Windows XP Professional 操作系统为例介绍安装 IIS 的方法，具体步骤如下。

Step1 执行“开始”→“控制面板”命令，打开“控制面板”窗口，双击“添加或删除程序”图标，打开“添加或删除程序”窗口，单击“添加、删除 Windows 组件”按钮，打开“Windows 组件向导”对话框，如图 9-2 所示。

Step2 选择“组件”列表框中的“Internet 信息服务（IIS）”复选框，并单击“详细信息”按钮，打开“Internet 信息服务（IIS）”对话框，如图 9-3 所示。

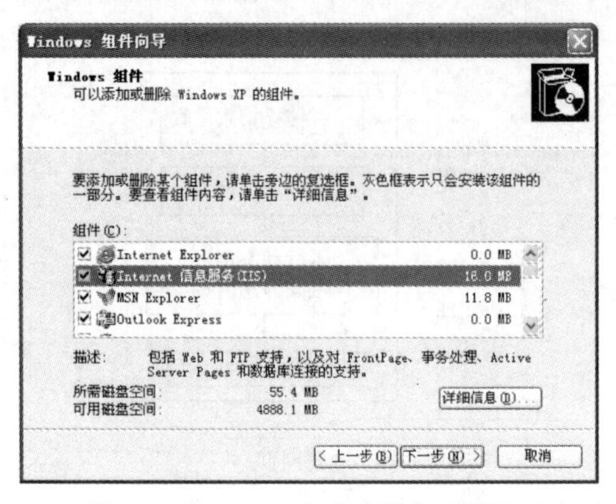

图 9-2 “Windows 组件向导”对话框

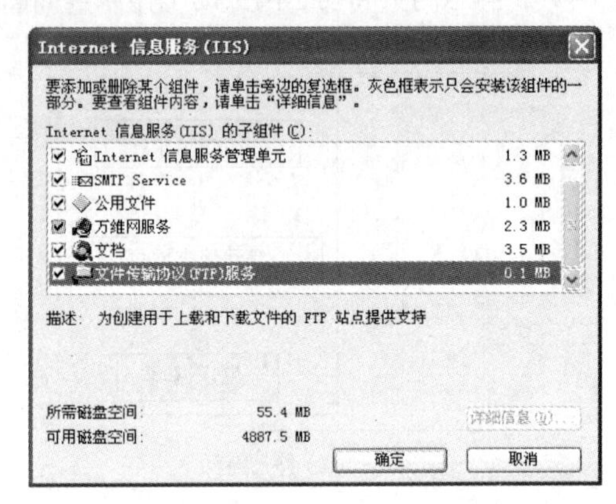

图 9-3 “Internet 信息服务（IIS）”对话框

Step3 选择“文件传输协议（FTP）服务”复选框，单击“确定”按钮，回到“Windows 组件向导”对话框，再单击“下一步”按钮，系统会自动配置文件，稍等片刻后，单击“Windows 组件向导”对话框中的“完成”按钮，结束 IIS 的安装。

2. 设置 IIS

在默认情况下，IIS 服务器的根目录是 C:\Inetpub，但是建立的站点往往并不在 IIS 默认的路径下，所以就要把站点所在的文件夹设置为 IIS 服务器根目录下的文件夹。解决的办法有两个：修改 IIS 根目录的位置，或者在 IIS 根目录下创建站点的虚拟目录。

（1）修改根目录的位置

把建立好的站点文件夹设置为 IIS 服务器的根目录，今后创建的网页都保存在此站点文件夹中，节省了设置步骤。同时，因为 C 分区最容易受到病毒的攻击，将站点根目录移动到别的分区上，也是很必要的。移动 IIS 服务器根目录的步骤如下。

Step1 右键单击“我的电脑”，在弹出的菜单中选择“管理”命令，打开“计算机管理”窗口，并展开其中的“Internet 信息服务”文件夹，展开“网站”文件夹，右键单击“默认网站”，在弹出的快捷菜单中执行“属性”命令，如图 9-4 所示。

Step2 系统将打开“默认网站属性”对话框，在面板上包括很多选项卡，切换到“主目录”选项卡，如图 9-5 所示。

Step3 在“本地路径”文本框中填写新的站点根目录的路径。然后单击“确定”按钮，IIS 服务器的根目录就变为了所设置站点文件夹的地址。

Step4 退出设置面板后，所设置的实际目录都出现在右侧的浏览窗口中。

（2）创建虚拟目录

将站点所在的文件夹设置为 IIS 服务器的虚拟目录，操作步骤如下。

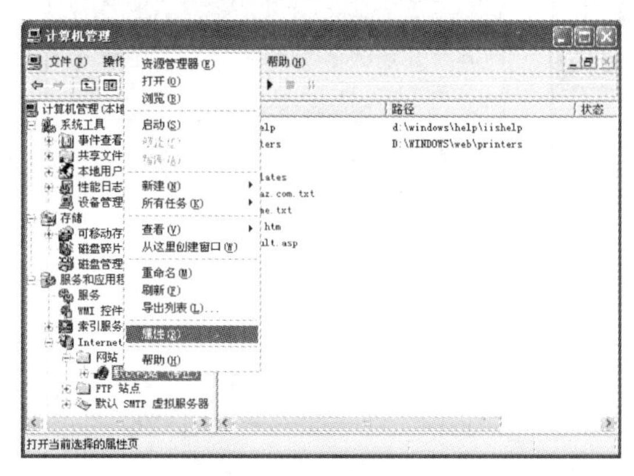

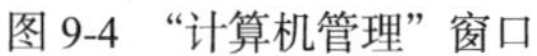
图 9-4　“计算机管理”窗口

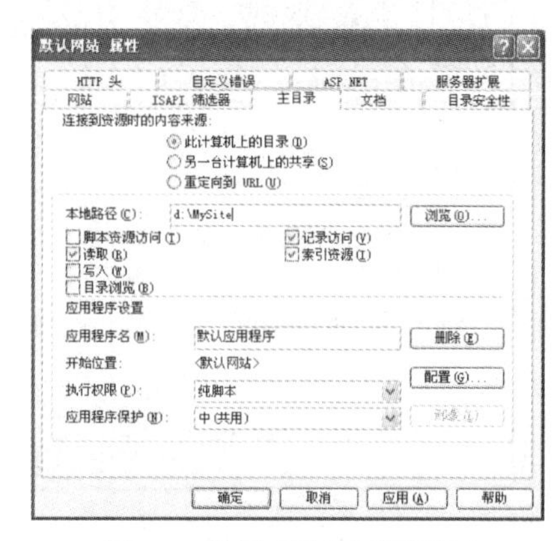

图 9-5　设置“默认网站属性”

Step1　在如图 9-4 所示的“计算机管理”窗口中，右键单击“默认网站”，在弹出的快捷菜单中执行“新建”→“虚拟目录”命令，打开“虚拟目录创建向导”对话框。

Step2　首先是向导介绍，直接单击“下一步”按钮，打开如图 9-6 所示的对话框，在“别名”项中输入虚拟目录的名称，然后单击“下一步”按钮。

Step3　设置虚拟的目录的路径，如图 9-7 所示。在这步操作中，在“目录”文本框中输入虚拟目录的真实路径，或者单击“浏览”按钮，找到虚拟目录的位置，然后单击“下一步”按钮。

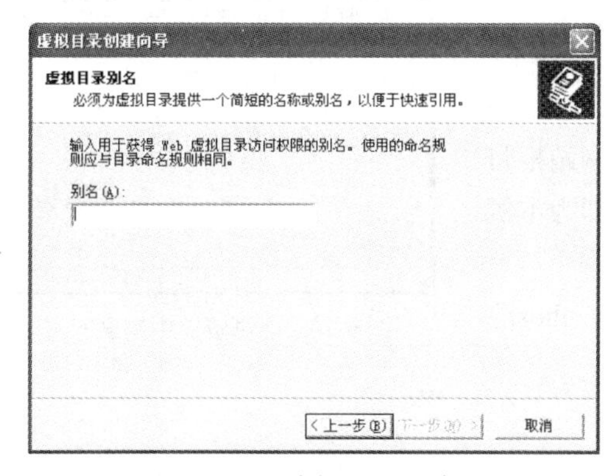

图 9-6　设置虚拟目录的别名

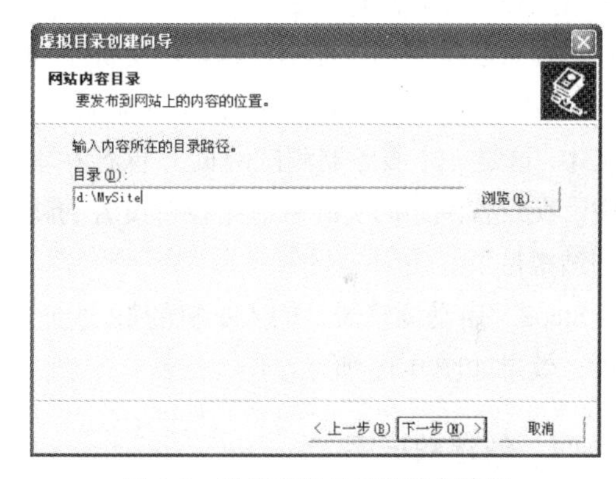

图 9-7　设置虚拟目录的站点路径

Step4　下一步是设置权限，如图 9-8 所示，使用默认设置即可。

Step5　单击“下一步”按钮，完成设置。设置的虚拟路径就出现在站点根目录下。

在实际应用中，更多的是采用虚拟目录的形式。

（3）设置默认首页

在使用第一种方法改变了根目录之后，还不能够直接访问到所设置的首页。因为计算机默认的首页形式并不是所设置根目录的形式。需要更改默认首页，操作步骤如下。

Step1　在图 9-4 所示的“计算机管理”窗口中，右键单击“默认网站”，在弹出的快捷菜单中执行“属性”命令。

Step2　将弹出的“默认网站属性”对话框切换到“文档”选项卡，如图 9-9 所示。

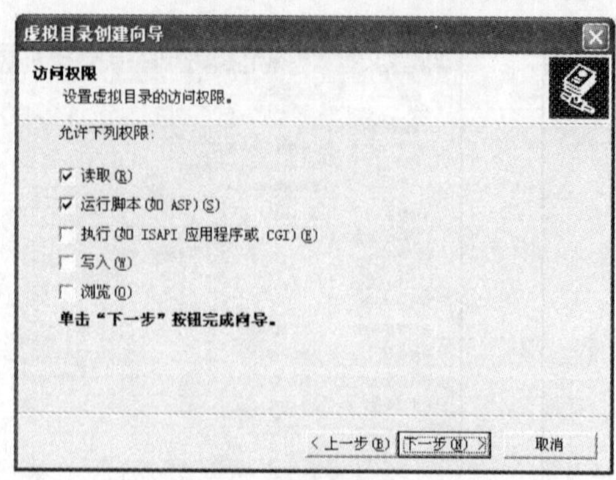

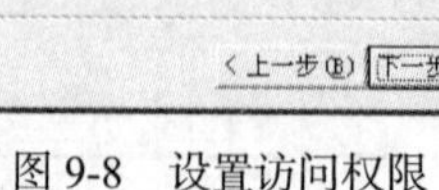

图 9-8　设置访问权限

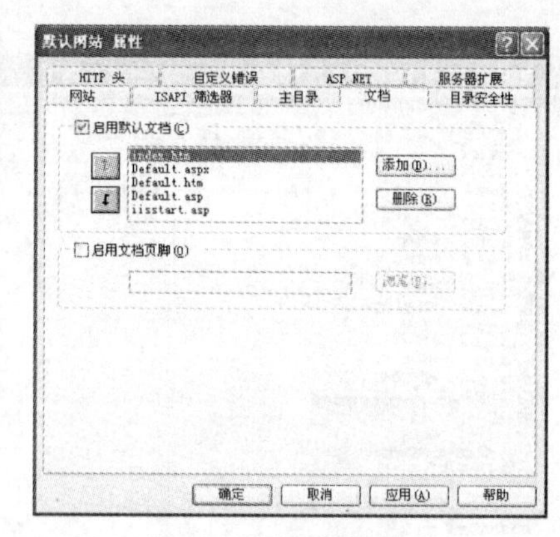

图 9-9　设置默认首页

它的主要用途是设置当浏览器打开本网站时，最先阅读的文件名称。单击“添加”按钮，在弹出的对话框中添加默认文档，如 index.htm。然后单击“确定”按钮，新添加的文档就会出现在默认文档窗口中。单击向上箭头，将设置的文档移动到最上面的位置。也就是说，新设置的文档就是默认首页了。

Step3　设置完毕后，单击“确定”按钮，退出“默认网站属性”对话框。

到此，服务器设置完成。

3. 测试网站服务器

现在可以使用浏览器浏览站点的文件了，操作步骤如下。

Step1　新建一个网页文件，将其命名为 index.htm，输入文本“这是一个服务器测试网页”，保存在本机的网站根目录中。在设置网站的实际磁盘路径时设置的路径，即为本机的网站根目录。

Step2　启动浏览器，输入本机的 IP 地址或“localhost”即可，效果如图 9-10 所示。

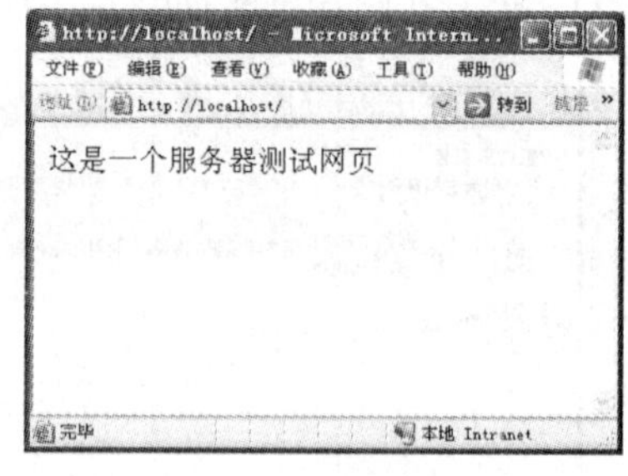

图 9-10　在浏览器中测试网页

四、创建数据库

数据库是构建动态网站的基础，对于网站来说，一般都要准备一个用于存储、管理和获取客户信息的数据库。基于数据库制作的网站，一方面，前台访问者可以利用查询功能很快地找到自己要的资料；另一方面，网站管理者通过后台管理系统可以很方便地管理数据库，而且后台管理系统界面简单直观，即使不懂网页制作的人也很方便、容易的管理网站数据库。

1. 常见的数据库管理系统

目前有许多数据库产品，它们都以自己特有的功能而在数据库市场上占有一席之地。下面简要介绍几种常用的数据库管理系统。

（1）Oracle

Oracle 是一个最早商品化的关系型数据库管理系统，也是应用广泛、功能强大的数据库管理系统。它作为一个通用的数据库管理系统，不仅具有完整的数据管理功能，还是一个分布式数据库系统，支持各种分布式功能，特别是支持 Internet 应用。作为一个应用开发环境，Oracle 提供了一套界面友好、功能齐全的数据库开发工具。Oracle 使用 PL/SQL 语言执行各种操作，具有可开放性、可移植性、可伸缩性等功能。特别是在 Oracle 8 中，支持面向对象的功能，使得该产品成为一种对象/关系型数据库管理系统。

（2）Microsoft SQL Server

Microsoft SQL Server 是一种典型的关系型数据库管理系统，可以在许多操作系统上运行，它使用 Transact-SQL 语言完成数据操作。由于 Microsoft SQL Server 是开放式的系统，其他系统可以与它进行完好的交互操作。目前最新版本的产品为 Microsoft SQL Server 2012，它具有高可用性、可伸缩性、安全性、可管理性等特点，为用户提供了完善的数据库解决方案。

（3）Microsoft Access

作为 Microsoft Office 组件之一的 Access 是在 Windows 环境下非常流行的桌面型数据库管理系统。使用 Microsoft Access 无须编写任何代码，只需通过直观的可视化操作就可以完成大部分数据管理任务。在 Microsoft Access 数据库中，包括许多组成数据库的基本要素，这些要素是存储信息的表、显示人机交互界面的窗体、有效检索数据的查询、信息输出载体的报表、提高应用效率的宏、功能强大的模块工具等。它不仅可以通过 ODBC 与其他数据库相连，实现数据交换和共享，还可以与 Word、Excel 等办公软件进行数据交换和共享，并且通过对象链接与嵌入技术在数据库中嵌入和链接声音、图像等多媒体数据。

2. 创建 Access 数据库

与其他关系型数据库系统相比，Access 提供的各种工具既简单又方便，更重要的是，Access 提供了更为强大的自动化管理功能。下面以 Access 为例讲述数据库的创建过程。

Step1 执行“开始”→“程序”→“Microsoft Access”命令，打开 Microsoft Access，显示 Microsoft Access 对话框，选择“新建数据库”选项组下的“空 Access 数据库”选项，然后单击“确定”按钮。

Step2 在打开的“文件新建数据”对话框中为新创建的数据库命名，并选择合适的路径保存（通常将数据库文件保存在站点根目录下的 data 文件夹中），设置完毕后单击“创建”按钮，创建一个数据库。

Step3 打开数据库，在数据库窗口中双击“使用设计器创建表”命令，打开“表”窗口，在数据库“表”窗口中设置“字段名称”和字段所对应的“数据类型”，如图 9-11 所示。

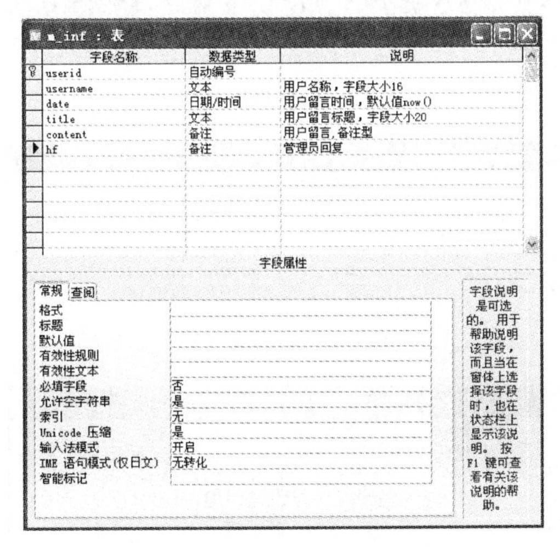

图 9-11 设置表的字段名称、类型

Access 为数据库提供了多种数据类型，每种数据类型的说明如下。

- 文本：可以输入文本字符，如中文、英文、数字、字符、空白等，最多可以保存 255 个字符。
- 备注：可以输入文本字符，但它不同于文本类型，它可以保存 64KB 字符，适应于长度不固定的文字数据。
- 数字：用来存储如整数、负整数、小数、长整数等数值数据。
- 日期/时间：用来保存和日期、时间有关的数据。
- 货币：适用于无须很精密计算的数值数据，例如，单价、金额等。
- 自动编号：表示当向表中添加一条新记录时，由系统指定一个唯一的顺序号（每次加 1），而且该字段内容不能被更新。
- 是/否：关于逻辑判断的数据都可以设定为此类型。
- OLE 对象：为数据表链接诸如电子表格、图片、声音等对象。
- 超链接：用来保存超链接数据，如网址、电子邮件地址。
- 查阅向导：用来查询可预知的数据字段或特定数据集。

【任务实施】

Step1 在 F:\rose 下新建一个名为 liuyan 的文件夹，并将其设置为 IIS 服务器的虚拟目录。方法是：在“计算机管理”窗口中，右键单击“默认网站”，在弹出的快捷菜单中执行“新建”→“虚拟目录”命令，在“别名”项中输入为 ly，目录选择为 F:\rose\liuyan。

Step2 设置 default. asp 为默认首页。方法是：在“计算机管理”窗口中，右键单击“默认网站”，在弹出的快捷菜单中执行“属性”命令，在“默认网站属性”对话框切换到“文档”选项卡，单击“添加”按钮，在弹出的对话框中添加默认文档 default.asp。然后单击“确定”按钮，新添加的文档就会出现在默认文档窗口中。单击向上箭头，将设置的文档移动到最上面的位置。

Step3 创建数据库。打开 Microsoft Access，新建一个空白数据库，命名为 message.mdb，保存在站点的 data 文件夹中。这个数据库需要 3 张表：usertype 为用户身份类型表，表的字段定义如图 9-12 所示；userinfo 为用户信息表，表的字段定义如图 9-13 所示；m_inf 为留言信息表，表的字段定义如图 9-14 所示。

usertype : 表

字段名称	数据类型	
typeid	数字	用户类型代号，字节型，必须填写，有索引（无重复）
usertype	文本	用户类型（0管理员，1会员，2游客）

图 9-12 用户身份类型表

userinfo : 表

字段名称	数据类型	
userid	自动编号	用户id自动生成
usertype	数字	用户类型，字节型，与usertype表关联
username	文本	用户名称，字段大小16
password	文本	用户密码，字段大小16
usersex	文本	用户性别，字段大小8
favorite	文本	用户喜好，字段大小64

图 9-13 用户信息表

m_inf : 表

字段名称	数据类型	说明
userid	自动编号	
username	文本	用户名称，字段大小16
date	日期/时间	用户留言时间，默认值now()
title	文本	用户留言标题，字段大小20
content	备注	用户留言,备注型
hf	备注	管理员回复

图 9-14 留言信息表

Step4　创建表间的关联，将 userinfo 表中的 usertype 字段与 usertype 表中的 typeid 字段建立关联。打开 Access 中的“关系”窗口，单击右键，在弹出的快捷菜单中选择“显示表”命令，将 userinfo 和 usertype 两个表添加到关系窗口中。用鼠标拖动 usertype 表的 typeid 字段到 userinfo 表中的 usertype 字段，并设置一对多的关系，如图 9-15 所示。

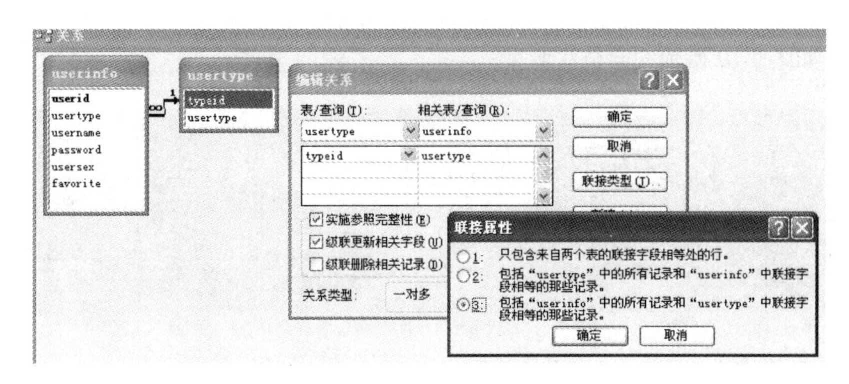

图 9-15　设置表间一对多的关联

Step5　我们之前定义的是静态网站，只定义了站点的名称和本地文件夹。从这个模块开始我们将开发动态网站，动态站点需要设置测试服务器模型，所以原来定义的站点需要修改才可以运行。打开 Dreamweaver，执行“站点”→“管理站点”命令，选择“玫瑰园”站点，单击“编辑”按钮，打开“站点设置对象”对话框。选择“服务器”分类项，单击“添加新服务器”按钮，在“基本”选项卡的“连接方法”下拉列表中选择“本地/网络”，在“服务器文件夹”中设置本地网站的根文件夹为“F:\rose”，在“Web URL”文本框中输入“http://localhost/”，如图 9-16 所示。在“高级”选项卡中的“服务器模型”下拉列表中选择“ASP JavaScript”选项，如图 9-17 所示。单击“保存”按钮，即在“站点设置对象”对话框中生成了一条服务器信息，选择“测试”栏中的复选框，如图 9-18 所示然后单击“保存”按钮。

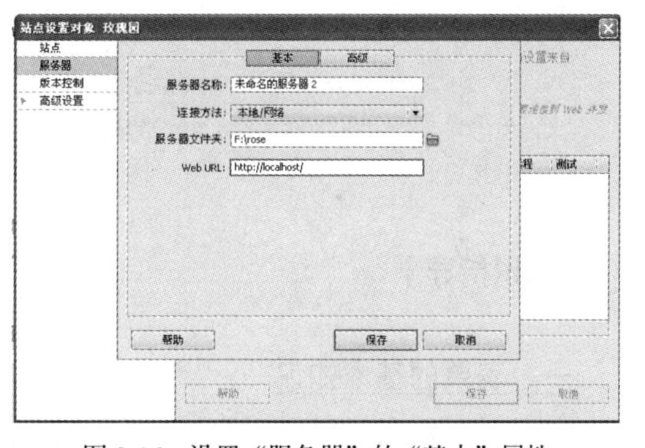

图 9-16　设置“服务器”的“基本”属性

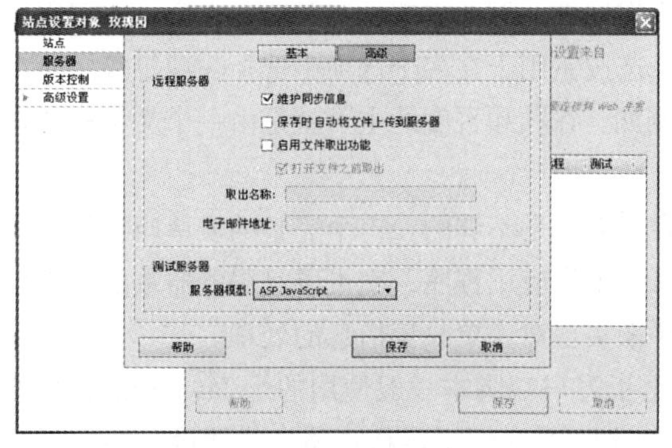

图 9-17　设置服务器模型

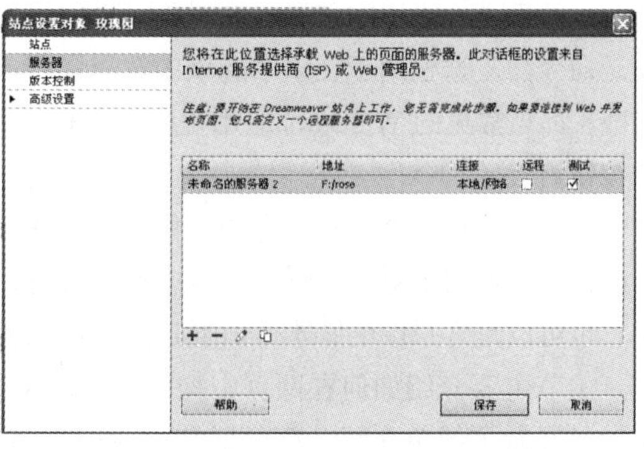

图 9-18　选择“测试”复选框

任务二　制作表单

【任务导入】

制作一个如图 9-19 所示的会员注册页。

图 9-19　“会员注册”网页

【知识指导】

一、表单的基本知识

表单可以帮助 Internet 服务器从用户处收集信息，例如可以收集用户资料、获取用户订单，也可以实现搜索接口。表单是 Internet 用户同服务器进行信息交流最主要的工具之一。

一般来说，表单中包含多种对象，有时候也称作控件。例如文本框用于输入文字、按钮用于发送命令、复选框用于在多个选项中选择多项、单选按钮用于在多个选项中选择一项等等。所有这些，都与常见的 Windows 应用程序非常相似。例如：谷歌和百度的主页就是由一个文本框和几个按钮组成。

要完成从用户处收集信息的工作，仅仅使用表单对象是不够的，一个完整的表单应该包含两个组件：一个表单对象，它在网页中进行描述；另一个是应用程序，它可以是服务器端的应用程序，也可以是客户端的脚本等。通过这些应用程序来实现对表单收集信息的处理。

本节主要介绍如何在网页中构建表单对象。至于客户端脚本一般使用的是 JavaScript，在模块七已经做了简单介绍；服务器端的应用程序，在上一节介绍了运行环境，具体设计将在下一节介绍。

一个表单通常由两部分组成，一部分是表单域，即表单，另一部分是各种表单元素。在 Dreamweaver 中，表单的编辑主要是通过“插入”面板实现的，将“插入”面板切换到“表单”选项卡，如图 9-20 所示，各按钮对应的功能如下。

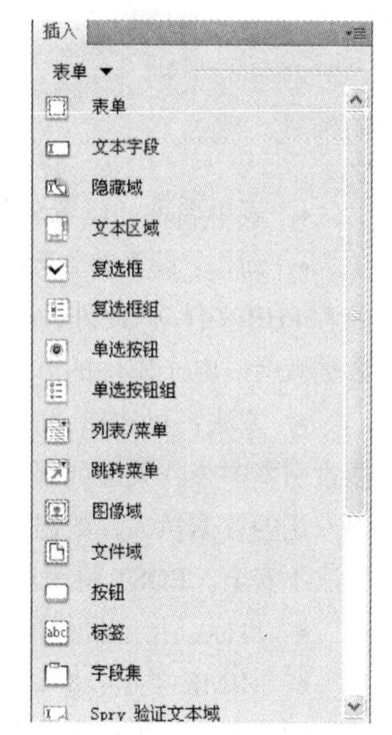

图 9-20 “表单”选项卡

- 表单：该按钮用于插入表单。
- 文本字段：用于插入文本框。
- 隐藏域：用于插入隐藏属性的域。
- 文本区域：用于插入多行文本框。
- 复选框：用于插入复选框。
- 单选按钮：用于插入单选按钮。
- 单选按钮组：用于插入一组单选按钮。
- 列表/菜单：用于插入列表或菜单。
- 跳转菜单：用于插入跳转菜单。
- 图像域：用于插入图像域。
- 文件域：用于插入文件域。
- 按钮：用于插入提交按钮。
- 标签：用于输入一些提示文本。
- 字段集：用于将它所包围的元素用线框衬托出来，组织、美观作用。

在 Dreamweaver 中还集成了 AJAX 框架 Spry，有了 Spry，就可以使用 HTML、CSS 和极少量的 JavaScript 将 XML 数据合并到 HTML 文档中，创建构件，向各种页面元素中添加不同种类的效果。在这里 Spry 提供了一组具有验证功能的控件。

- Spry 验证文本域/区域：可以对文本框中输入的多种类型信息进行实时验证，如：电话号码、邮政编码、IP 地址、日期等，若输入的信息格式与指定信息不符或输入的字符数与规定字符数不符，就会出现提示信息。
- Spry 验证复选框：可以对一组复选框中的选项进行验证。
- Spry 验证选择：可以对下拉列表中的选项进行验证。
- Spry 验证密码：可以对密码类型的文本框进行验证。
- Spry 验证确认：可以对 2 个文本框获取的内容进行比较验证，如果 2 个控件输入的内容不一样，即发生验证错误。
- Spry 验证单选按钮组：可以对一组单选按钮组中的选项进行验证。

二、创建表单域

在设计表单之前，首先执行“编辑”→“首选参数”命令，在“首选参数”对话框中的“不可见元素”选项卡中，勾选“表单隐藏区域”和“表单范围”复选框，使其显示出来。要使用各种标准的表单元素，必须先定义表单域。在页面中插入的各种表单元素必须放在表单域之中，否则这些控件在浏览器中将无法正常工作。

创建表单域的方法是将光标移至要插入表单区域的位置，在“插入”面板“表单”选项卡下，单击表单按钮即可。

这时“属性”面板显示为表单的属性，如图 9-21 所示，其中参数的含义如下。

图 9-21　表单的“属性”面板

- 表单名称：设置表单的名称。
- 动作：设置表单数据提交的目标程序，通常是服务器的某个应用程序（例如某个 ASP、JSP 或者 PHP 文件）。此外，也可以使用 mailto 标签（例如 mailto：teacher077@163.com），这样表单数据就会以电子邮件的方式传送到指定的信箱。
- 方法：可选择“POST”或“GET”方法。一般 GET 方法将数据附在 URL 后发送，很多搜索引擎中查找关键词都是以 GET 方式传送的，这种方法简单灵活。但传送的数据长度受限，如果发送的数据量大，数据将被截断。另外，在发送用户名、密码、信用卡等机密信息时，用 GET 方法不安全。POST 将表单值以消息方式发送，比较适合内容较多的表单。
- 目标：指定目标窗口，用于接受服务器反馈的结果页面。
- MIME 类型：默认的设置是“application/x-www-form-urlencoded”，这通常与“POST”方法协同使用。如果在表单中包含了“文件上传域”，那么就需要指定“multipart/form-data”类型。

三、插入各种表单元素

1. 文本域

文本域是一个通称，表明控件可以是单行的文本框，单行的密码框，或是多行的文本编辑区，它们在浏览器中的显示效果如图 9-22 所示。

图 9-22　各种文本框的显示效果

在“插入”面板的“表单”选项卡中，单击文本字段按钮，即可插入一个文本域。在表单中选择文本域，这时“属性”面板变为文本域的属性，如图 9-23 所示。在该属性面板中各参数对应的含义如下。

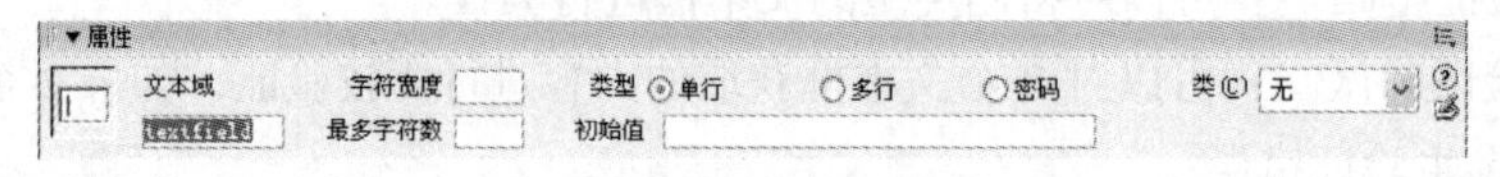

图 9-23　文本域的“属性”窗口

- 文本域：用于设置文本字段的“Name”属性。该名称可以被脚本或程序引用。
- 字符宽度：用于设置文本字段在网页中显示的宽度。
- 最大字符数：用于设置该文本字段所能接受的最大字符数。
- 类型：这组单选按钮组用于设置文本框的类型。若将文本框设置为“密码”，则在网页中输入的字符，均显示为“*”。其设置与单行文本输入框的设置类似；如选择“多行”，则前面的“最大字符数”变为“行数”，用于设置文本框最大行数。“换行”下拉列表变为可设置，“初始值”很形象地变成了多行显示。
- 初始值文本框：用于设置文本字段的初始值。
- 类：可以将 CSS 样式应用于对象。

2. 隐藏域

隐藏域是一种在浏览器上不显示的控件，利用隐藏域可以实现浏览器同服务器在后台隐藏的交换信息，可以向服务器提交不希望用户看到的一些数据信息，常用于动态网页设计。隐藏域的属性面板如图 9-24 所示，其中的参数含义如下。

- 隐藏区域：用于为该域设置名称。
- 值：嵌入（需要传递）的数据。

3. 复选框

复选框也叫检查框，主要用于标记一个选项是否被选择。该选项可以是单独的选项，也可以是一组选项中的一个。复选框的特性在于，对于成组的选项，可以一次选择一个，也可以一次选择多个或者全部。例如注册 E-mail 信箱时，常用复选框选择进行资料收集，如注册者的兴趣爱好等，如图 9-25 所示。

图 9-24　隐藏域的“属性”面板

图 9-25　复选框

选择一个复选框对象时，“属性”面板显示为如图 9-26 所示，其中各参数的含义如下。

图 9-26　复选框的“属性”面板

- 复选框名称：设置复选框的“Name”属性，该名称可以被脚本或程序所引用。
- 选定值：设置选择复选框后控件的值，该值可以被递交到服务器上，以被应用程序处理。
- 初始状态：后面有两个选项，“已勾选”和“未选中”（默认状态），用来确定在浏览器中载入表单时，该复选框是否被选中。
- 类：可以将 CSS 样式应用于对象。

4. 单选按钮

单选按钮与复选框类似，但是该控件主要用于从成组的多个选项中选择其中一个，这是它同复选框最大的区别。一般用于表单中有唯一值选择的选项，例如性别选择，或者职业选择。如图 9-27 所示

单选按钮的“属性”面板如图 9-28 所示，与复选框按钮完全相同，其中的参数不再赘述。

请选择您的性别：　○ 女　○ 男

图 9-27　单选按钮

图 9-28　单选按钮的“属性”面板

在一个表单中若存在多组单选按钮，如果使用单选按钮逐个插入的方法，插入按钮后，系统会自动为这些按钮设置相同名称，而具有相同名称的单选按钮是互斥的，因此要注意在单选按钮的“属性”面板中为不同的单选按钮组赋予不同的名称。

5. 单选按钮组

要求用户从一组选项中选择一个选项时，在使用单选按钮时，必须通过“属性”面板给每一个按钮起相同的名称。若使用单选按钮组，操作就简单多了。单击“插入”面板中的单选按钮组按钮，将弹出“单选按钮组”对话框，如图 9-29 所示，其中参数的含义如下。

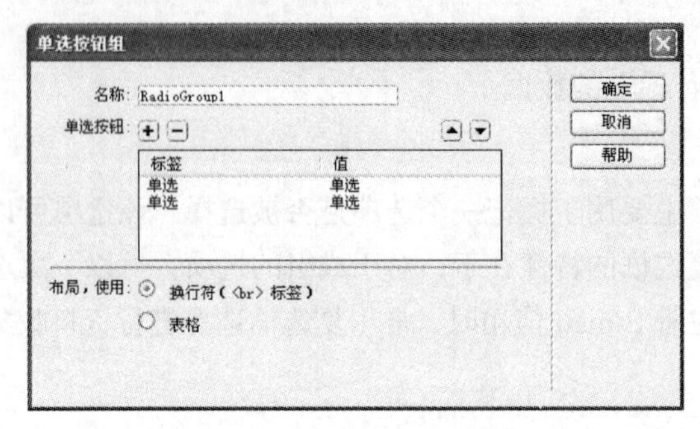

图 9-29 “单选按钮组”对话框

- 名称：输入该单选按钮组的名称。
- **+**按钮：向按钮列表框中添加一个单选按钮。
- **一**按钮：将按钮列表框中选择的按钮删除。
- ▲和▼按钮：重新排序按钮列表框中的按钮。

6. 列表/菜单

列表框可以以列表的方式显示一组选项，根据设置的不同，用户可以在其中选择一项或是选择多项。在“插入”面板单击列表/菜单按钮，即可插入一个菜单（默认）。列表/菜单的“属性”面板，如图 9-30 所示。其中的参数含义如下。

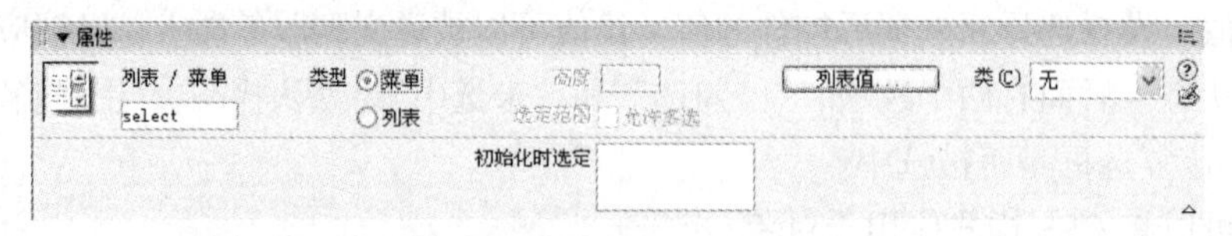

图 9-30 菜单的“属性”面板

- 列表 / 菜单：可以设置列表菜单的“Name”属性。
- 类型：可以设置列表框的类型，有两种选择。

菜单（默认选项）：则将列表框设置为下拉列表的形式，这时的列表框高度为 1 个字符，单击右方的箭头，可以打开下拉列表，以进行选择。

列表：则将列表框设置为普通的平铺列表形式，“高度”、“选定范围”等选项是灰色不可选的，而当设置列表框的类型为“列表”之后，这两个选项被激活，如图 9-31 所示。“高度”：允许设置列表框的高度，也就是列表中显示的行数。“选定范围”：选择该复选框，则允许从列表中一次选择多项，在浏览器中，浏览可以通过按住“Shift”键来选择相邻/不相邻的多个选项。

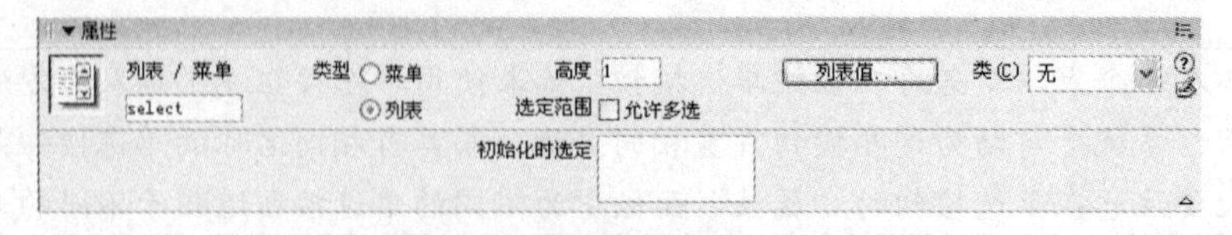

图 9-31 列表的“属性”面板

- 列表值按钮：单击该按钮弹出列表值的编辑对话框，在此可以编辑列表项目。
- 初始化时选定：在该列表中，会显示列表值按钮所设置的列表项目标签文字。可以在其中选择相应的选项，以设置列表初始状态下默认选择的项目。

7. 跳转菜单

跳转菜单是可以导航的列表或弹出菜单，用户可以建立 URL 与弹出菜单列表中的选项之间的关联，通过从列表中选择一项，链接到某个文档或者文件。在“插入”面板中，单击跳转菜单按钮，将弹出“插入跳转菜单”对话框，如图 9-32 所示。其中参数的含义如下。

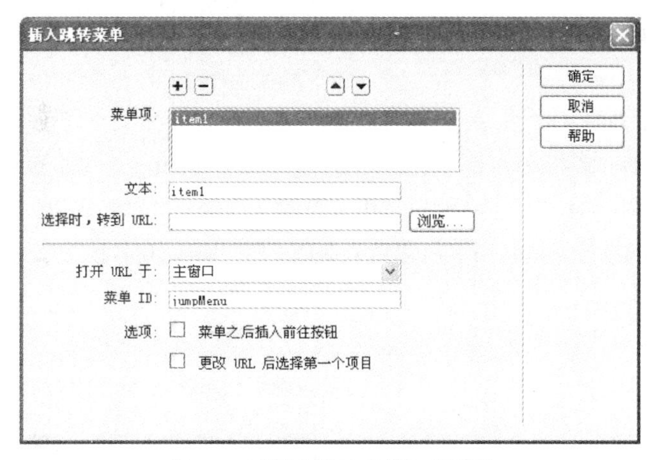

图 9-32 “插入跳转菜单”对话框

- 菜单项：与前面关于菜单/列表的设置类似。
- 文本：用于设置列表项的显示文字。
- 选择时，转到 URL：即当浏览者选择该选项后，浏览器将浏览的 URL，可以是网址，也可以是本站页面文件。
- 打开 URL 于：选择文件的打开位置。
- 选项：定义跳转菜单的属性设置，共有以下两个复选项。
  - 在菜单之后插入前往按钮：若勾选该复选框，可以添加一个前往按钮，则只有单击此按钮之后，才实现跳转。
  - 更改 URL 后选择第一个项目：若勾选该复选框，则第一个菜单选项作为默认的跳转项。

前往按钮是可以更改的，可以在“属性”面板上将“标签”改成任意文字。

如果两个选项都没选择，则后面的按钮没有，改变了菜单选择项后即可实现 URL 的跳转，而且跳转菜单也没有默认跳转项。

8. 图像域

利用图像域，可以在表单中插入一个图像，使该图像生成图形化按钮，使网页文件更为美观。插入图像域以后，图像域将起到提交表单的作用。单击“插入”面板中的图像域按钮，在弹出的对话框中，选择一幅图片即可。其“属性”面板如图 9-33 所示，参数的含义如下。

图 9-33　图像域的“属性”面板

- 图像区域：显示了图像域的名字，默认生成的名字是“imageField”。
- 源文件：用于设置图像的路径。
- 替代：用于设定图像的文字说明。
- 对齐下拉菜单：用于设置图片文件的对齐属性。
- 编辑图像按钮：用于编辑当前图片，编辑完、保存文件之后，Dreamweaver 会自动更新链接或者属性。

9. 文件域

当需要上传文件时，就需要在表单中插入文件域。文件域由一个文本框和一个显示“浏览”字样的按钮组成，如图 9-34 所示。在浏览器中浏览时，点击“浏览”按钮，弹出“选择文件”对话框，可以进行文件的选择（主要用于从磁盘上提取文件的路径和名称），然后由应用程序控制将该文件上传。

如图 9-35 显示的是文件域的“属性”面板，其中参数的含义如下。

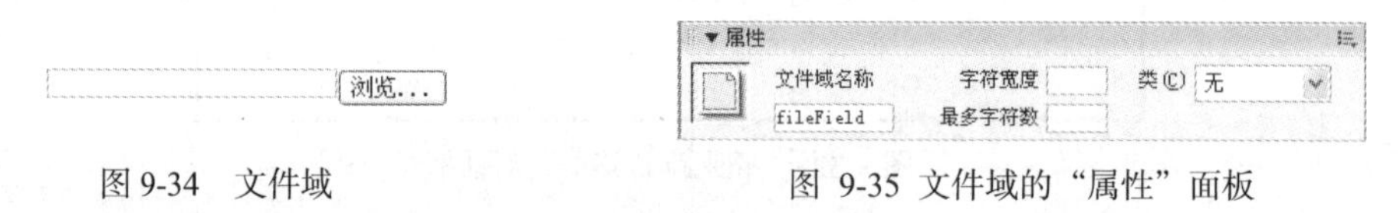

图 9-34　文件域　　　　图 9-35　文件域的“属性”面板

- 文件域名称：设置文件域的名称，该名称可以被脚本或程序所引用。
- 字符宽度：设置文件框的初始宽度。
- 最多字符数：设置文件域的最大输入字符数。

10. 按钮

在网页中有三种类型的按钮：“提交”按钮、“复位”按钮以及“常规”按钮。按钮的“属性”面板如图 9-36 所示，该面板中的参数含义如下。

图 9-36　按钮的“属性”面板

- 按钮名称：用于设置按钮的“Name”属性。
- 值：用于设置按钮的标签，也就是显示在按钮上的文字。
- 动作：用于选择按钮对应的动作属性，默认为提交。
  - ◆ 提交表单：表明将当前按钮设置为一个提交类型的按钮。一般来说，单击该按钮，可以将表单域中所有表单控件中的内容发送到服务器中。
  - ◆ 重设表单：表明将当前按钮设置为一个复位类型的按钮。一般来说，单击该按钮，可以将表单域中所有表单控件中的内容恢复为默认的初始值。
  - ◆ 无：则不为当前按钮指定内置的动作，可以将按钮同一个脚本或应用程序相关联，单击按钮时执行相应的脚本或程序。

【任务实施】

Step1　打开“资源”面板，切换到“模板”子面板，在 default.dwt 文件上右击鼠标，在弹出的快捷菜单中选择“从模板中新建”命令，创建一个基于该模板的网页 register.asp 文件。

Step2　在可编辑区插入图片。在图片下方插入一个表单。

Step3　将光标定位于表单中，在表单中插入一个 7 行 2 列的表格，设置表格的“宽度”为“450 像素”，“边框”为“0”，第 1 列的前 6 行单元格的“水平”对齐方式为“右对齐”，将最后一行的两个单元格合并。

Step4　在表格第 1 列的单元格中分别输入“用户名”、“密码”、“确认密码”、“性别”等内容。

Step5　将光标定位在“用户名”后的单元格中，单击“插入”面板的“表单”选项卡中的文本字段按钮，在单元格中插入一个文本域。单击文本域，在“属性”面板中设置“字符宽度”为“15”，“最大字符数”为“20”，“文本域”名称为“username”。使用相同的方法在接下来的 2 个单元格中依次插入：名称为“userpwd”的文本框，“类型”为“密码”；名称为“pwd”的文本框，“类型”为“密码”。

Step6　在“性别”后的单元格中，插入“单选按钮组”按钮，在“单选按钮组”对话框中设置名称为 sex，标签和值设置如图 9-37 所示，插入后需要切换到代码试图，删除单选按钮间的换行符
，使其在一行排列。

Step7　在“喜欢的菜系”后的单元格中，插入一个复选框组，在“复选框组”对话框中设置相应的参数，各个参数设置如图 9-38 所示，插入后切换到代码试图，删除换行符
。

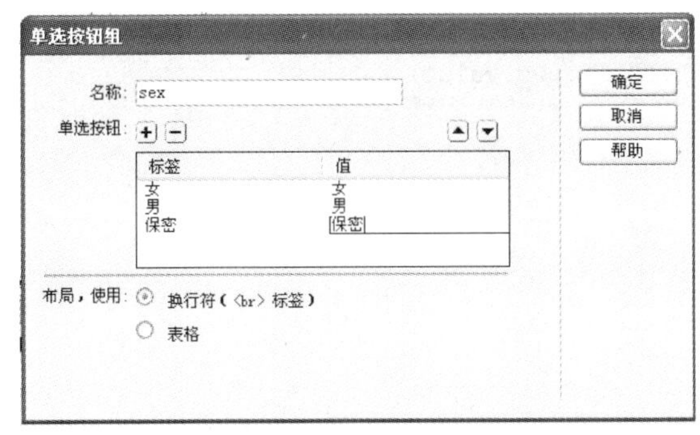

图 9-37　设置列表值

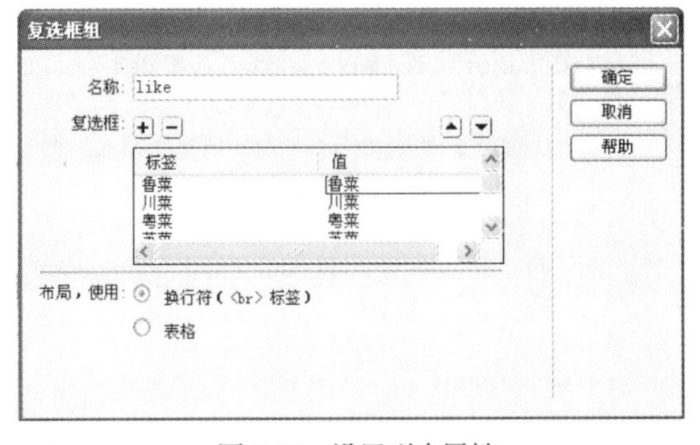

图 9-38　设置列表属性

Step8　将光标定位在最后一行的单元格中，连续插入两个按钮，默认显示都为“提交”。选择第 2 个按钮，在“属性”面板中的“动作”选项组中选择“重设表单”单选按钮。

【任务拓展】

表单中的数据录入后需要对数据进行检查，例如信息不符合要求（如密码和确认密码不一致），输入的邮箱地址非法，用户名已经注册等。因此，还必须验证用户输入的信息的合法性，避免非法信息的存入。

表单验证一般可分为客户端验证和服务器端验证两种。客户端验证指的是在客户端的浏览器中运行验证的代码，一般使用 Dreamweaver 提供的行为来实现，可以用脚本语言编写，如 JavaScript 或 VBScript；服务器端验证指的是在服务器端运行验证的代码，一般使用服务器行为来实现（下一节介绍）。客户端验证是在本地进行，这样相应速度快，而且还不浪费服务器资源。这里我们使用 JavaScript 来实现表单数据的本地检查，检查内容包括：用户名必须输入，密码必须输入，密码和确认密码必须一致。

一、自定义 JavaScript 脚本验证

Dreamweaver 内嵌的行为中提供了“检查表单”行为，可以检查：值是否是必需的；值可以接受的内容等。不能检查 2 个文本框（密码和确认密码）输入不一致问题，并且错误提示全部以英文显示。在此我们使用 JavaScript 编写代码来实现表单的验证功能。

在<head>...</head>之间编写如下程序代码：

```
<script language="javascript">
<!--
function CheckForm()
{
if(document.form1. username.value.length==0)
{
     alert("请输入您的姓名！");
     form1. username.focus();
     return false;
     }
 if(document.form1.userpwd.value.length==0)
 {
     alert("请输入您的密码！");
     form1.userpwd.focus();
     return false;
     }
 if(document.form1.userpwd.value!=document.form1.pwd.value)
 {
     alert("两次密码不一致，请重新输入！");
     form1.userpwd.value="";
     form1.pwd.value="";
     form1.userpwd.focus();
     return false;
     }
 return true;
 }
</script>
```

在<body>中的<form>标记中添加 onsubmit 属性，值为"return CheckForm()"，代码片段如下：

```
<form name="form1" method="post" action="" onsubmit="return CheckForm()" >
```

二、Spry 表单验证

Dreamweaver 提供了强大的 Spry 框架，其中包含了强大的表单验证工具，利于这些工具可以实现更人性化的表单验证功能。具体操作方法如下。

Step1　新建一个会员注册页，执行本节任务实施中的 Step1—Step4。

Step2　在用户名后的单元格中，执行“插入”→“Spry”→“Spry 验证文本域”命令，或者在“插入”面板的“表单”选项中单击“Spry 验证文本域”按钮，如图 9-39 所示。

Step3　在如图 9-40 所示的属性面板中设置验证文本域的“必需的”验证选项，详细说明如下。

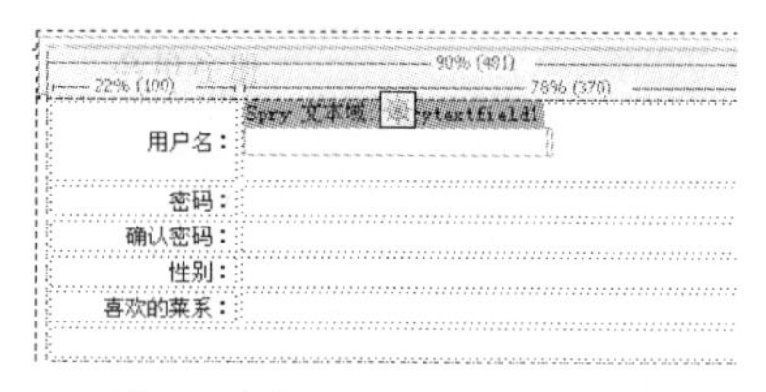

图 9-39　插入 Spry 验证文本域

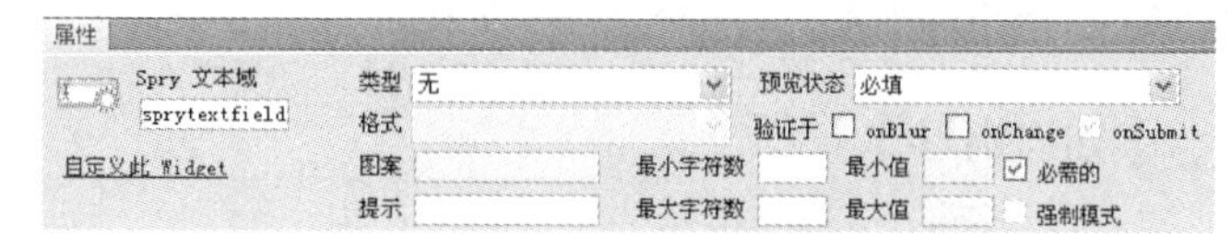

图 9-40　Spry 验证文本域的“属性”面板

- 类型：用户可以为验证文本域构件指定不同的验证类型。例如，如果文本域将接收电子邮件地址，则需指定电子邮件地址验证类型。
- 格式：当选择一种格式后，大多数验证类型都会使文本域要求采用标准格式，否则无法通过验证。但是，某些类型有几种常用的格式，例如日期类型有 mm/dd/yy，dd/mm/yy 等，可以通过该选项选择格式种类。
- 预览状态：设置要查看的状态。例如，如果要查看处于“有效”状态的构件，就选择“有效”。
- 验证于：设置验证何时发生。
    - ◆ onBlur：失去焦点，是当用户在文本域的外部单击时发生验证。
    - ◆ onChange：当用户更改文本域中的文本时发生验证。
    - ◆ onSubmit：当用户提交表单时发生验证。
- 提示：设置验证文本域的提示信息。由于文本域有很多不同格式，因此，提示信息可以帮助用户输入正确的格式。
- 最小/大字符数：该选项用于设置文本域能够输入的最小/大的字符数，仅适用于“无”、“整数”、“电子邮件地址”和“URL”验证类型。
- 最小/大值：该选项用于设置文本域能够输入的最小/大值，仅适用于“整数”、“时间”、“货币”和“实数/科学计数法”验证类型。
- 必需：选中该复选框，可以要求用户必需输入信息。
- 强制模式：选中该复选框，可以禁止用户在验证文本域构件中输入无效字符。例如，如果对具有“整数”验证类型的构件选择此项，那么，当用户尝试输入字母时，文本域中将不显示任何内容。

Step4　在“密码”和“确认密码”后的单元格中，分别插入“Spry 验证密码”和“Spry 验证确认”，并设置为“必需的”。

Step5　如果“性别”和“喜好”也必须要限制输入，可以分别选择“Spry 验证单选按钮组”和“Spry 验证复选框”。

Step6　保存页面，这时系统会在站点根目录下新建 SpryAssets 文件夹，并在此保存支持这些验证的 js 文件。

任务三　在网页中使用数据库

【任务导入】

在网站的各个系统中，用户注册和登录是最基本的内容。在上一节中我们完成了会员注册页（register.asp）的页面设计和用户输入信息的客户端验证。本节任务是增加服务器行为验证用户输入的用户名是否已经注册，并将合法的用户注册信息保存到指定的数据库中，用户注册的流程如图 9-41 所示。

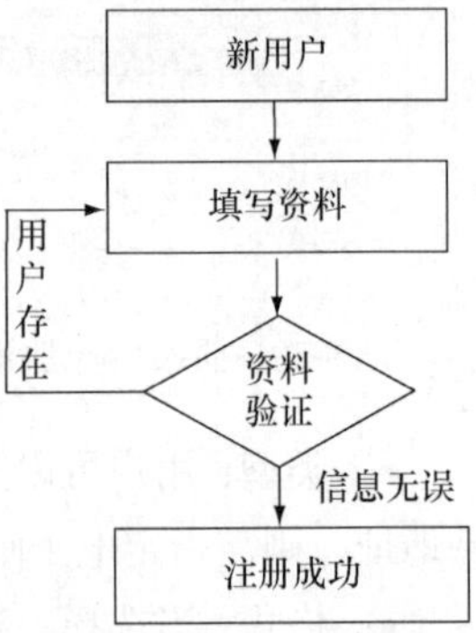

新用户
填写资料
用户存在
资料验证
信息无误
注册成功

图 9-41　用户注册流程图

【知识指导】

动态网站最重要的是对数据库的具体操作，在网页中操作数据库的工作流程：

Step1　创建数据库

Step2　在网页中连接数据库

Step3　绑定记录集

Step4　向网页添加服务器行为

Step5　编辑和调试网页

对于数据库的创建已在本模块任务一中做了简单介绍，如果想了解更多数据库知识请参照其他相关书籍。

一、在网页中连接数据库

动态页面若要操作后台数据库，例如对数据库进行添加、删除、修改、检索等，都必须先创建数据库连接。

在建立连接时必须选择一种合适的连接类型，如 ADO、JDBC 或 Cold Fusion。ASP 应用程序必须通过开放式数据库连接（ODBC）驱动程序（或对象链接）和嵌入式数据库（OLE DB）提供程序连接到数据库，如图 9-42 所示。该驱动程序或提供程序用作解释器，能够使 Web 应用程序与数据库进行通信。因为开发 OLE DB 和 ODBC 的技术相当复杂和困难，所以开发出 ADO（Active Data Object 使用微软 ActiveX 技术的数据对象）组件让程序开发人员可以避开底层数据访问的具体问题。下面介绍使用 Dreamweaver 建立在运行 Web 服务器系统中的 ADO 连接。

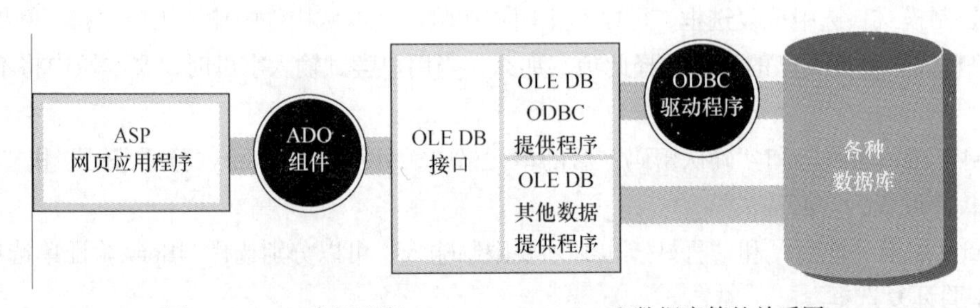

图 9-42　ASP 应用程序、OLE DB、ODBC 和数据库等的关系图

在 Dreamweaver 中 ASP 可以提供两种方式与数据库创建连接。

- DSN（Data Source Name）：利用系统中的 ODBC 过滤器来设置数据源的名称，即能连接到需要的数据库。

- DSN_less：连接字符串是手动编码的表达式，它会标识数据库并列出连接到该数据库所需的信息，直接通过 ODBC 连接到数据库。

1. 设置 DSN 的数据库连接方式

DSN 的设置必须首先在系统上的 ODBC 管理器中设置，设置步骤如下。

Step1　在桌面上，执行“开始”→“设置”→“控制面板”命令，打开“控制面板”，双击

“管理工具”图标，打开“管理工具”窗口，双击“数据源（ODBC）”图标，进入“ODBC 数据源管理器”管理界面，如图 9-43 所示。

Step2　选择“系统 DSN”选项卡，然后单击“添加”按钮。

Step3　进入“创建新数据源”对话框，如图 9-44 所示，在这里列出本机服务器上安装的 ODBC 确定程序。在此选择需要的驱动程序。

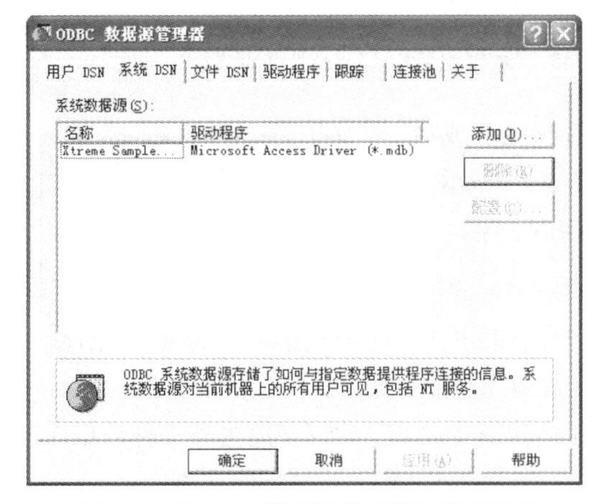

图 9-43　“ODBC 数据源管理器”管理界面

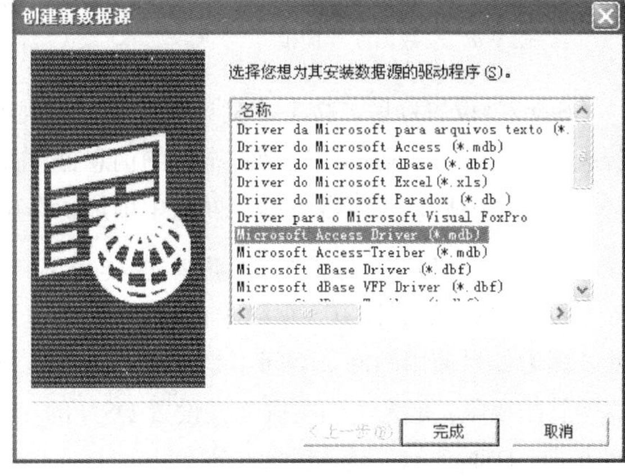

图 9-44　“创建新数据源”对话框

Step4　按下“完成”按钮后，会打开：“ODBC Microsoft Access 安装”对话框，如图 9-45 所示。其中参数说明如下。

- 数据源名：输入数据库的标识名称。
- 说明：输入数据库的基本说明。
- 选择：将打开“选择数据源”对话框，如图 9-46 所示。在对话框中设置数据库文件所在的文件夹。

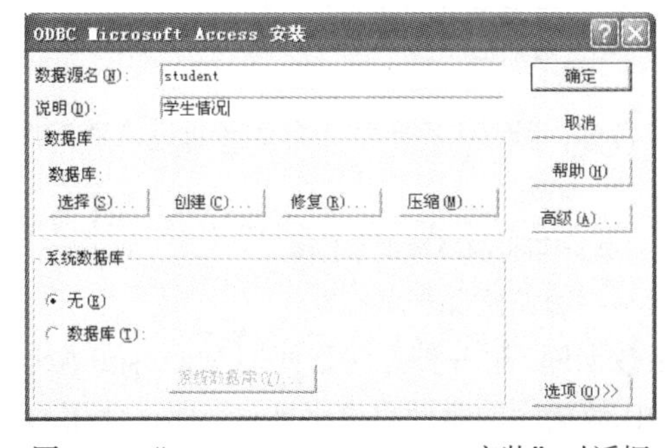

图 9-45　“ODBC Microsoft Access 安装”对话框

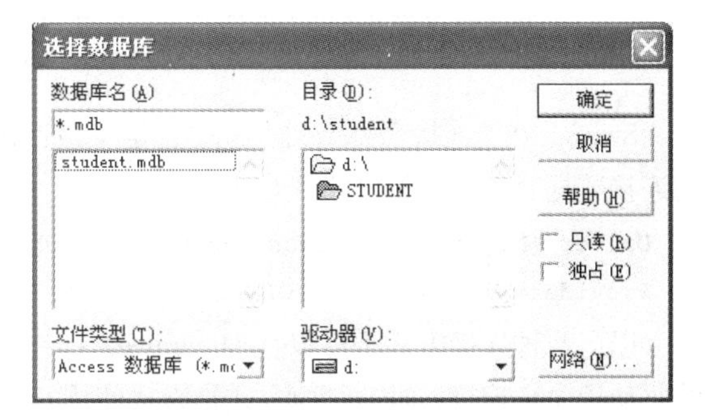

图 9-46　“选择数据库”对话框

Step5　按下“确定”按钮后，即完成了 ODBC 数据源的设置。

下面的操作是在 Dreamweaver 中进行。

Step6　执行“窗口”→“数据库”命令，打开“数据库”面板，如图 9-47 所示。若要连接数据库请按面板中的提示，为文件创建站点、选择文档类型和设置站点的测试服务器。然后按下 + 按钮，选择“数据源名称（DSN）”命令，打开“数据源名称（DSN）”对话框。如图 9-48 所示“数据源名称（DSN）”下拉列表中，Dreamweaver 自动将 ODBC 中有设置的数据源全部显示在这里。

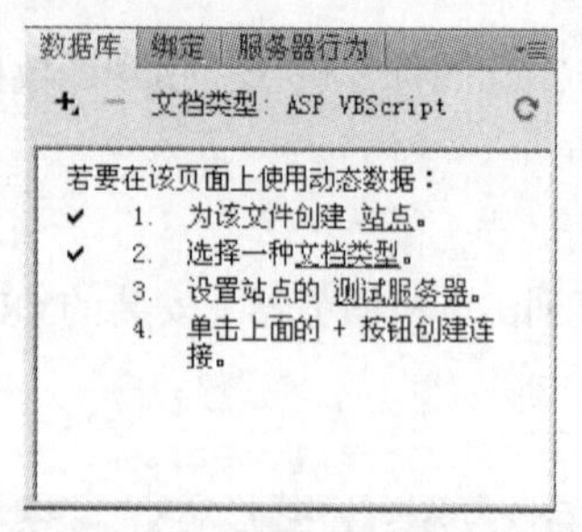

图 9-47 “数据库”面板

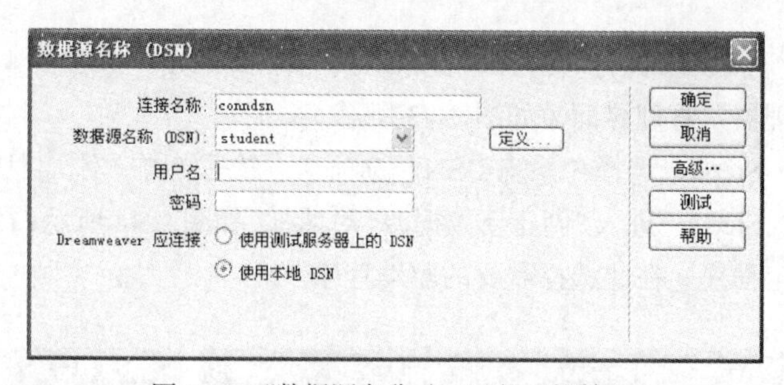

图 9-48 “数据源名称（DSN）”对话框

Step7　设置好后，按下“测试”按钮，可确认连接是否成功。若成功则出现“成功创建连接脚本”的消息框，如图 9-49 所示。

设置完毕后，在“数据库”面板中增加了一个 DSN 连接。

图 9-49 “连接成功”消息框

2. 设置 DSN_less 的数据库连接方式

虽然 DSN 的连接方式很简单，但在实际用途上却有它的困难之处。因为如果使用的网页空间不是自己的主机，或是没有主机服务器网管的权限，是无法到主机上去设置 DSN 的。为了解决这个困难，建议使用另外一种数据库连接方式：DSN_less。具体设置步骤如下：

Step1　“数据库”面板中，按下⊞按钮，选择“自定义连接字符串”命令，打开“自定义连接字符串”对话框，如图 9-50 所示。

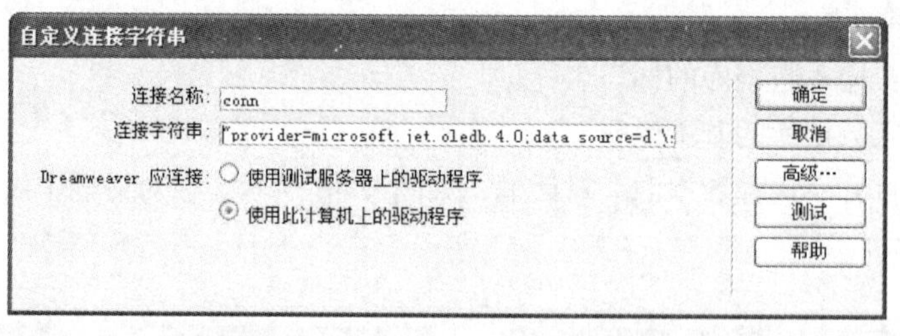

图 9-50 “自定义连接字符串”对话框

Step2　在“连接名称”文本框中自定义该连接的名称，“连接字符串”是直接通过 ADO 的帮助连接数据库，它的标准格式如下：

```
Driver={Microsoft Access Driver (*.mdb)}; DBQ=实际路径\数据库名称
Provider=Microsoft.Jet.OLEDB.4.0; Data Source=实际路径\数据库名称
```

以上两种连接方式都可以在 Dreamweaver 中连接数据库，第一种方法是使用 Microsoft Access 的驱动程序来连接，而第二种方式是直接使用 OLE DB 数据库的驱动程序来连接。建议使用 OLE DB 驱动程序。

设置完毕后，在“数据库”面板中增加了一个自定义字符串连接。

3. 编辑数据库连接

要编辑数据库连接，具体的操作步骤如下。

Step1　在“数据库”面板中选择需要编辑的连接，然后双击数据库连接的名称，或单击右键在弹出的菜单中选择“编辑连接”命令，都可打开“定义数据源名称”或“自定义连接字符串”对话框。

Step2　对其中的选项进行必要的修改后，单击“确定”按钮即可。

4. 删除数据库连接

要删除数据库连接，其具体的操作步骤如下。

在“数据库”面板中选择一个需要删除的连接，单击⊟按钮，出现询问是否删除连接对话框。单击“是”按钮即可删除该连接，如果单击“否”按钮，则取消该操作，不会删除该数据库连接。

二、绑定记录集

在创建了连接之后，如果对数据库表及字段进行操作，还需要绑定记录集。记录集是通过数据库查询得到的数据库中记录的子集。记录集由查询来定义，查询则由搜索条件组成，这些条件决定记录集中应该包含的内容，绑定记录集的具体操作步骤如下。

Step1 在“绑定”面板中，单击+按钮并从弹出式菜单中选择“记录集（查询）”命令，将打开“记录集”对话框，如图 9-51 所示，其中参数的含义如下。

- 名称文本框：设置记录集名称。
- 连接下拉列表：选择使用的连接。
- 表格下拉列表：选择使用的表格。
- 列单选按钮：可以选择表格中的所有字段或指定字段。
- 筛选和排序：设置记录集显示的条件。

Step2　设置完成后，单击“测试”按钮测试连接的结果，若成功则会出现一个“测试 SQL 指令”窗口，将按照设置的要求显示数据表中的数据。设置完成后，在“绑定”面板中将显示定义的记录集，如图 9-52 所示。

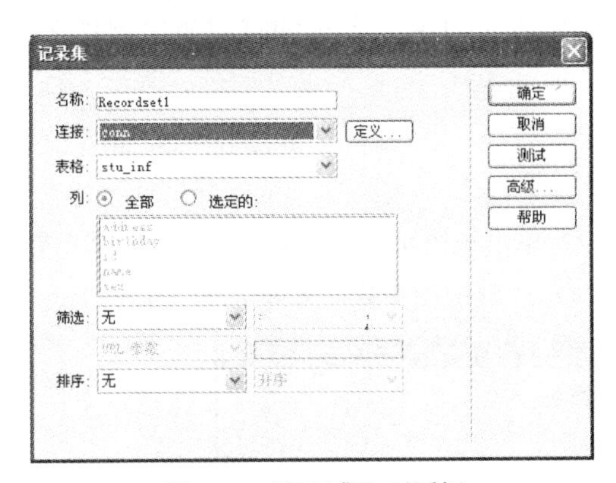

图 9-51　“记录集”对话框

图 9-52　“绑定”面板

三、添加服务器行为

Dreamweaver 提供了众多预定义的服务器行为。网页设计人员可以使用预定义的服务器行为，也可以使用自己建立的服务器行为或使用其他人员建立的服务器行为。

向页面添加服务器行为，可以从“插入”面板或“服务器行为”面板中选择它们。如果使用“插入”面板，单击“应用程序”选项卡，然后选择一个服务器行为按钮。若要使用“服务器行为”面板，执行“窗口”→“服务器行为”命令，打开“服务器行为”面板，然后单击面板上的+按钮，并从弹出式菜单中选择服务器行为。

1. 插入记录

使用该服务器行为就可以将信息插入到数据库中。

添加的方法是：在“服务器行为”面板中，单击+按钮并从弹出式菜单中选择“插入记录”命令，出现“插入记录”对话框，如图 9-53 所示。其中的参数含义如下。

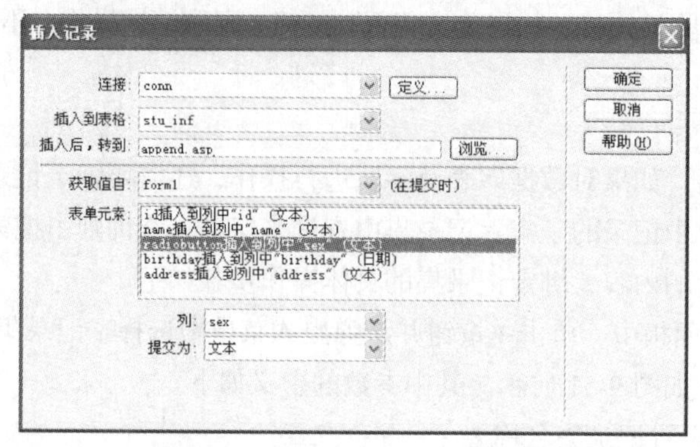

图 9-53 “插入记录”对话框

- 连接：选择要使用的数据库连接名称。
- 插入到表格：选择要插入表的名称。
- 插入后，转到：选择数据插入成功后转到的页面。
- 获取值自：选择数据来自的表单。
- 表单元素：建立表单对象与数据库字段的关联方式。
- 列：选择字段。
- 提交为：显示提交元素的类型。如果表单对象的名称和被设置字段的名称一致，Dreamweaver 会自动地建立对应关系。

2. 更新记录

使用更新记录行为可以在页面中实现更新记录操作。

添加的方法是：在“服务器行为”面板中，单击+按钮并从弹出式菜单中选择“更新记录”命令，出现“更新记录”对话框，如图 9-54 所示。其中的参数含义如下。

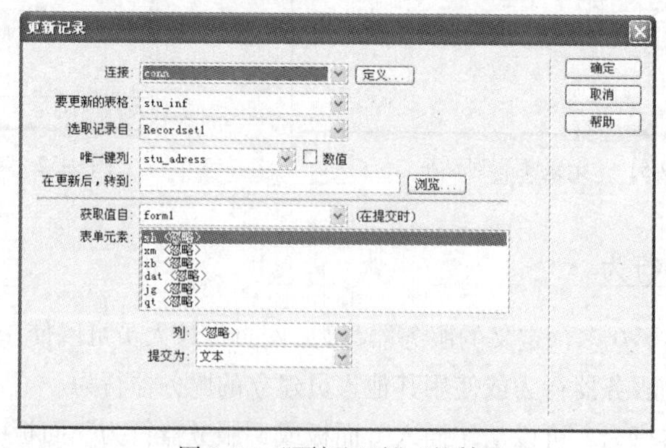

图 9-54 “更新记录”对话框

- 要更新的表格：在下拉列表中选择要更新的表的名称。
- 取记录自：下拉列表中指定页面中绑定的“记录集”。

- 唯一键列：选择关键列以识别在数据库表单上的记录。如果值是数字，则应该选中“数字”复选框。
- 在更新后，转到：输入一个 URL，用来定义数据更新后将转向的 URL 地址。
- 获取值自：指定更新的数据来自于页面中的哪个表单对象。
- 表单元素：指定数据库中要更新的表单元素。

3. 删除记录

使用删除记录行为可以在页面中实现删除记录操作。

添加的方法是：在“服务器行为”面板中，单击+按钮并从弹出式菜单中选择“删除记录”命令，出现“删除记录”对话框，如图 9-55 所示，其中的参数含义如下。

- 从表格中删除：指定从哪个表中删除记录。
- 选取记录自：选择使用的记录集名称。
- 唯一键列：选择关键列以识别在数据库表单上的记录。如果值是数字，则应该选中“数字”复选框。
- 提交此表单以删除：选择提交删除操作的表单名称。
- 删除后，转到：输入一个 URL，用来定义删除后将转向的 URL 地址。

4. 创建重复区域

该服务器行为可以在页面中显示记录集中的多条记录。任何动态数据选择都可以转变成重复的区域。然而，最常见的区域是表格、表格行或一系列表格行。

创建重复区域的方法如下。

Step1　在页面中，选择包含动态内容的区域。可以选定任意内容，包括表格、表格行甚至一段文本。

Step2　在“服务器行为”面板上，单击+按钮，并选择“重复区域”。将打开“重复区域”对话框，如图 9-56 所示。在“记录集”列表中选择要使用的记录集名称。选择每页显示的记录数。

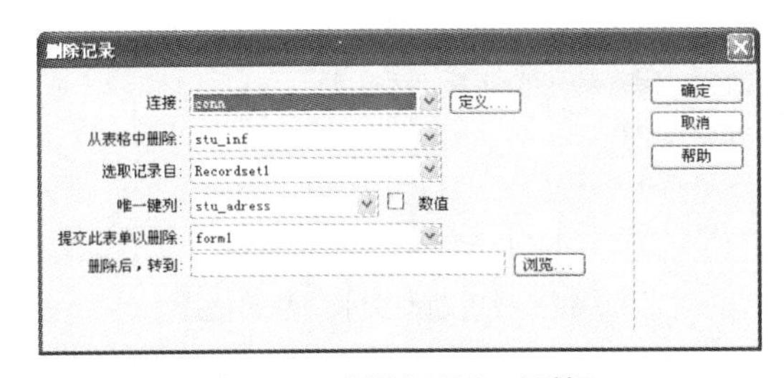

图 9-55　“删除记录”对话框

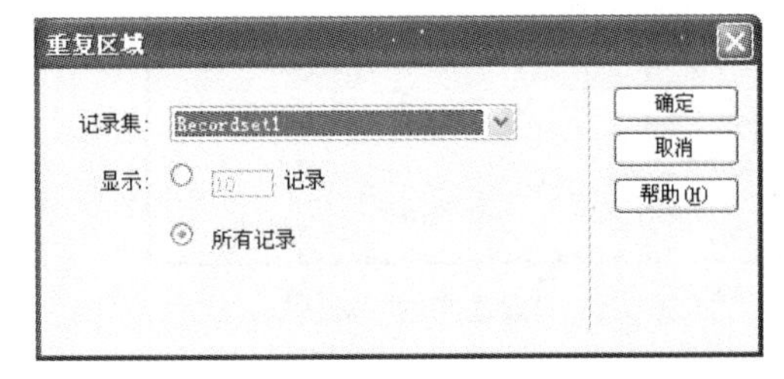

图 9-56　“重复区域”对话框

Step3　单击“确定”按钮。

设置完成后，在文档窗口中，重复的区域周围随即出现一个选项卡式的灰色细轮廓，如图 9-57 所示。

学号	姓名	性别	出生年月	籍贯	其它
{Recordset1.stu_number}	{Recordset1.stu_name}	{Recordset1.stu_sex}	{Recordset1.stu_birthday}	{Recordset1.stu_adress}	{Recordset1.stu_other}

图 9-57　创建重复区域

5. 动态文本

该服务器行为用于在页面中插入动态文本对象。插入的文本对象是来自预定义记录集的项，可以对其应用任何 Dreamweaver 数据格式。

在网页中创建动态文本主要有两种方法。

- 在文档窗口中，把光标置于需要增加动态文本的地方。在“绑定”面板中，从列表中选择一个数据源。选择想要插入的字段，然后单击“绑定”面板中的“插入”按钮，或者直接将数据源拖到网页上。
- “服务器行为”面板，然后单击面板上的+按钮，并从弹出式菜单中选择“动态文本”命令，或单击“插入”面板的“应用程序”选项卡下的“动态数据”按钮，从弹出的下拉列表中选择“动态文本”，系统将打开“动态文本”对话框，如图 9-58 所示，选择想要插入的字段即可。

创建完动态文本后，在文档窗口会出现占位符替换选择的文本或在插入点直接显示占位符。可以执行“查看”→“动态数据”命令，在实时数据窗口中进行实时浏览。

在一般情况下，占位符语法形式为{记录集名称. Column}、{Request. Variable}等，其中 Column 表示从记录集中选择域的名称，Request. Variable 表示从客户端表单上所传递过来的信息。

可以根据需要，为动态文本指定数据格式。首先用鼠标单击选择该项动态文本，然后在“绑定”面板中找到该项数据源，该项数据源后面多了“选定文本”等字样，单击“选定文本”后面的三角按钮▼，从弹出的菜单中选择一种格式，如图 9-59 所示。

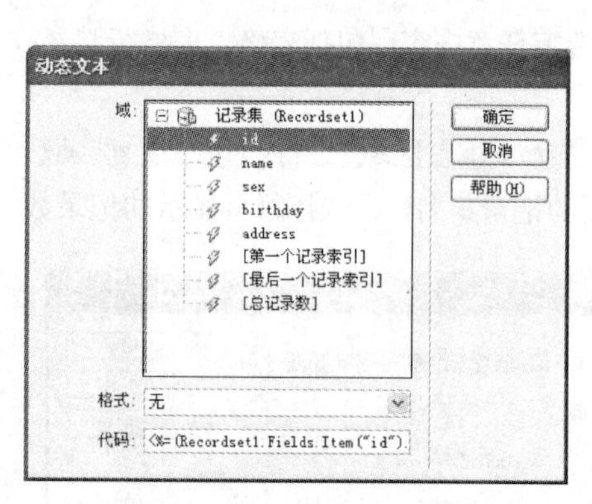

图 9-58 “动态文本”对话框

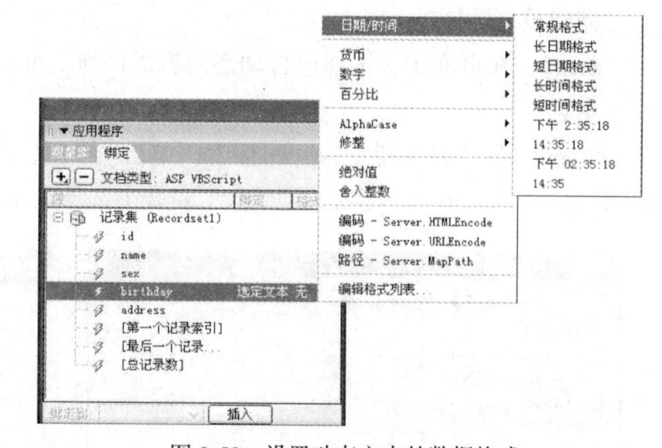

图 9-59 设置动态文本的数据格式

6. 记录集分页

该服务器行为实际的功能是将当前页面和目标页面的记录集信息整理成 URL 地址参数。

创建记录集分页需要在“服务器行为”面板上，单击+按钮，在弹出的菜单中选择“记录集分页”选项，弹出一个子菜单，如图 9-60 所示。

- 移至第一条记录：将所选的链接设置为跳转到记录集显示子页的第一页。
- 移至前一条记录：将所选的链接设置为从当前页跳转到记录集的上一子页。
- 移至下一条记录：将所选的链接设置为从当前页跳转到记录集的下一子页。
- 移至最后一条记录：将所选的链接设置为跳转到记录集显示子页的最后一页。
- 移至特定记录：将所选的链接设置为从当前页跳转到指定记录显示子页的第一页。

7. 转到详细页面

该服务器行为主要实现的是页面间参数的传递。例如一个页面用来显示新闻列表，如果想详细查看某条新闻，就需要跳转到该条新闻的详细页面，如何保证打开的是目标新闻，就需要在页面间传递参数。

创建转到详细页面服务器行为的具体操作步骤如下。

Step1　在列表页面中选择要设置为指向详细页面的动态内容。

Step2　在“服务器行为”面板上，单击+按钮，在弹出的菜单中选择“转到详细页面”选项，弹出“转到详细页面”对话框，如图 9-61 所示，对其中的参数介绍如下。

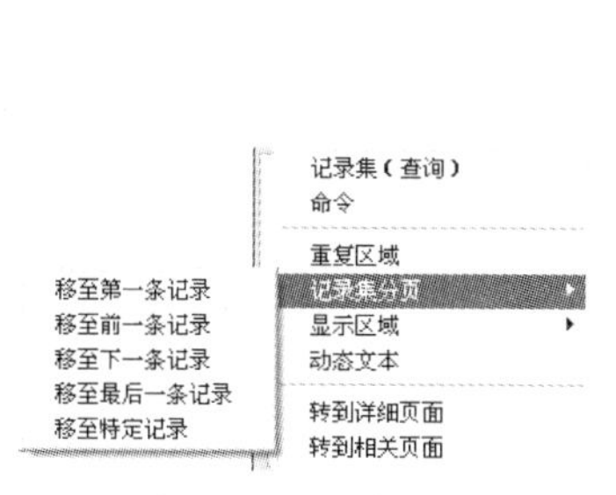

图 9-60　记录集分页

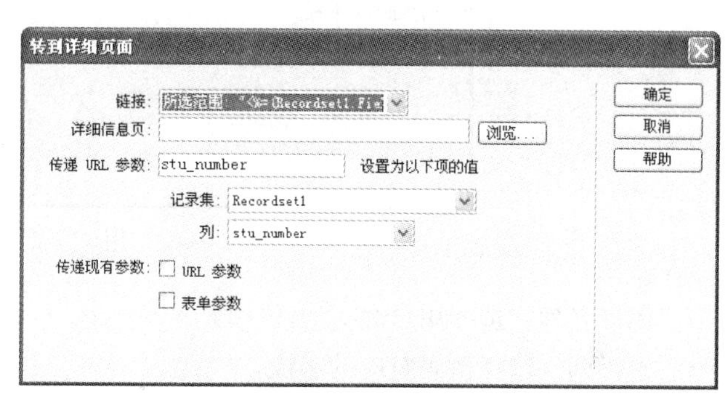

图 9-61　转到详细页面

- 链接：选择要把行为应用到哪个链接上，如果在页面中选择了动态内容，则会自动选择该内容。
- 详细信息页：设置细节页面的 URL 地址。
- 传递 URL 参数：输入要通过 URL 传递到细节页面中的参数名称，和设置以下选项的值。
- 记录集：选择通过 URL 传递参数所属的记录集。
- 列：选择通过 URL 传递参数所属记录集中的字段名称，即设置 URL 传递参数值的来源。
- URL 参数：选中此复选框，表示将列表页中的 URL 参数传递到细节页上。
- 表单参数：选中此复选框，表示将列表页中的表单值以 URL 参数的方式传递到细节页上。

Step3　在对话框中设置相应的参数，单击“确定”按钮，即可创建转到详细页面服务器行为。

8. 用户身份验证

目前许多有实力的网站都具备会员管理的功能，如果想成为某网站的会员，首先需要用户注册，注册成功后，再登录即可享受网站提供的个性化的服务。Dreamweaver 服务器行为中的用户身份验证可以轻松实现这些功能。对用户身份验证中的常用功能介绍如下。

（1）登录用户

该服务器行为用来检验用户在登录页面中输入的用户名和密码是否正确。“登录用户”对话框如图 9-62 所示，参数介绍如下。

- 从表单中获取输入：选择接受哪个表单的提交。
- 用户名字段：选择用户名所对应的文本框。
- 密码字段：选择密码所对应的文本框。
- 使用连接验证：确定使用哪个数据库连接。
- 表格：确定使用数据库中的哪个表格。

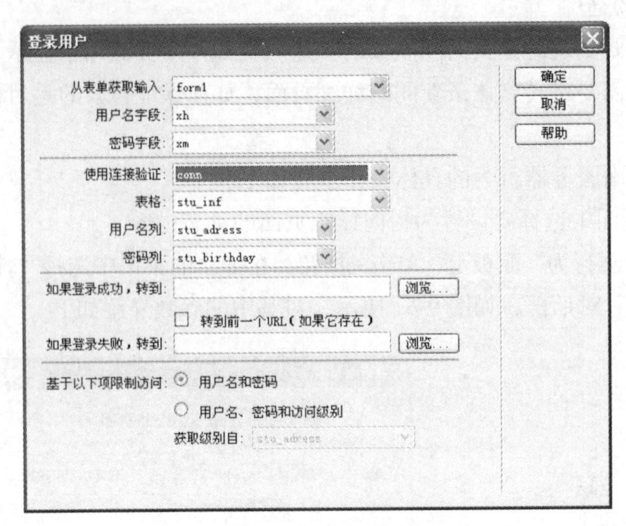

图 9-62　用户登录

- 用户名列：选择用户名对应的字段。
- 密码列：选择密码对应的字段。
- 如果登录成功，转到：设置用户登录成功后将转到的页面。
- 如果登录失败，转到：设置当用户登录失败后将转到的页面。

（2）注销用户

注销用户就是注销已经登录的用户，如图 9-63 所示。

图 9-63　注销用户

（3）检查新用户名

该服务器行为可以验证用户在注册信息页面输入的通行证用户名是否与数据库中现有的信息重复。"检查新用户名"对话框如图 9-64 所示，参数介绍如下：

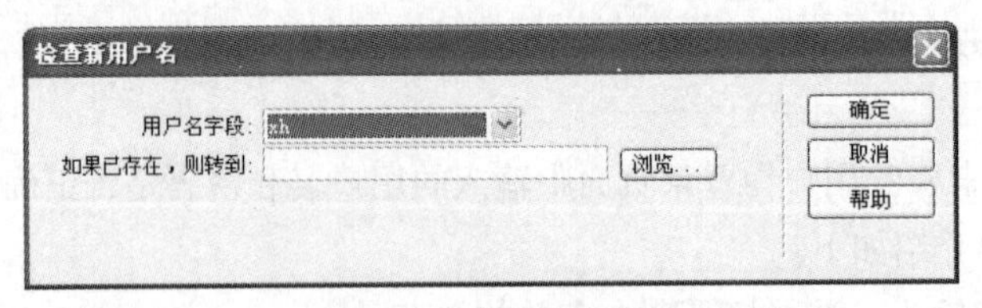

图 9-64　检查新用户

- 用户名字段：选择需要验证的记录字段（该字段在记录集中必须是主键列）。
- 如果已存在，则转到：如果字段的值已经存在，那么可以在该文本框中输入引导用户所去的页面。

（4）限制对页面的访问

限制对页面的访问可以对某些页面做出访问限制，要求必须登录才能访问。也可以对登录用户的权限进行检查，只有用户具有相应的权限才能访问。要实现权限检查，必须要在“登录用户”设置中根据特殊字段设置“访问级别”，如图 9-65 所示。

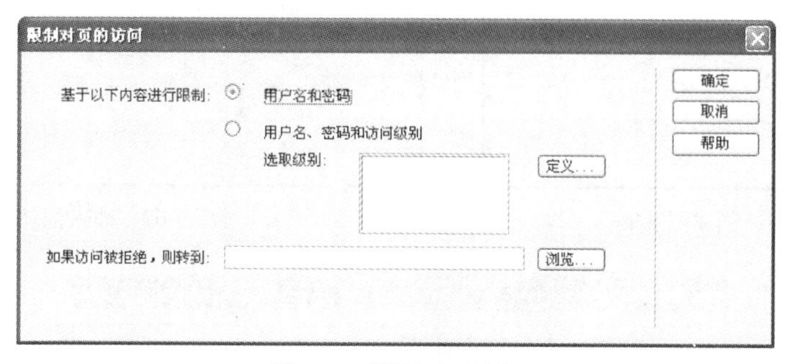

图 9-65 限制页面访问

【任务实施】

Step1 打开上一任务中创建的文件 register.asp。

Step2 建立数据库连接。在“数据库”面板，点击+按钮，在弹出的菜单中选择“自定义连接字符串”命令。在对话框中的“连接名称”文本框中输入“conn”，在“连接字符串”文本框中输入以下代码，如图 9-66 所示。单击“确定”按钮后，在“数据库”面板即出现了创建的连接 conn，如图 9-67 所示，Provider="Microsoft.Jet.OLEDB.4.0;Data Source= F:\rose\liuyan\data\message.mdb;"

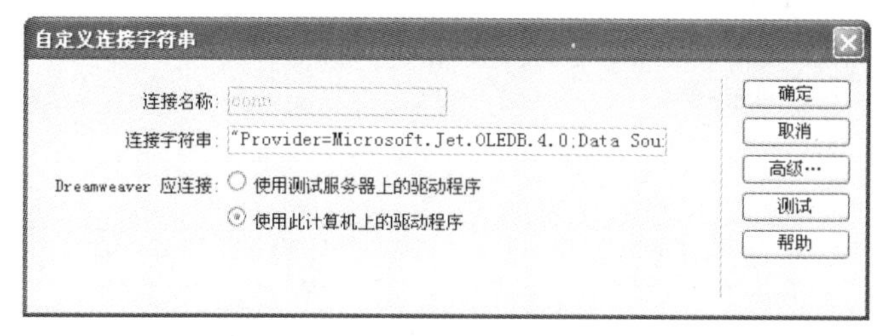

图 9-66 定义连接字符串

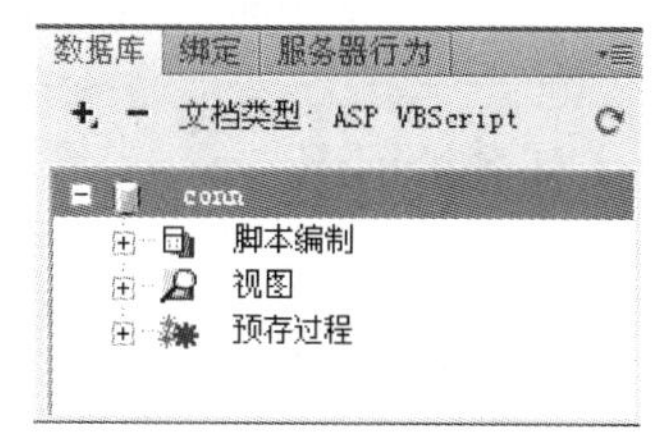

图 9-67 数据库面板

Step3 打开“绑定”面板，单击+按钮，在弹出的菜单中选择“记录集”，弹出“记录集”对话框。在对话框中的“名称”文本框中输入 R1，“连接”下拉列表中选择 conn，“表格”下拉列表中选择 userinfo，“列”勾选“全部”单选按钮，“排序”下拉列表中选择 user_id 和降序，如图 9-68 所示。单击“确定”按钮，创建记录集。

Step4 选择 register.asp 页面中的“提交”按钮，添加服务器行为“插入记录”，在弹出的对话框中设置“连接”为 conn，“插入到表格”下拉列表中选择 userinfo，“插入后，转到”文本框中输入 success. asp，具体参数设置如图 9-69 所示。

Step5 选择 register.asp 页面中的“提交”按钮，在“服务器行为”面板中，单击左上角的+按钮，在弹出的菜单中选择“用户身份验证”→“检查新用户名”命令，在弹出的对话框中设置要检查的“用户名字段”为 name，“如果存在，则转到”为 userexist.asp（该页用于提示用户：该用户名已经存在），参数设置如图 9-70 所示。

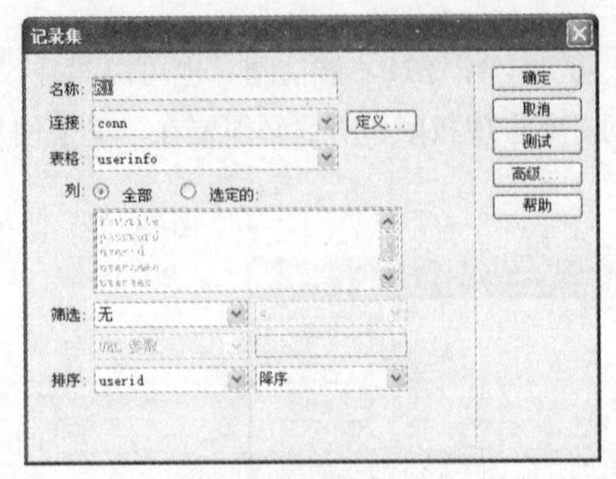

图 9-68　创建记录集

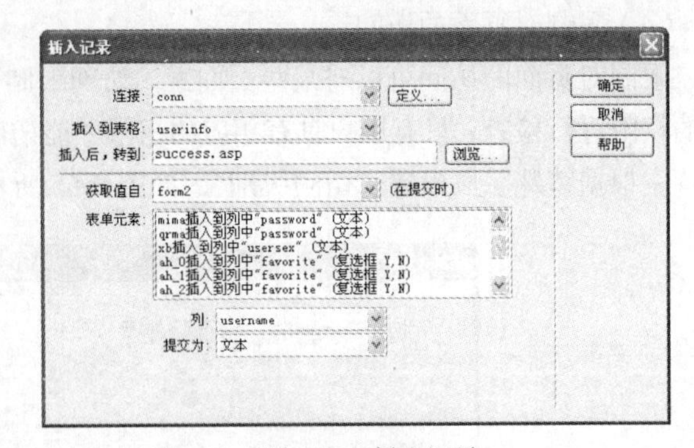

图 9-69　插入记录

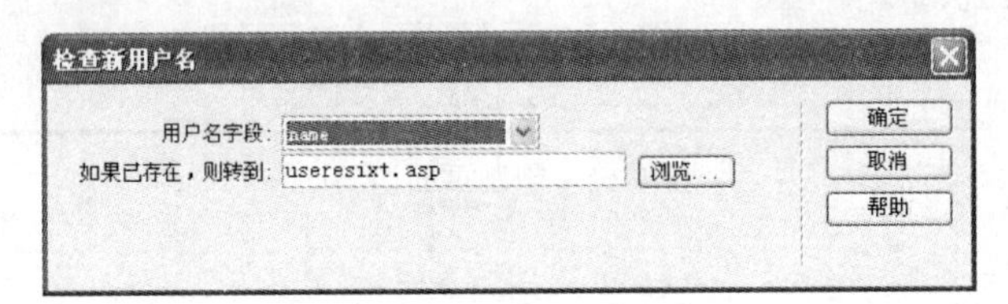

图 9-70　检查新用户名

Step6　制作 userexist.asp 页。在页面上输入文字，然后插入按钮，并设置按钮的动作为“无”，在代码中编写代码：onclick="javascript:history.back(1)"，效果如图 9-71 所示。

Step7　制作 success. asp。在网页中输入文本，为“点击这里登录”设置链接，地址为 login.asp，如图 9-72 所示。

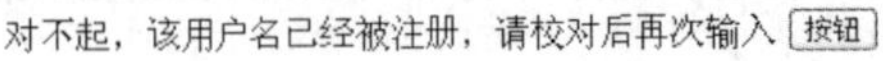

对不起，该用户名已经被注册，请校对后再次输入 [按钮]

图 9-71　userexist.asp 页

用户注册成功，单击这里登录！

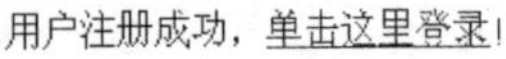

图 9-72　success. asp 页

【任务扩展】

一、用户登录

在网站的各个系统中，用户登录是最基本的内容，几乎所有系统都需要用户登录，以此来确认身份。图 9-73 就是用户登录过程流程图。

操作步骤如下。

Step1　制作 login.asp。在页面上插入一个 2 行 1 列的表格，在第 1 行单元格中插入图片，第二行单元格中插入表单域，在表单域中在嵌套一个 3 行 2 列的表格，在单元格中分别输入文本、插入文本框和按钮，如图 9-74 所示

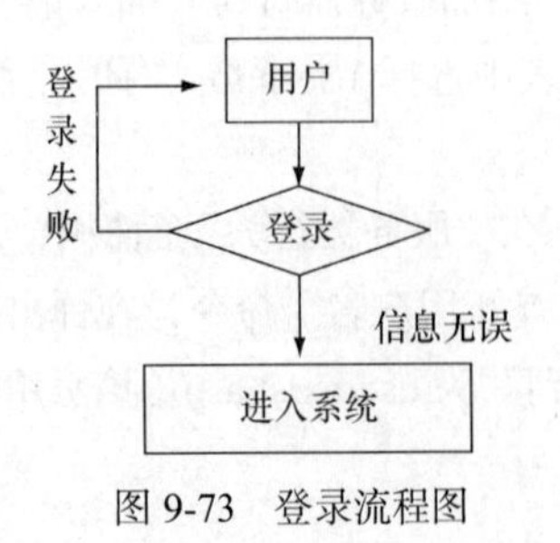

图 9-73　登录流程图

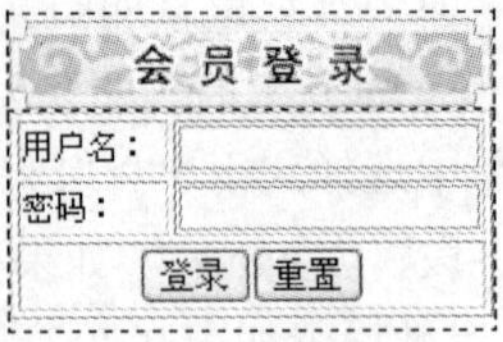

会员登录
用户名：
密码：
[登录] [重置]

图 9-74　会员登录

Step2　打开“绑定”面板，单击+按钮，在弹出的菜单中选择“记录集”，弹出“记录集”对话框。在对话框中的“名称”文本框中输入 R2，“连接”下拉列表中选择 conn，“表格”下拉列表中选择 userinfo，“列”勾选“选定的”单选按钮，选择 username 和 password 字段，如图 9-75 所示。单击“确定”按钮，创建记录集。

Step3　选择 login.asp 页面中的“登录”按钮，添加服务器行为“登录用户”，在弹出的对话框中设置“用户字段”为 dlname，“密码字段”为 dlma，“连接”为 conn，“表格”下拉列表中选择 userinfo，“用户名列”为 username，“密码列”为 password，“如果登陆成功，转到”文本框中输入 m_append.asp，“如果登陆失败，转到”文本框中输入 dlfail.asp，“基于以下项限制访问”选择用户名和密码，具体参数设置如图 9-76 所示。

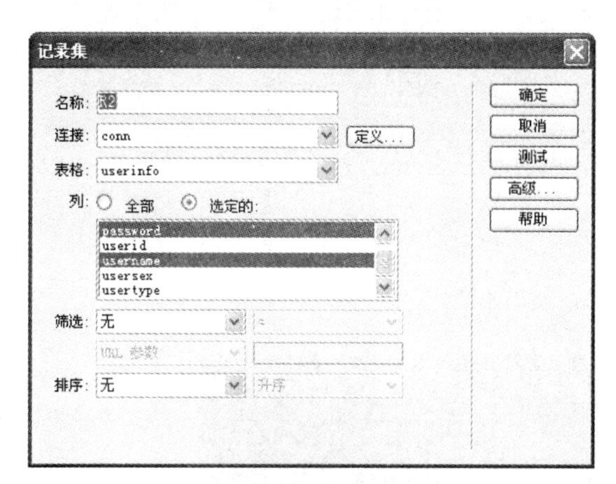

图 9-75　创建记录集

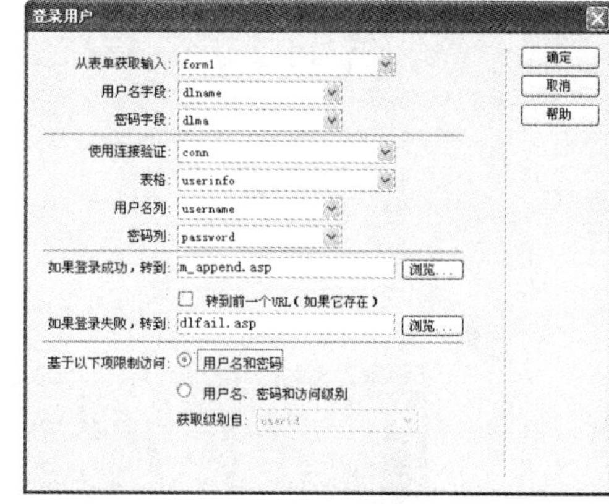

图 9-76　登录用户

Step4　制作 dlfail.asp 页。在页面上输入文字，然后插入按钮，并设置按钮的动作为“无”，在代码中编写代码：onclick="javascript:history.back(1)"，效果如图 9-77 所示。

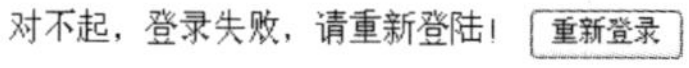

对不起，登录失败，请重新登陆！ 重新登录

图 9-77　dlfail.asp 页

二、留言板

在动态网站中留言板是最基本的模块，它是客户端与服务器之间进行交流的一种最简洁、最有效方式。

1. 制作留言列表页面 m_list. asp

页面效果如图 9-78 所示，制作时主要利用插入表格对象、创建记录集和创建服务器行为，具体操作如下。

Step1　打开 m_list. asp 网页，将光标定位于网页右边的正文区，插入一个 2 行 4 列的表格，此表格记为“1”，分别在表格中输入相应的文字。将光标定位于表格“1”右边，插入一个换行，继续插入 1 行 4 列的表格，此表格记为“2”，分别在单元格中输入文字。在表格“2”后再插入一个换行和一个 1 行 1 列的表格，此表格记为“3”，在单元格中输入文字，如图 9-79 所示。

Step2　选择表格“3”中的文本“添加”，在“属性”面板中设置链接为 m_append. asp。

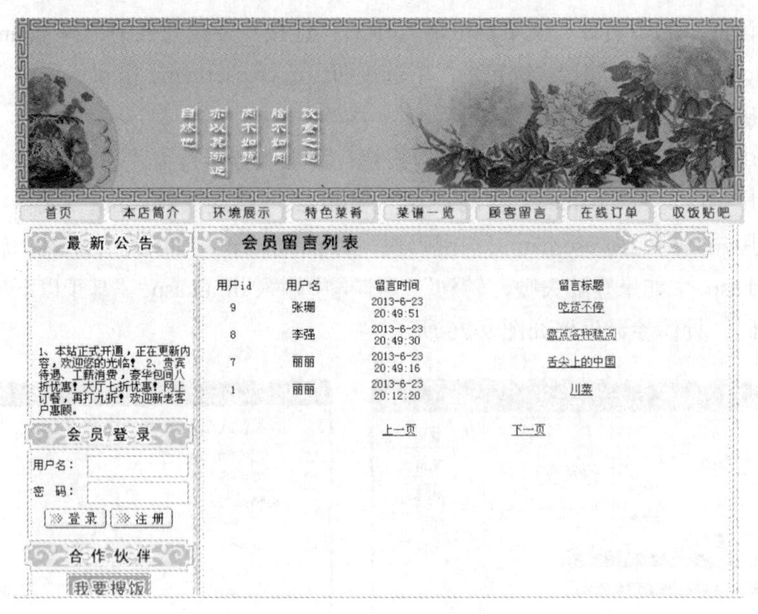

图 9-78　m_list. asp 页面效果图

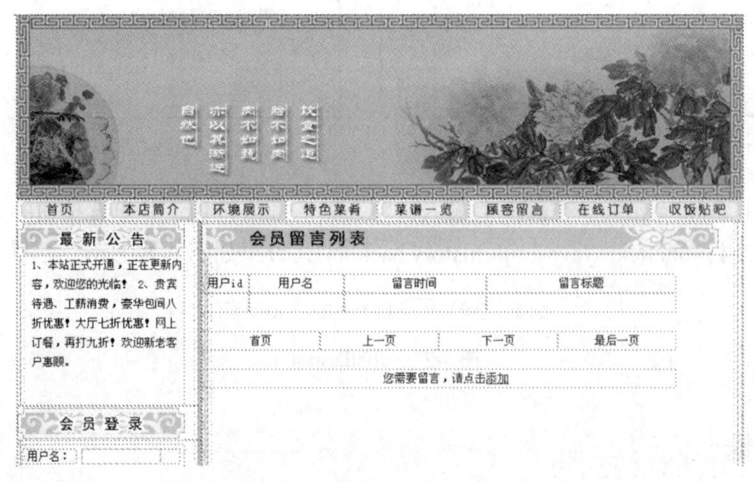

图 9-79　在网页中插入表格和文字

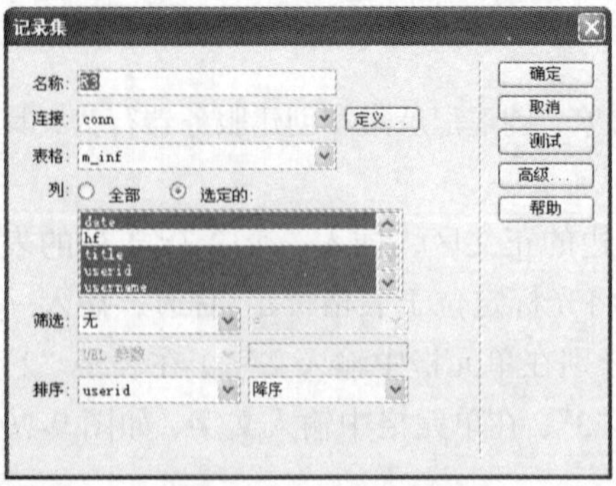

图 9-80　“记录集”对话框

Step3　打开“绑定”面板，单击**+**按钮，在弹出的菜单中选择“记录集”，弹出“记录集”对话框。在对话框中的“名称”文本框中输入 R3，“连接”下拉列表中选择 conn，“表格”下拉列表中选择 m_inf，“列”勾选“选定的”单选按钮，在列表框中选择 date、title、userid 和 username，“排序”下拉列表中选择 userid 和降序，如图 9-80 所示。单击“确定”按钮，创建记录集。

Step4　选择文字“用户 id”，在“绑定”面板中展开记录集 R3，选择 userid 字段，单击“插入”按钮，绑定字段。按照同样的方法，选择“用户名”绑定 username

字段，选择“留言时间”绑定 date 字段，选择“留言标题”绑定 title 字段。如图 9-81 所示。

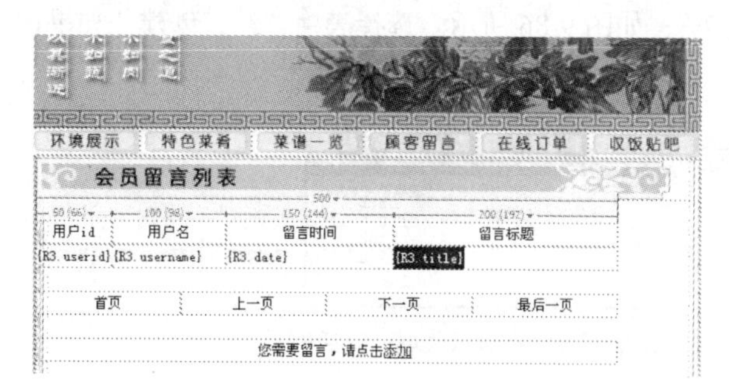

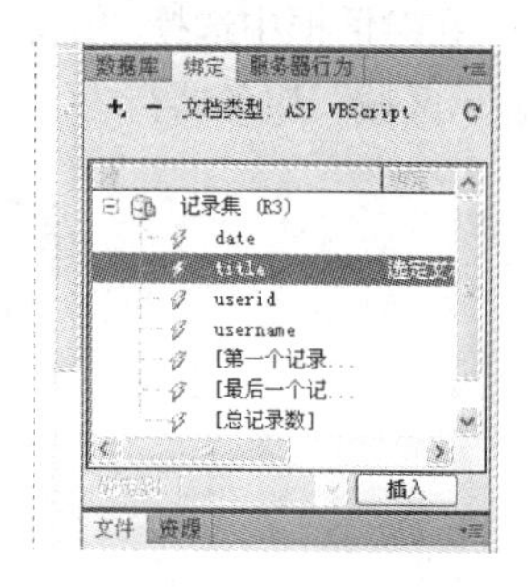

图 9-81　绑定字段结果图

Step5　选择表格“1”的第二行，在“服务器行为”面板中，单击 + 按钮，在弹出的菜单中选择“重复区域”。在“重复区域”对话框中的“记录集”列表中选择 R3，“显示”勾选“10 记录”单选按钮，如图 9-82 所示。单击“确定”按钮，创建重复区域服务器行为。

Step6　选择{R3.title}，单击“服务器行为”面板中的 + 按钮，在弹出的菜单中选择“转到详细信息页面”选项，在弹出的对话框中设置“详细信息页”为 m_details. asp，“传递 URL 参数”为 userid，如图 9-83 所示。

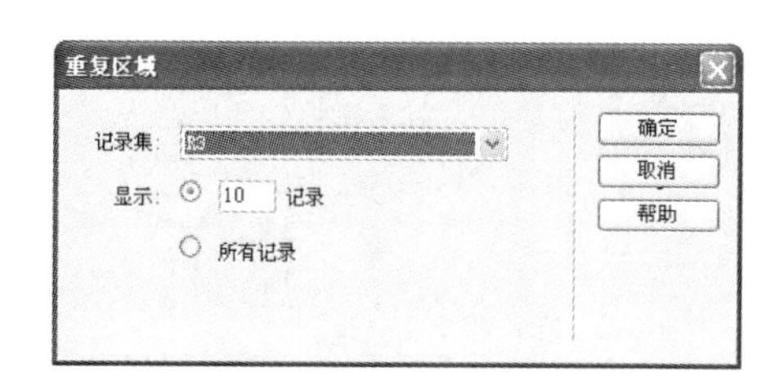

图 9-82　“重复区域”对话框

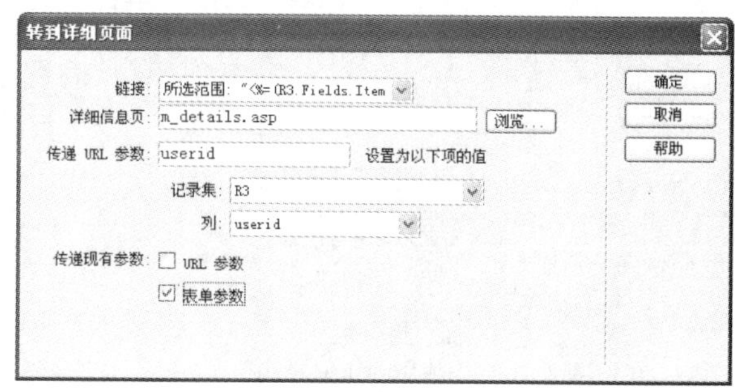

图 9-83　“转到详细页面”对话框

Step7　选择文字“首页”，在“服务器行为”面板中添加“记录集分页”→“移至第一条记录”，在对话框中选择“记录集”为 R3，如图 9-84 所示。即创建移至第一条记录的服务器行为。按照同样的方法，分别对文字“上一页”、“下一页”和“最后页”创建“移至前一条记录”、“移至下一条记录”和“移至最后一条记录”服务器行为。

Step8　选择文字“首页”添加服务器行为“显示区域”→“如果不是第一条记录则显示区域”，在对话框中选择“记录集”为 R3，如图 9-85 所示。按照同样的方法分别对文字“上一页”、“下一页”、“最后页”创建“如果为最后一条记录则显示区域”、“如果为第一条记录则显示区域”和“如果不是最后一条记录则显示区域”服务器行为。

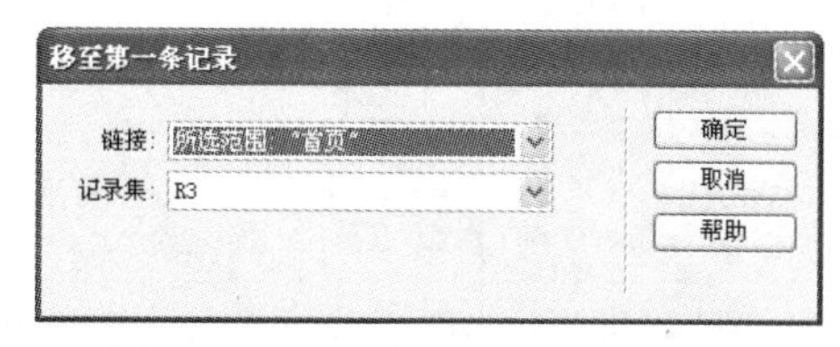

图 9-84　“移至第一条记录”对话框

图 9-85　“如果不是第一条记录则显示区域”对话框

Step9　选择表格“1”和“2”，添加服务器行为“显示区域”→“如果记录集不为空则显示区域”，在对话框中选择“记录集”为 R3，如图 9-86 所示。选择表格“3”，创建“如果记录集为空则显示区域”服务器行为。

图 9-86　“如果记录集不为空则显示区域”对话框

2. 制作留言添加页面 m_append. asp

m_append. asp 页面效果如图 9-87 所示，制作时主要利用插入表单对象和创建插入记录服务器行为，具体操作如下。

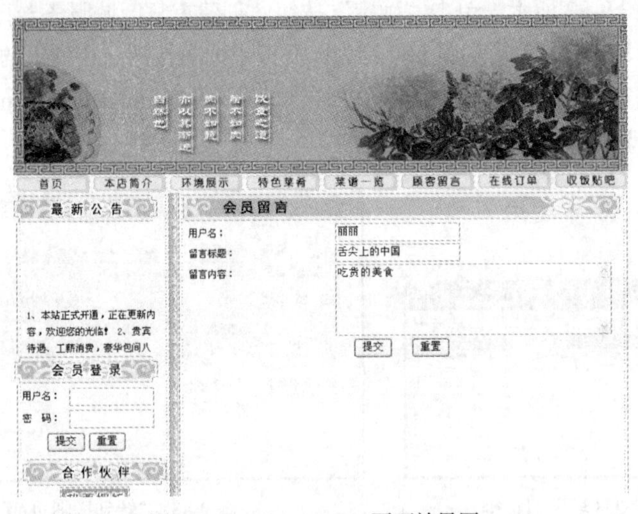

图 9-87　m_append.asp 页面效果图

Step1　在页面右边的会员留言图片下面插入表单，将光标定位于表单中，插入 4 行 2 列的表格。在单元格中输入文本、若干个“文本域”和“提交”及“重置”按钮，如图 9-88 所示。

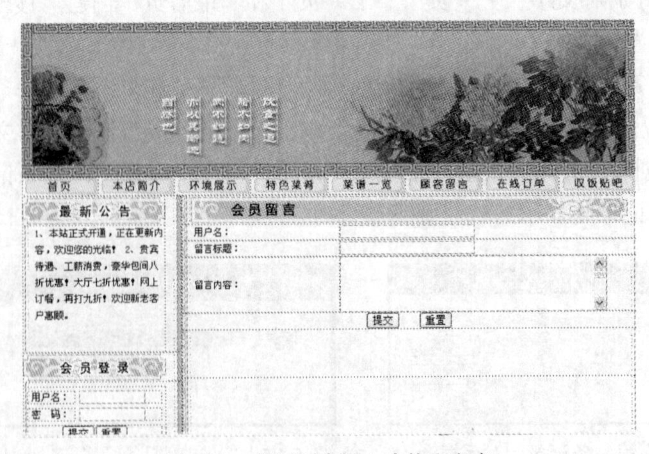

图 9-88　在网页中插入表格和文字

Step2 添加记录集，在弹出的对话框中设置参数，如图 9-89 所示。添加服务器行为“插入记录”，在弹出的对话框中设置“连接”为 conn，“插入到表格”下拉列表中选择 m_inf，“插入后，转到”文本框中输入 m_list. asp，如图 9-90 所示。

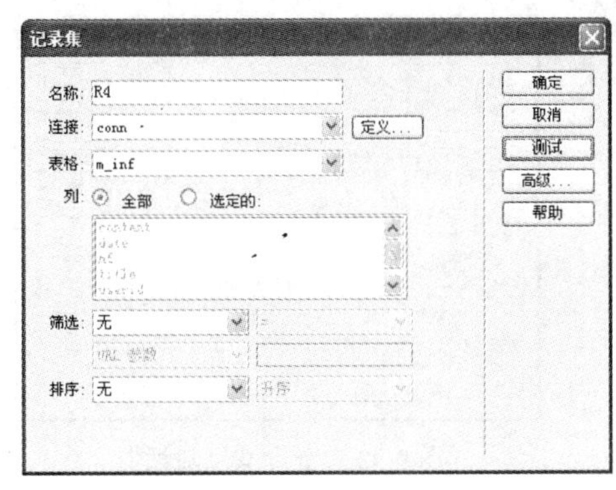

图 9-89 “记录集”对话框

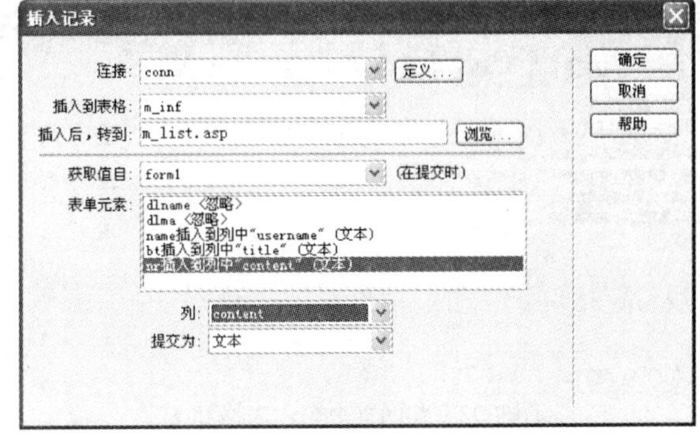

图 9-90 “插入记录”对话框

3. 制作留言详细信息页面 m_ details. asp

m_ details. asp 页面效果图如图 9-91 所示，制作时主要利用创建记录集和绑定字段，具体操作步骤如下。

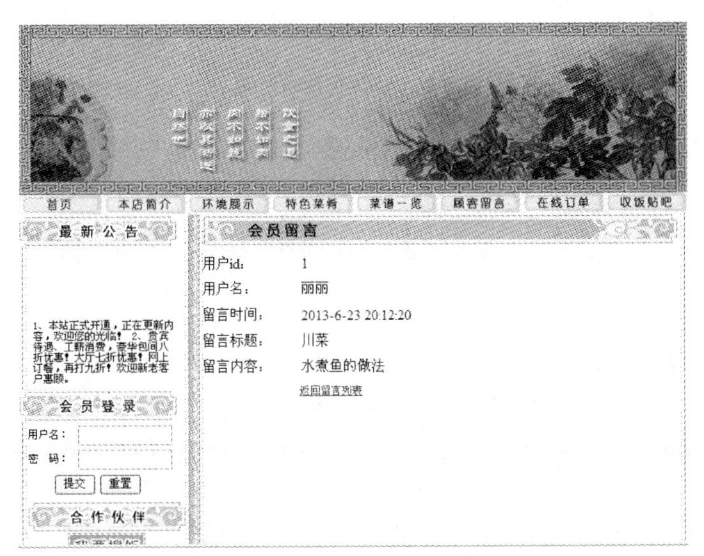

图 9-91 m_ details.asp 页面效果图

Step1 在页面右边的会员留言图片下面插入 6 行 1 列的表格，在单元格中分别输入相应的文字，如图 9-92 所示。

Step2 在“绑定”面板中单击+按钮，选择“记录集（查询）”，对话框的“名称”中输入 R5，“连接”下拉列表中选择 conn，“表格”设置 m_inf，“列”勾选“全部”单选按钮，“筛选”下拉列表中选择“userid”、“=”、“URL 参数”和“userid”，如图 9-93 所示。

Step3 选择文字“用户 id”，在“绑定”面板中展开记录集 R5，选择 userid 字段，单击右下角的“插入”按钮，绑定字段。按照同样的方法，分别将 username、date、title 和 content 字段绑定到相应的位置，如图 9-94 所示。

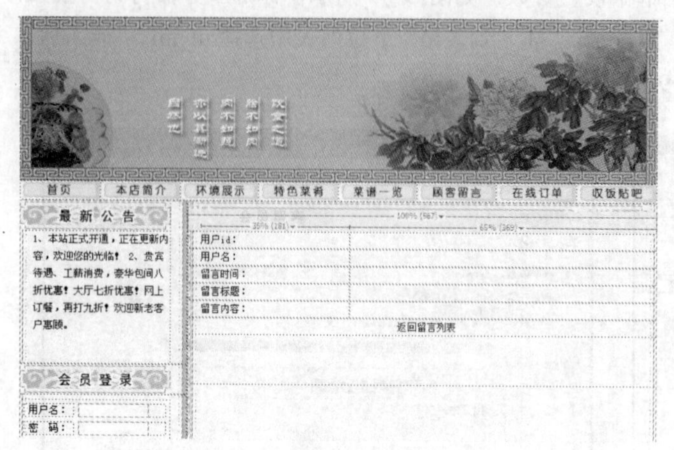

图 9-92　在网页中插入表格和文字

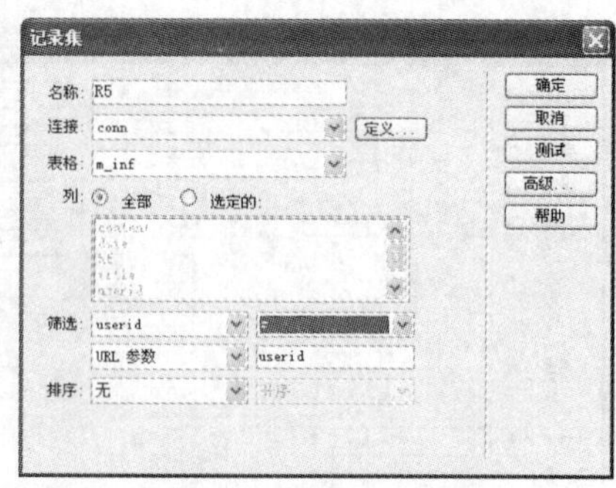

图 9-93　“记录集”对话框

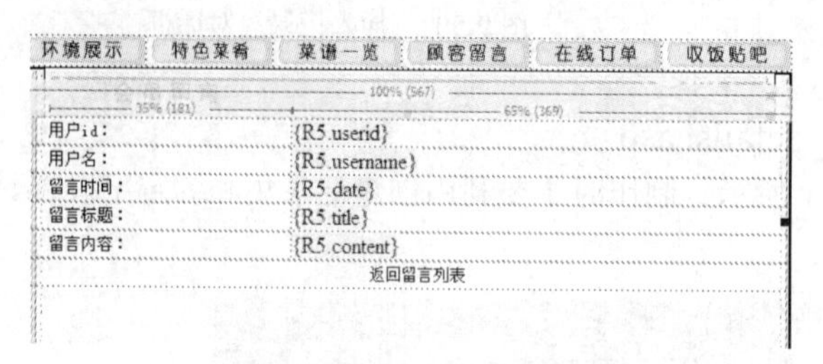

图 9-94　绑定字段结果图

Step4　选择文字“返回留言列表”，设置超链接为 m_list.asp。

习　题

一、填空题

1. 在页面创建表单时，单击“表单”工具栏上的__________，可以在页面上插入一个由红色虚线围起来的矩形区域，这个矩形区域就是定义的表单域。

2. 在 Dreamweaver 中，用户可以通过__________和__________两种方式实现对数据库的连接。

二、选择题

1. ASP 不同于脚本语言，它有自己特定的语法，所有的 ASP 命令都必须包含在界定符______。

A. <!--和--!>　　B. <%和%>　　C. <和>　　D. <$和$>

2. 在设计数据库时，主键一般都设置为_______字段。

A. id　　B. name　　C. class id　　D. addtime

模 块 十

网站的发布与管理

【引言】

网站制作完成后，需要将网站发布到 Internet 上，浏览者才能通过 Internet 访问网站。为了让浏览者能顺利访问网站，在将站点上传至 Internet 之前，最好在本地进行全面测试，包括兼容性和网页链接测试等。网站成功发布后，还需要定期进行维护，才能不断地吸引更多的浏览者，增加访问量。

任务一 站点的测试与发布

【任务导入】

玫瑰园网站已经制作好了，申请一个免费的域名和空间，上传网站。

【知识指导】

当我们开发完一个网站后，不要直接将它发布到 Internet 上，为确保各网页在浏览器中均能正常显示，各链接均能正常跳转，还要对站点进行本地测试，如兼容性测试和网页链接检查等。

一、本地发布与测试

1. 本地发布

在本地发布网站其实就是在计算机上用 Web 服务器软件配置网站，目的是让网站在本地计算机上运行起来，从而可以浏览效果、测试功能，尽量排除错误或存在的问题。我们已在模块九中介绍了利于 IIS 发布 ASP 网站的方法，这里不再重复。

网站在本地发布时需要注意的就是要使本地计算机的运行环境尽可能与远程服务器的运行环境一致。这样就能保证在本地运行正确的网站，上传至服务器上也不会出现问题。

2. 本地测试内容

（1）兼容性测试

通过兼容性测试，可以查出文档中是否含有目标浏览器不支持的标签或属性等，如 embed 标签、marquee 标签等。如果这些元素不被浏览器支持，网页会显示不正常或部分功能不能实现。

浏览器兼容性测试的具体操作如下。

Step1 打开前面制作的“玫瑰园”网站的主页，单击“文档”工具栏中的按钮，在弹出的下拉菜单中选择“设置”。

Step2 打开“目标浏览器”对话框，如图 10-1 所示，在对话框中选择要检测的浏览器，在右侧的下拉列表中选择对应浏览器的最低版本。单击“确定”按钮，关闭对话框，完成要测试的目标浏览器的设置。

Step3 执行“文件”→“检查页”→“浏览器兼容性”菜单命令，将在“结果”面板组中打开“浏览器兼容性”面板，如图 10-2 所示。

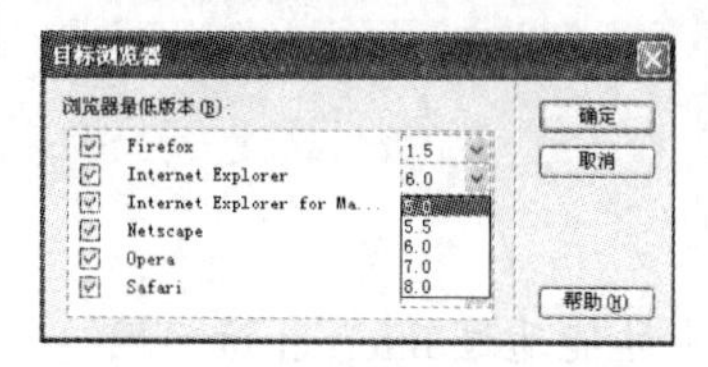

图 10-1 “目标浏览器”对话框

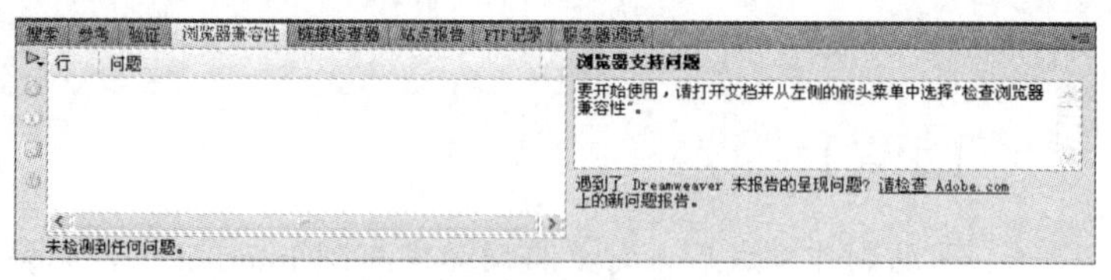

图 10-2 “浏览器兼容性”面板

由图 10-2 可以看出，“浏览器兼容性”面板可给出 3 种潜在问题的信息，这 3 种问题的含义如下。

- 告知性信息：表示代码在特定浏览器中不受支持，但没有负面影响。例如 img 标签的 gallerying 属性在一些浏览器中不提供支持，但这些浏览器会忽略该属性。
- 警告：表示某段代码不能在特定浏览器中正确显示，但不会导致严重的显示问题。
- 错误：表示某段代码在特定浏览器中会导致严重问题，如致使页面显示不正常。

Step4 单击“浏览器兼容性”面板左上方的按钮，在弹出的下拉菜单中选择“检查浏览器兼容性”选项，对当前文档进行目标浏览器的兼容性检查，结果如图 10-3 所示。

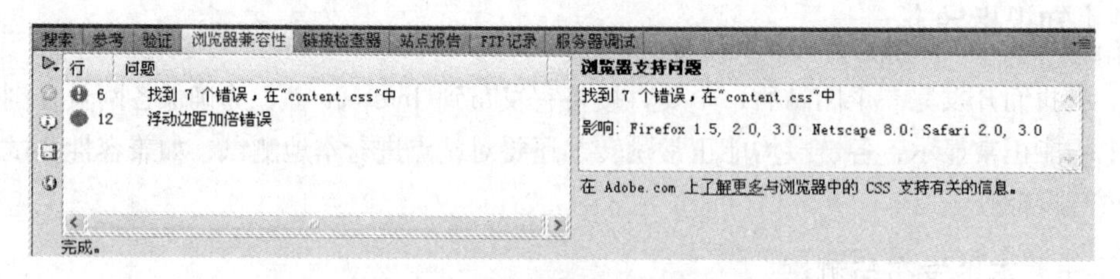

图 10-3 “浏览器兼容性”检查结果

Step6 单击“目标浏览器检查”面板左侧的按钮，可保存检查结果。

Step7 双击“目标浏览器检查”面板中的错误信息，系统自动切换至“拆分”视图，并选中有问题的标记。

Step8 将有问题的代码修改或者删除，以修正错误。

（2）检查网页链接

网站中的超级链接很多，这就难免出现 URL 地址出错的问题。如果逐个页面进行检查，将是非常繁琐和浩大的工程。针对这一问题，Dreamweaver 提供了“检查链接”功能，使用该功能可以对当前文档或站点中的所选文件或整个站点进行快速检查断开的链接和未被引用的文件。

检查网页链接的具体操作如下。

Step1　执行 “文件”→“检查页”→“链接”命令，打开“链接检查器”对话框，如图 10-4 所示。

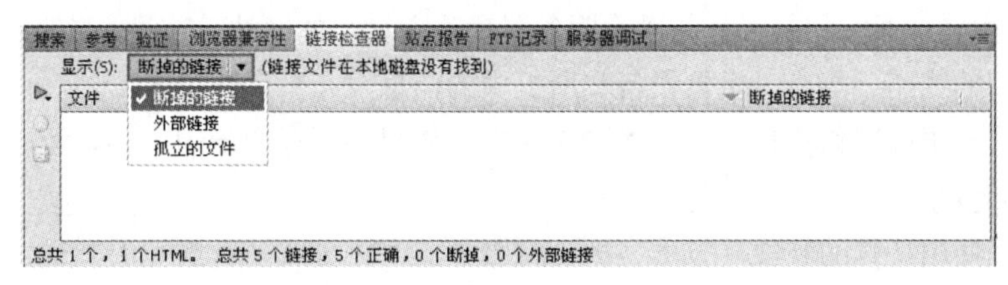

图 10-4 “链接检查器”面板

Step2　在对话框的“显示”下拉中选择可检查的链接类型，有断掉的链接、外部链接和孤立的文件。

Step3　单击“检查链接”按钮，检查结果将显示出来，如图 10-5 所示。可以直接在检查结果中修改错误的链接。

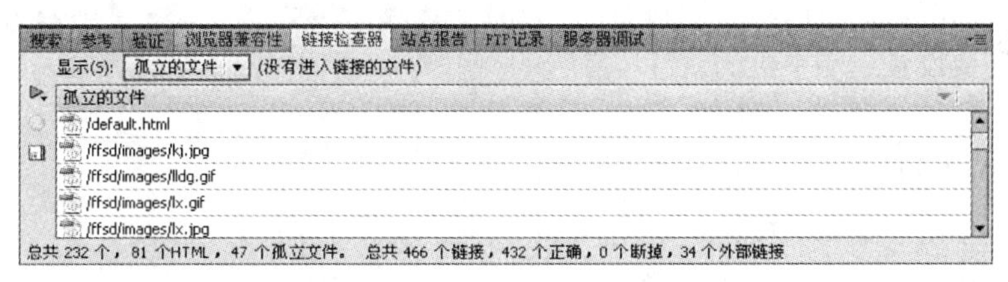

图 10-5 “链接检查器”检查结果

二、将网站发布到 Internet

如果要将网站发布到 Internet 上，主要有三种方式，一种是向 Web 服务提供商申请网站空间，然后将制作好的网站上传至空间；第二种方法是将 Web 服务器接入 Internet；第三种方法是虚拟主机。

1. 申请网站空间

网站空间是用于存放 Internet 网站内容的空间，绝大多数是服务器上的某个文件夹。Internet 上提供空间服务的网站有许多，比较著名的提供空间和域名服务的网站有中国万维网（www.net.cn）、新网（www.xinnet.com）、第一主机（www.5778.com）、中资源（www.zzy.cn）、中国频道（www.china-channel.com）、商务中国（www.bizcn.com）、新网互联（www.dns.com.cn）等。如果用户创建的是企业网站或其他商业网站，最好去知名的服务商处申请空间和域名，以保证网站的安全、稳定和流畅；如果创建的是个人网站，则可以申请免费空间和域名。在任务实施中将详细介绍免费空间的申请方法，在此不再赘述。

2. 将 Web 服务器接入 Internet

将服务器接入 Internet 的方法很多，有专线接入、服务器托管（租赁）、虚拟主机等。

（1）专线接入

专线接入就是用一根专线直接由网络公司连接到用户机房，用户可以通过这根专线将自己的服务器连接到 Internet。专线接入一般比较昂贵，适合大、中型企业用户。

（2）服务器托管与服务器租赁

- 服务器托管：为了提高网站的访问速度，将服务器及相关设备托管到具有完善机房设备、高品质网络环境、丰富带宽资源和运营经验以及可以对用户的网络和设备进行实时监控的网络数据中心，从而使系统达到安全、可靠、稳定、高效运转的目的。托管的服务器可以由客户自己进行维护，也可以由其他授权人进行远程维护。
- 服务器租赁：通过租赁 ISP 的网络服务器来建立自己的网站。这种方式无须购置服务器，只需要租用他们的线路、端口、机器设备和所提供的信息发布平台即可。

服务器托管和服务器租赁相对于专线接入成本要少得多，适合于中、小企业或个人用户。

3. 虚拟主机

虚拟主机是使用特殊的软硬件技术，把一台服务器主机分成多台虚拟的主机，再把不同的虚拟主机分配给不同的用户。这对用户来说相当于拥有了一台服务器，并且不同用户的服务器程序互不干扰。这种方法非常经济实用，适合小型企业和个人用户使用。

三、网站上传

1. 设置远端主机信息

申请到网站空间，在将网站上传到远程服务器之前，需要设置远端主机的信息。操作方法如下。

Step1 打开“管理站点”对话框，选择要上传的站点，单击“编辑”按钮。

Step2 在“站点设置对象…”对话框中，选择左侧的“服务器”选项，在右侧单击“添加新服务器”按钮，打开如图 10-6 所示的对话框，将成功申请网站空间时得到的信息包括 FTP 地址、用户名、密码等填入相应位置。

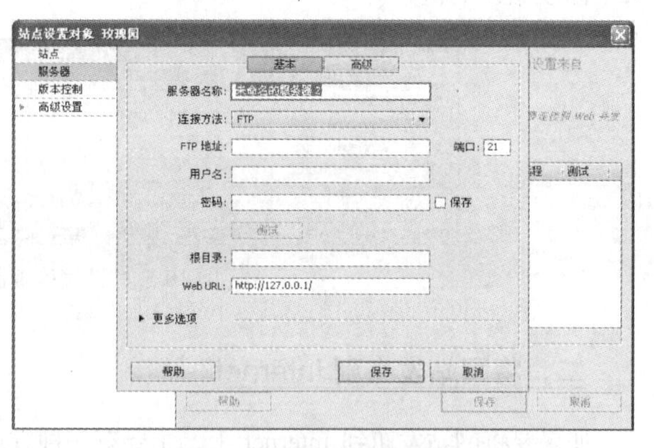

图 10-6 设置远程服务器信息

2. 上传文件

远程服务器测试成功后，就可以上传文件了。上传文件的具体操作如下。

Step1 在“文件”面板中选择要上传的站点文件。

Step2 单击“连接到远端主机”按钮，连接到设置的远端服务器。

Step3 连接成功后，单击“上传文件”按钮就可以上传文件了。

四、域名的申请与管理

至此，网站已经运行于 Internet 上了，并且可以通过 Web 服务器的 IP 地址访问（例如输入 http://218.29.74.56 就可以访问“玫瑰园”网站）。

但是，让用户记住 IP 地址是比较困难的。解决的方法就是给网站申请一个容易记住的域名，让用户通过域名来访问你的网站。

1. 域名基础知识

域名是 Internet 上的一个服务器或一个网络系统的名字，是由若干部分组成，包括数字和字母，在全世界没有重复的域名。域名是上网单位和个人在网络上的重要标识，起着识别作用。

域名可分为顶级域名（一级域名）、二级域名和三级域名等。顶级域名是由一个合法字符串 + 域名后缀组成，如 sohu.com、baidu.com、sina.com.cn；二级域名是指在顶级域名前再加一个主机名，如 mp3.baidu.com、sports.sohu.com；三级域名则在二级域名的基础上再加字符串，如 gg.mp3.baidu.com。

通常，使用顶级域名每年需要向服务商缴纳一定的租借费用，金额为几十至几百元不等；而二级域名一般可以免费得到。

以 com、net、gov、edu 等为后缀的域名称为国际域名。这些不同的后缀分别代表了不同的机构性质。例如：com 表示商业机构、net 表示网络服务机构、gov 表示政府机构、edu 表示教育机构。

以 cn、jp、uk 等为后缀的域名称为国内域名，各个国家都有自己固定的国家域名，例如：cn 代表中国、us 代表美国、uk 代表英国等。

2. 申请域名

在申请免费空间时，都自动会分配一个域名，在任务实施中将详细介绍。

3. 域名解析

空间与域名申请成功后，还需要进行域名解析。域名解析是把域名指向网站空间 IP，让人们通过注册的域名可以方便地访问到网站一种服务。说得简单点就是将好记的域名解析成 IP，服务由 DNS 服务器完成，是把域名解析到一个 IP 地址，然后在此 IP 地址的主机上将一个子目录与域名绑定。

【任务实施】

Step1　打开提供免费空间的网站（以 www.3v.cm 为例），如图 10-7 所示。

图 10-7　“3V.CM”网站首页

Step2　注册成为会员。单击图 10-7 中的免费注册按钮，阅读服务款项并点击“我同意”按钮，如图 10-8 所示。

Step3　选择用户名和空间类型，如图 10-9 所示。

Step4　第三步填写注册信息，如图 10-10 所示。

Step5　注册成功后，将进入个人管理中心，如图 10-11 所示。

Step6　打开 Dreamweaver 的“管理站点”面板，选择“玫瑰园”站点，单击“编辑”按钮，在打开的“站点设置对象”对话框中，按照注册时的用户名、密码以及系统分配给的网站域名，填写服务器信息，如图 10-12 所示。

Step7　单击“文件”面板上的“连接到远端主机”按钮，系统开始自动连接，如图 10-13 所示。

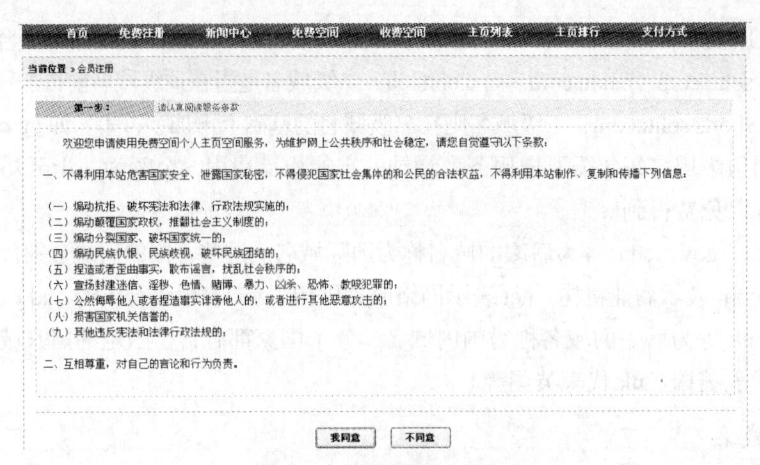

图 10-8 “服务条款”网页

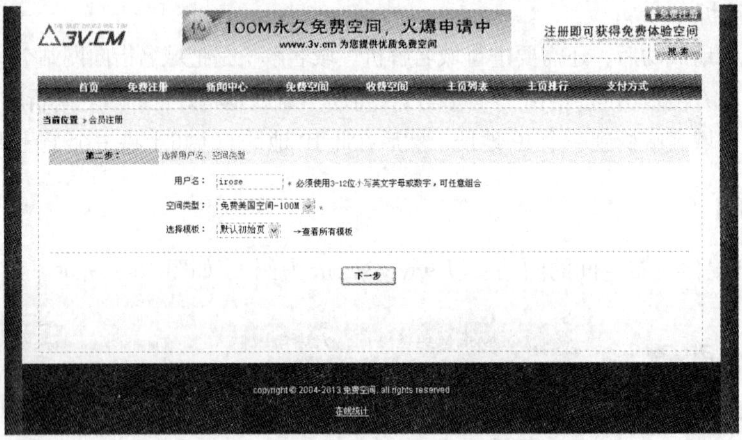

图 10-9 “选择用户名、空间类型”网页

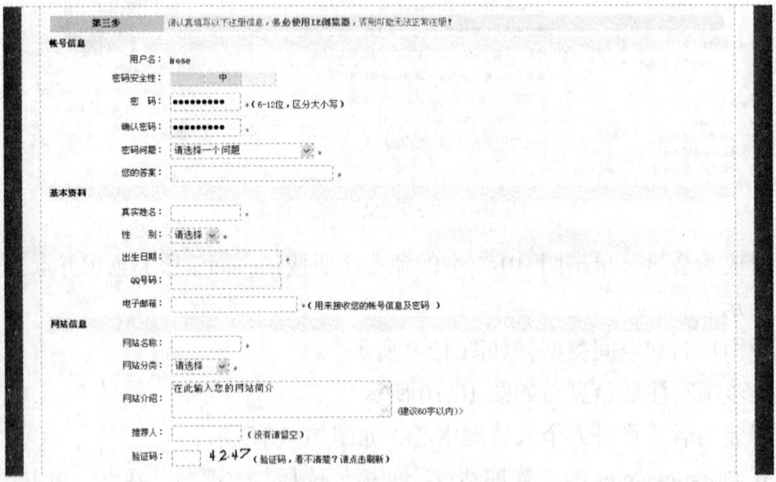

图 10-10 “注册会员”网页

Step8 和远端主机连接成功后，就可以上传站点了，单击“上传文件”按钮，系统弹出提示，询问是否要上传整个站点，如图 10-14 所示。

Step9 单击“确定”按钮后，开始上传站点，如图 10-15 所示。

图 10-11　个人“管理中心”网页

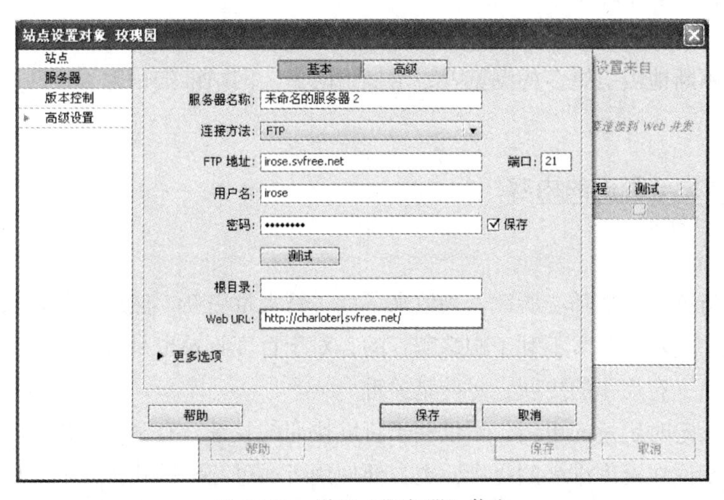

图 10-12　设置“服务器”信息

图 10-13　连接远程主机

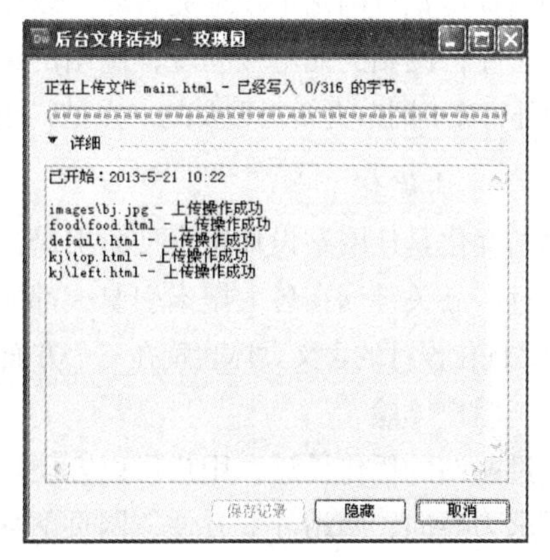

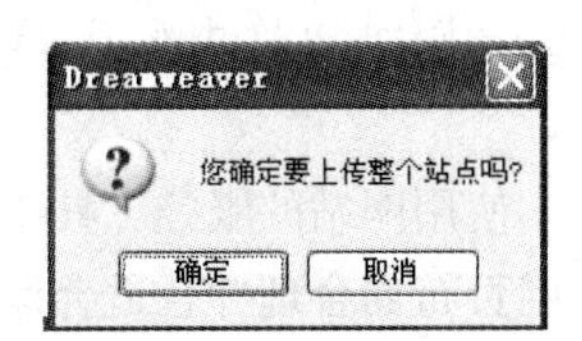

图 10-14　提示

图 10-15　“站点上传”进度框

任务二 网站的维护与管理

【任务导入】

对发布的网站进行优化和推广。

【知识指导】

一、网站的维护与管理知识

1. 什么是网站维护与管理

网站维护与管理，可以说是做好网络营销就必须解决网络营销的基础问题。基础没处理好后面的一切都是空话，更不用说实现一个怎么样的效果，正因如此网站维护管理也成为企业在网络营销进程中的一个重要课题。

2. 网站维护与管理的重要性

网站做好了并不是一劳永逸，网站推出后，长期的维护工作才刚刚开始，一个好的网站需要定期维护，才能不断地吸引更多的浏览者，增加访问量。网站维护是为了让网站能够长期稳定地运行在 Internet 上。

二、网站维护与管理的内容

1. 网站更新

网站更新要持续，不能随心所欲，兴致来了就进行大量更新，然后又是很长时间不做任何改动，这样的不规律更新是非常不利于蜘蛛爬行的，对于百度收录也是有严重影响。一定要坚持定时定量的每天更新，有规律的更新，坚持是关键。

每天稳定的、定时定量的更新，不仅利于百度快照的收录，有利于增加更多关键词的排名，更有利于已有关键词在百度排名的提升，更方便使用者通过互联网找到我们。同时也有利于企业良好形象的树立和宣传。

网站宣传只有网站不断地完善好，以用户体验为核心，不断的修改网站的不足地方，比如网站打开速度，网站的死链接问题，网站的错别字和网站的 BUG 等。

另外，对于网站更新很重要的一点是，要保证文章有一定的原创性，原创文章对于网站帮助很大。

2. 网站优化

网站优化是让网站设计符合搜索引擎检索习惯，从而提高关键词在搜索引擎的排名，使潜在客户通过产品关键词在各大搜索引擎上都能搜索到网站，增强搜索引擎营销的价值。

网站优化设计的含义具体表现在三个方面：用户体验、网络环境优化，以及对网站运营维护的优化。

（1）用户体验

经过网站的优化设计，用户可以方便地浏览网站的信息、使用网站的服务。具体表现是：以用户需求为导向，网站导航方便，网页下载速度尽可能快，网页布局合理并且适合保存、打印、转发，网站信息丰富、有效，有助于用户产生信任。

（2）搜索引擎等优化

搜索引擎的用户往往只会留意搜索结果最前面的几个条目，所以网站管理者需要经常通过各种形式来影响搜索引擎的排序，让网站更适合搜索引擎检索，便于用户更容易找到。

- 内链：是指链接到本网站的内部页面。合理的网站内空链接构造，能提高搜索引擎的收录与网站权重。优化的内链可以使搜索引擎的程序蜘蛛顺着内链进行不断的爬行，更容易收录，合理的网站结构是内链的基础。
- 外链：就是指从其他网站导入到本网站的链接。导入链接对于网站优化来说是非常重要的一个过程。导入链接的质量直接决定了我们的网站在搜索引擎中的权重。越多网站对本网站进行链接，本网站排名越高。同时，链接的质量也是搜索引擎考虑的重要因素。链接在访问量高的网站比链接在访问量低的网站更有优势。
- 友链：是指互相在自己的网站上放对方网站的链接。是具有一定资源互补优势的网站之间的简单合作形式，达到互相推广的目的。
- 关键词：为文章增加新的关键词将有利于搜索引擎的“蜘蛛”爬行文章索引，从而增加网站的质量，但不要堆砌太多的关键词。

3. 网站推广

网站推广就是以互联网为主要手段进行的，为达到一定营销目的的推广活动。网站推广是指将网站推广到国内各大知名网站和搜索引擎。具体包括以下几种。

- 搜索引擎优化（具体看上文）
- 竞价排名：它的基本特点是按点击付费，推广信息出现在搜索结果中，如果没有被用户点击，则不收取推广费。
- 博客、论坛营销：通过自建博客、论坛或在其他网站的博客、论坛上发软文，引导用户去了解产品信息，好的博客、论坛软文，可以形成忠实的用户群体。
- 问题答疑和知识库营销：可以通过百度知道、搜搜问问、雅虎问答、新浪问答等问答类网站，不断地模拟网友和网站的关系，引发用户不断提出与网站关系密切的问题，让用户都来关注网站，进而访问网站。
- 通讯工具：利用通讯工具也可以达到好的网站推广效果。比如通过邮件将最新促销信息最快地传递给用户，吸引用户参与活动等。
- 口碑营销：在做好以上几点后，很容易形成好的口碑。口碑营销依赖于用户体验，依赖于好的服务和产品质量。网站产生好的口碑后，再多做博客、软文宣传，自然能形成好的口碑营销效果。

4. 网络数据分析

通过统计网站访问者的访问来源、访问时间、访问内容等访问信息，加上系统分析，进而总结出访问者访问来源、爱好趋向、访问习惯等一些共性数据，以及最近网站常规数据的统计等（如收录、快照、友链、外链等），为网站进一步调整做出指引。这需要经常用到一些工具，其中统计工具主要有：CNZZ、百度统计等，而排行工具主要有 Aelxa、站长之家、爱站网等，这些都是不错的工具。

5. 网站安全维护

通过安全检测平台进行网站的安全扫描；合理设置网站权限，及时修补漏洞。

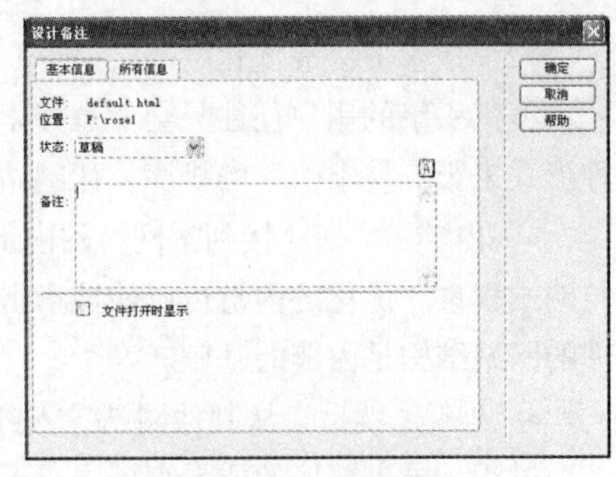

图 10-16　效果图

【任务实施】

Step1　对发布的网站每天进行稳定的、定时定量的更新。

Step2　为网页添加设计备注。在站点面板中选择要添加设计备注的网页，单击鼠标右键，在弹出的菜单中选择“设计备注”，如图 10-16 所示。将关键字写入“所有信息”选项卡中的“名称”文本框中。

“设计备注”是为网页创建的备注。通过使用“设计备注”，用户可以跟踪各种与用户文档相关的特殊文件信息，如图像源文件名称和文件状态注释等，也可以用来跟踪用户出于安全考虑而没有放到文档中的敏感信息。

Step3　在网站服务器端安装网站统计分析软件，如 Piwik、XML 统计系统等。通过软件统计网站访问者的访问来源、访问时间、访问内容等访问信息，如图 10-17 所示，对统计结果加以系统分析，进而总结出访问者访问来源、爱好趋向、访问习惯等一些共性数据，为网站进一步调整做出指引。

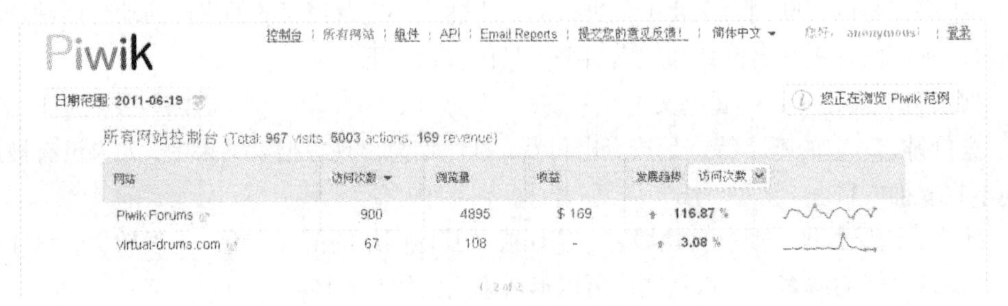

图 10-17　Piwik 的统计结果

习　题

一、填空题

1. ＿＿＿＿＿在 Internet 上是全世界唯一的。

2. 域名的形式是由若干个英文字母和数字组成的，由＿＿＿＿＿分割成几部分。

3. 在发布站点前应确认所有文本和图像是否正确，并且所有链接的 URL 地址是否正确，即当单机链接时能否到达＿＿＿＿＿。

4. FTP 是＿＿＿＿＿协议。

二、选择题

1. 检查链接错误只能检查当前页面的链接是否有错。＿＿＿＿

A. 正确　　B. 错误

2. 关于上传文件的操作步骤，说法错误的是＿＿＿＿。

A. 应先定义远程信息　　B. 定义远程信息后，再连接到远程站点

C. 无法直接上传整个站点　　D. 无法覆盖远程站点上已有的文件